DIANQI
高职高专电气系列教材

电机技术

DIANJI JISHU

主　编　武成慧　陈经文　黄　义

副主编　王　锐　何朝阳　安佳琪　李双杰

参　编　沐　影　曹　灵　龚壮辉　程嘉欣　徐雪冰

重庆大学出版社

内容提要

本书是高等职业院校电类专业核心课教材之一。本书根据教育部职业院校专业教学大纲,结合职业教育相关文件、精神和职业学校学生认知特点编写而成。本书共4个项目,分别为变压器的运行与检修维护、异步电动机的运行与检修维护、同步发电机的运行与调节、三相异步电动机常用控制电路的安装与调试。本书设置任务实战、知识拓展、思考问题等板块,以求达到加深理论知识理解、提升实践操作能力的目的。此外,本书还配有微课视频,以辅助教师教学和学生自学。

本书可作为全国各类高职院校电力技术类、新能源发电工程类等相关专业的教材,也可作为企业培训用书。

图书在版编目(CIP)数据

电机技术 / 武成慧,陈经文,黄义主编. --重庆:重庆大学出版社,2025.1. --(高职高专电气系列教材). --ISBN 978-7-5689-4780-0

Ⅰ. TM3

中国国家版本馆 CIP 数据核字第 20241E6Z62 号

电机技术

主 编 武成慧 陈经文 黄 义
副主编 王 锐 何朝阳 安佳琪 李双杰
策划编辑:范 琪

责任编辑:杨育彪　　版式设计:范 琪
责任校对:王 倩　　责任印制:张 策

*

重庆大学出版社出版发行
出版人:陈晓阳
社址:重庆市沙坪坝区大学城西路 21 号
邮编:401331
电话:(023)88617190　88617185(中小学)
传真:(023)88617186　88617166
网址:http://www.cqup.com.cn
邮箱:fxk@ cqup.com.cn(营销中心)
全国新华书店经销
重庆市国丰印务有限责任公司印刷

*

开本:787mm×1092mm　1/16　印张:14　字数:346 千
2025 年 1 月第 1 版　　2025 年 1 月第 1 次印刷
印数:1—3 000
ISBN 978-7-5689-4780-0　定价:55.00 元

前　言

电机是日常生产生活中常用的电气设备。从发电厂到用户端的发、输、变、配等用电环节使用的变压器；工业生产中常用的异步电动机；高铁、汽车、飞机等日常生活出行使用的交通工具等，都使用了电机，可以说电机涵盖了生活的方方面面，它的稳定、可靠运行为我们的生活提供了优质保障。

本书根据教育部职业院校专业教学大纲，结合职业教育相关文件、精神和职业学校学生认知特点，进行了电机技术相关理论知识梳理和实践技能的设置。本书包含变压器、异步电动机的运行与检修维护，同步发电机的运行与调节，三相异步电动机常用控制电路的安装与调试等。本书在编写过程中贯彻理论够用、技能突出的原则，简化理论分析和计算，对定理、定律以定性、认知为主，突出知识的针对性和技术的实用性；任务实战训练可强化学生对理论知识的理解和实践操作能力的提升；微课视频可辅助教师教学和学生自学；任务实战可由各教材使用单位根据自身情况和需求灵活安排、使用，检查与评价表可辅助教师评价、小组互评和学生自评；课后的思考问题可用于检测学生对各任务知识与技能的理解和掌握程度。

党的二十大报告提出"育人的根本在于立德"。全面贯彻和落实党的教育方针、落实立德树人根本任务，培养德智体美劳全面发展的社会主义建设者和接班人是职业教育的根本目标。本书通过知识拓展等板块融入大国工匠、中国智造等体现民族精神、技术创新的元素，并将思政元素和岗位、技能有机结合。

本书由三峡电力职业学院武成慧、三峡电力职业学院陈经文和台州宏达电力建设有限公司黄义担任主编；国网湖北省电力有限公司直流公司王锐、三峡电力职业学院何朝阳、三峡电力职业学院安佳琪和国网湖北省电力有限公司超高压公司李双杰担任副主编；三峡电力职业学院沐影、三峡电力职业学院曹灵、三峡电力职业学院龚壮辉、三峡电力职业学院程嘉欣、三峡电力职业学院徐雪冰参编；全书由武成慧统稿。其中，变压器部分由武成慧、李双杰编写；异步电动机部分由何朝阳、安佳琪编写；同步发电机部分由黄义编写；三相异步电动机常用电气控制电路的安装与调试由陈经文、王锐编写。本书在编写过程中参考了大量相关书籍和材料，在此表示衷心的感谢。

本书可作为全国各类高职院校电力技术类、新能源发电工程类等相关专业的教材，也可作为企业培训用书。

编　者
2024 年 6 月

目　录

变压器的运行与检修维护

任务一　变压器的拆装

内容提要

变压器是电力系统中不可或缺的组成部分,它通过电磁感应原理来调控电压,以确保电网中电能的有效传输与分配。变压器的稳定运行直接影响着整个电力系统的可靠性和稳定性。因此,要确保电力变压器正常运行并延长其使用寿命,就必须对其进行科学和系统的维护。本任务在掌握变压器基本结构和参量的基础上,构建变压器运行与维护的相关技能。

任务目标

1. 知识目标

(1)了解变压器的分类。

(2)掌握变压器的结构组成及各部件的作用。

(3)掌握变压器的型号和额定值。

2. 能力目标

掌握单相变压器的安装和拆卸方法及注意事项。

3. 素质目标

(1)激发主动学习的意愿,在任务实施过程中提高发现问题、分析问题、解决问题的能力。

(2)增强团队合作意识,培养严格遵守安全操作规范能力。

任务导入

气象部门预计今冬明夏将出现持续雨雪和高温天气,为确保校园内供电的稳定性,为广大师生的正常用电保驾护航,后勤部门决定对校园内的几台变压器的参数和运行状况等进行检测,其中非常重要的一项前提任务便是变压器拆装,那么变压器都有哪些部件或结构? 该如何拆装? 本次任务我们来共同学习。

学习情境 1　变压器的分类

变压器是电力系统输电、变电、配电的主要设备,它依据电磁感应原理,把某一电压等级的交流电压变化成频率相同的另一等级的交流电压,以满足不同用户对电能的需要。变压器的使用让人们能够方便地解决输电和用电之间的矛盾,我国从 20 世纪 70 年代末开始研制高效节能变压器,其过程为 SJ—S5—S7—S9—SCB—S11,目前大量生产和使用的是 S9 系列低损耗节能变压器,同时变压器也广泛应用于电气控制领域、电子技术领域、测试技术领域、焊接技术领域,是进行测量、控制及通信等操作的重要元件,在电力系统当中占有十分重要的地位。

变压器根据用途分类,主要有下列几种。

(1)电力变压器,在电力系统中传送和分配电能。该类型变压器容量大(从几十千伏安到几百万伏安),电压高(从几百伏到几千伏),应用范围广,其按功能不同又可分为升压变压器、降压变压器和配电变压器。

(2)调压变压器,主要应用于电网或实验室中,用于调节电压产生脉冲信号等。

(3)测量变压器,如电压互感器和电流互感器等,广泛应用于电工测量中。

(4)专用变压器,如电炉变压器、电焊变压器、整流变压器、高压试验变压器以及无线电通信、自动控制系统和各种仪器用的小功率变压器等。

除上述分类方式外,变压器还可以按照绕组数目、铁芯结构、相数和冷却方式来进行分类。

(1)变压器按照绕组数目不同可分为双绕组变压器、三绕组变压器、多绕组变压器和自耦变压器等。

(2)变压器按铁芯结构不同可分为芯式变压器和壳式变压器两类。

(3)变压器按相数不同可分为单相变压器、三相变压器和多相变压器。

(4)变压器按冷却方式不同可分为油浸式变压器、干式变压器和充气式变压器等。

常用变压器如图 1.1 所示。

(a)电力变压器

(b)电焊变压器

(c)电压互感器

(d)电流互感器

图 1.1　常用变压器

学习情境 2 变压器的结构

用途不同,变压器的结构也会有所不同,大功率的电力变压器结构相对比较复杂,目前所使用的电力变压器多数是油浸式的。油浸式变压器由绕组和铁芯组成器身,为了解决散热、绝缘、密封等安全问题,还需要油箱绝缘套管、储油柜、冷却装置、防爆管、温度计、气体继电器等附件。日常生活中常见的单相变压器的基本结构如图 1.2 所示。

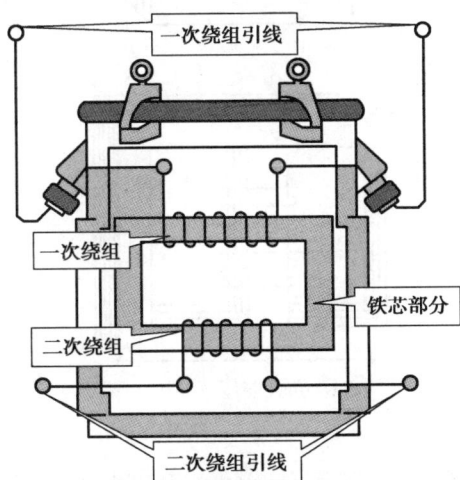

图 1.2 单相变压器的基本结构

下面着重对变压器的主要部件进行介绍。

1.铁芯

铁芯构成变压器的磁路系统,并作为变压器的机械骨架。变压器一次侧接通电源后,会产生主磁通,并沿着铁芯在变压器中构成闭合的磁路。作为线圈的机械骨架,铁芯是影响变压器铁磁性能和机械强度的重要部件。变压器的铁芯一般由 $0.35 \sim 0.5$ mm 厚的冷轧硅钢片冲压、叠装而成。对铁芯的基本要求是导磁性能好,磁滞损耗和涡流损耗小。铁芯损耗与电源频率和电压有关,电源频率越高,铁损越大;电压越高,铁损越大。

按照铁芯和绕组的组合形式,可将变压器分为芯式变压器(铁芯柱被绕组包围)和壳式变压器(绕组被铁芯包围),如图 1.3 所示。芯式变压器结构简单,绕组套装和绝缘比较容易,应用比较广泛。壳式变压器铁芯机械强度高,但制造工艺复杂,通常只有低压大电流的变压器或小容量的电信变压器才采用这种结构。

2.绕组

变压器中的线圈通常称为绕组,是变压器中的电路部分,绕组一般选用具有绝缘的铜线(漆包线)绕制而成,大功率变压器一般用带绝缘层的扁铜线或扁铝线绕制而成。其中,与电源侧相连的绕组称为一次绕组;与负载侧相连的绕组称为二次绕组;以配网中常见的降压变压器为例,一次绕组匝数较多,导线直径较细;二次绕组匝数较少,导线直径较粗。

（a）芯式变压器　　　　　　　　　　　　（b）壳式变压器

图 1.3　芯式变压器和壳式变压器

　　按照高压绕组和低压绕组在铁芯上的位置和形状,绕组可分为同心式和交叠式两种,如图 1.4 所示。

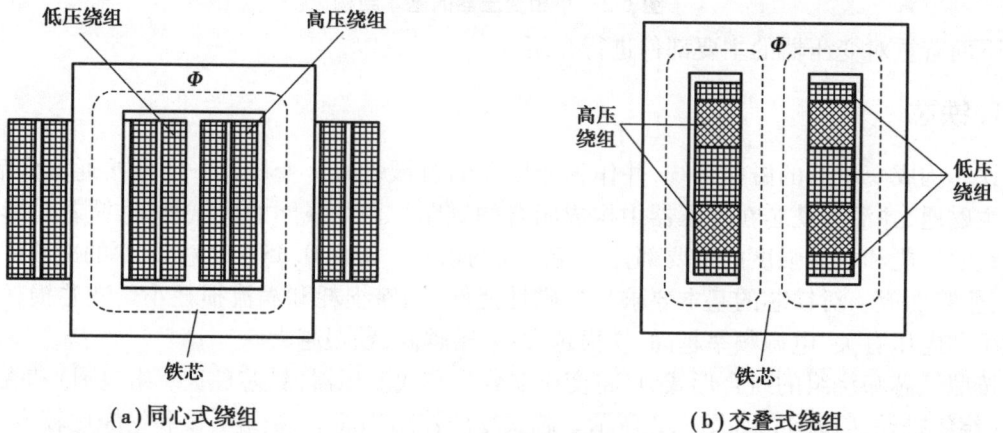

（a）同心式绕组　　　　　　　　　　　　（b）交叠式绕组

图 1.4　同心式绕组和交叠式绕组

1）同心式绕组

　　同心式绕组是将高低压绕组同心套装在铁芯柱上,小容量单相变压器一般采用此结构,通常是将与电源相接的一次绕组绕制在里层,绕制完成后用绝缘材料进行绝缘,然后在其外侧绕制二次绕组,一、二次绕组形成同心式结构。

　　同心式结构工艺简单,制造较容易,日常生活中使用的小型电源变压器、控制变压器、低压照明变压器等均采用了此结构。按照其绕制方式不同,同心式绕组又可以分为圆筒式、螺旋式和连续式等多种。

2）交叠式绕组

交叠式绕组是将高压绕组及低压绕组分成若干个线饼结构，高低压绕组沿着铁芯柱自下而上地进行交替排列，为了便于绝缘，一般最上层和最下层安放低压绕组。

交叠式绕组的主要优点是漏抗小、机械强度好、引出线方便。交叠式绕组主要应用在低电压、大电流的变压器上，如容量较大的电炉变压器和电焊变压器。

当电流流通时，由于电能和热能的转化和累积，绕组会出现发热情况，所以变压器绕组及变压器油温升降情况是变压器巡检过程中的重要巡检项目，一般在中大型变压器的绕组之间、一个绕组的各层之间，有时甚至各匝之间都垫上绝缘块，形成油路，以利散热。

在配电变压器中，高压绕组一般都引出几个分接头，在电网电压有波动时，可以通过分接开关接通不同的分接头，调节高压绕组的匝数，进而改变变压器的高低压侧实际匝数比，使低压侧输出电压保持相对稳定。

3. 油箱及变压器油

油箱由钢板焊接而成，呈管道形，是变压器的外壳部分。油箱内盛变压器油，器身浸在变压器油中，变压器油具有绝缘和散热两个作用。绕组和铁芯所产生的热量经变压器油传递给油箱壁、散热管或散热器，从而达到冷却器身的目的。油箱及变压器油示意图如图 1.5 所示。

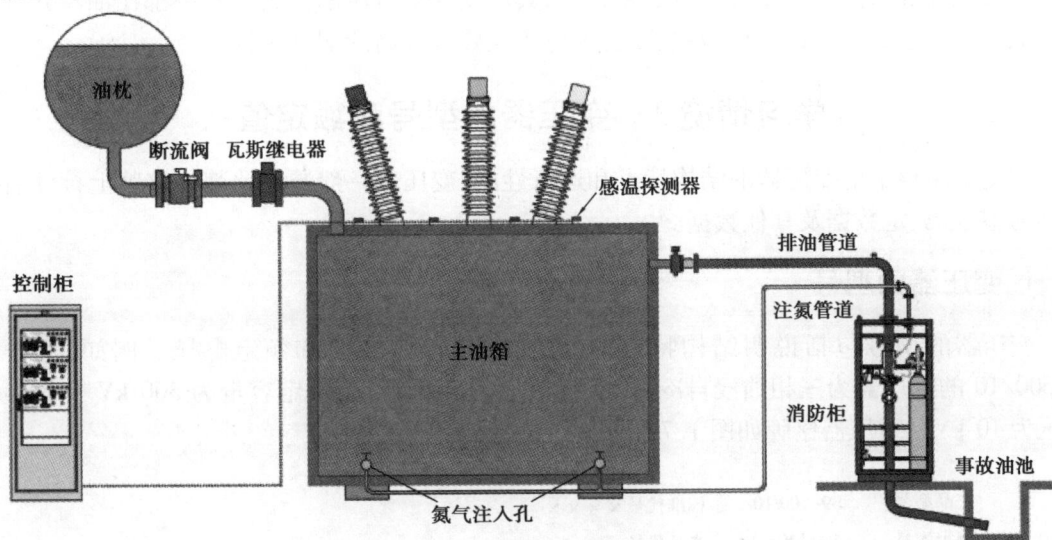

图 1.5 油箱及变压器油示意图

较多的变压器在油箱上部还安装有储油柜，通过连接管与油箱相连通。受温度影响，储油柜内的油面高度会出现热胀冷缩现象。储油柜使变压器油与空气的接触面积减小，从而减慢了变压器油的老化速度。

4. 绝缘管套

绝缘管套起固定和绝缘作用，一般用陶瓷制成，用以形成变压器绕组的引出线之间以及引出线与油箱之间的绝缘，并固定引出线，如图 1.6 所示。

同时，自 20 世纪 80 年代以来，干式变压器在我国得到了迅速发展，由于不

图 1.6　绝缘套管

存在任何液体(变压器油),因此其运行安全可靠、维护简单。但同时也具有一些不足,由于空气的绝缘强度和散热性都比变压器油差,所以其承受冲击电压的能力和水平都比油浸式变压器要低,一般使用在高层建筑、地铁、商超等对防火要求较高的配电场所。

学习情境 3　变压器的型号和额定值

为便于用户了解变压器的结构特点和运行性能,变压器一般装有铭牌。铭牌上标注着变压器的型号、额定数据及其他数据。

1. 变压器的型号

变压器的型号包括说明结构特点的基本代号、额定容量和额定电压。例如,型号为 S9-500/10 的变压器为三相油浸自冷式、双绕组电力变压器,其额定容量为 500 kV·A,额定电压为 10 kV。变压器铭牌如图 1.7 所示。

电力变压器

产品型号　S9-500/10　　标准代号×××

额定容量　500 kV·A　　产品代号××××

额定电压　10 kV　　　出厂序号×××

额定频率　50 Hz

联结组标号　Y,yn0

阻抗电压　4%

冷却方式　油冷

使用条件　户外

开关位置	高压		低压	
	电压/V	电流/A	电压/V	电流/A
I	10 500	27.5		
II	10 000	28.9	400	721.7
III	9 500	30.4		

××变压器厂　　　　××年××月

图 1.7　变压器铭牌

2. 变压器的额定值

变压器的额定值是制造厂对变压器正常运行所作的使用规定,也是设计、使用和试验变压器的依据。变压器在额定状态下运行时,可以保证长期可靠地工作,并具有优良的性能。

变压器的额定值主要有以下几个。

1) 额定容量 S_N

额定容量是在额定状态下工作时变压器输出的视在功率,单位为 kV·A。对于双绕组电力变压器,一、二次绕组的额定容量设计值相同。

2) 额定电压 U_{1N} 和 U_{2N}

在额定状态下工作时,一次绕组所加的电压值称为一次绕组的额定电压,用 U_{1N} 表示,一般情况下可以在±5%范围内波动。当变压器一次绕组加额定电压 U_{1N} 时,二次绕组空载时的电压称为二次绕组的额定电压,用 U_{2N} 表示。额定电压的单位是 V 或 kV。三相变压器的额定电压是指线电压。

3) 额定电流 I_{1N} 和 I_{2N}

额定电流是根据额定容量和额定电压所算出的线电流,单位为 A 或 kA。对于单相变压器,一、二次绕组的额定电流为

$$I_{1N} = \frac{S_N}{U_{1N}} \quad I_{2N} = \frac{S_N}{U_{2N}} \tag{1.1}$$

对于三相变压器

$$I_{1N} = \frac{S_N}{\sqrt{3}\,U_{1N}} \quad I_{2N} = \frac{S_N}{\sqrt{3}\,U_{2N}} \tag{1.2}$$

4) 额定频率 f_N

我国规定工业用电的频率为 50 Hz。

此外,额定工作状态下变压器的效率、温升等数据均属于额定值。由于额定值都标注在变压器外壳的铭牌上,所以额定值也称为铭牌值。

📦 任务实战

单相变压器的拆装

变压器大修时需要对变压器的参数和运行状况等进行检测,其中非常重要的一项前提任务便是变压器的拆装。

1. 目的要求

掌握小型变压器的拆卸和装配方法,认识变压器的结构、部件等,加深对变压器各部件作用的理解,进而掌握变压器的基本工作原理。

2. 设备、工具和材料

(1)常用电工工具 1 套、橡皮锤、尖嘴钳、十字螺丝刀、电工刀、方木块等。

(2)1 台小型单相变压器。

3. 实施步骤

1）拆卸前的准备

准备好拆卸场地,摆放好各种拆卸、安装、接线与调试使用的工具,断开电源,拆卸变压器与电源线的连接线,对电源线头做好绝缘处理,并做好拆卸前原始数据的记录。

2）拆卸

拆卸铁芯前应先拆除外壳接线柱和铁芯夹板等附件。不同的铁芯形状有不同的拆卸方法,下面以壳式变压器铁芯为例进行拆卸。

用尖嘴钳及十字螺丝刀将铁芯周围的紧固螺钉拆去,将变压器支架拆掉,然后将变压器上的铭牌揭除,用电工刀将铁芯片撬松。将变压器置于工作台上,或将其下部铁芯夹在台虎钳上面(为避免损伤铁芯,一般要在铁芯和台虎钳接触面间垫木板)。右手用电工刀撬开 E 形铁芯,左手逐片取出铁芯上部的 I 形铁芯片,上端部取完后,再反过来取下端的 E 形铁芯片。在变压器的下方垫一方木块,铁芯外边缘伸出几片硅钢片,然后在上面用锯条对准舌片,再用橡皮锤轻轻敲打,将硅钢片冲出几片。将冲出的几片硅钢片用台虎钳夹紧,用手捏住上面的铁芯,沿两侧摇动慢慢将硅钢片移出,用手轻轻推出余下的 E 形铁芯片,并且放在一起。

3）装配

按照与拆卸相反的步骤进行装配,先拆后装,后拆先装。装配时通常将两三片 E 形铁芯片结合在一起,上下进行交错装配,最后几片装配难度较大,一般可以将单片插在已装好的两片的中间夹缝内,再用橡皮锤轻轻敲打,E 形铁芯片装配好后再装 I 形铁芯片,用橡皮锤轻敲铁芯使 E 形铁芯片与 I 形铁芯片的接缝越小越好,装好 I 形铁芯片后,用螺钉将支架紧固在变压器上。

注意:(1)有绕组骨架的铁芯,拆卸铁芯时应细心轻拆,以使骨架保持完整,可供继续使用或作为重绕时的依据。

(2)在拆卸铁芯的过程中,必须用电工刀或十字螺丝刀插松每片硅钢片,以便抽拉硅钢片。

(3)抽拉硅钢片时,不能硬抽。若抽不动,应先用电工刀或十字螺丝刀插松硅钢片。对于稍紧不易抽的硅钢片,可将其钳住后左右摆动,使硅钢片松动,便能方便抽出。

(4)拆下的硅钢片应按片叠放、妥善保管,不可散失。如果少了几片,就会影响修理后变压器的质量。

(5)拆卸 E 形铁芯片时,严防跌碰,切不可损伤两半铁芯接口处的平面,否则严重影响修理后变压器的质量。

4. 检查与评价(表 1.1)

表 1.1　检查与评价表

内容	学生自评	小组互评	教师评价	总结与改进
能正确选择和使用拆卸工具				
试验操作步骤正确、流畅				
能阐述装拆注意事项				
铁芯装拆完好				

知识拓展

绿色环保、节能型社会与三相电力变压器

1. 国产三相电力变压器简介

目前,我国使用量最大的电力变压器是容量在 30 ～ 6 300 kV·A 的中、小型三相电力变压器,常见的以及现已投入批量生产的三相电力变压器有以下类型。

1) SJ 系列油浸变压器

SJ 系列油浸变压器是我国 20 世纪 70 年代前的产品,容量范围为 20 ～ 6 300 kV·A,铁芯用厚 0.35 mm 的 D43 热轧硅钢片制成,高压侧带无励磁调压开关,在 ±5% 范围内调压。该系列油浸变压器早已不再生产,但目前仍有一些在电网上使用,其外形如图 1.8 所示。

2) SJL1 系列油浸变压器

SJL1 系列油浸变压器为 SJL 系列油浸变压器的改进设计,其容量范围不变,铁芯采用厚 0.35 mm 的 D330 冷轧硅钢片制成,空载损耗比 SJL 系列降低了 30% ～ 50% ,质量也较后者轻。该系列也不再生产,但目前仍有一些在电网上使用,已经不准新装上网。

3) S7(SL7) 系列油浸变压器

20 世纪 80 年代,我国研制并生产高效节能低损耗电力变压器,其铁芯采用优质晶粒取向冷轧硅钢片,45°全斜接缝,高强度漆包铜线。S7(SL7) 系列变压器在结构上采用先进的全斜无冲孔无纬玻璃丝带绑扎铁芯、片式散热器等。该系列变压器到 20 世纪 90 年代中期已停止生产。

4) S9、S10 系列油浸变压器

20 世纪 90 年代中期,我国开始生产 S9 系列高效节能低损耗电力变压器,其铁芯采用优质晶粒取向冷轧硅钢片,45°全斜接缝,在铁芯夹紧、绕组及器身的固定方面采取了一些有效措施,提高了产品可靠性,且采用条形分接开关,降低了油箱高度,使变压器总损耗比 S7 系列又降低了约 23% ,是 S7 系列的替代产品,目前已大量生产。S10 系列与 S9 系列相比的最大特点是 S10 系列的空载损耗比 S9 系列降低较多,因此对于一、二班制的生产企业及农村的电力网,当变压器有较长时间处于轻载或空载运行状态时,S10 系列更具节能的效果。S10 系列油浸变压器的外形如图 1.9 所示。

图 1.8 SJ 系列油浸变压器

图 1.9 S10 系列油浸变压器

5) S11、S13 系列油浸变压器

S11、S13 系列分别为三相平面及三相立体三角形卷制条型变压器,即铁芯不像一般三相电力变压器那样采用交叠式结构,而是采用晶粒取向冷轧硅钢片卷制而成,因此铁芯制造工艺较简单,接缝间隙小,进一步降低了变压器损耗,被称为最新一代配电变压器,现已开始批量生产。

6) SC(B)9、SC(B)10 系列树脂浇注干式变压器

20 世纪末期,高层建筑的发展和某些工业企业、交通运输业的需要,对变压器的安全、可靠运行提出了越来越高的要求。取消易燃、易爆变压器油而改用环氧树脂浇注的干式变压器越来越被人们关注。这类变压器的优点是无毒、阻燃、散热性好、体积小、噪声低、运行可靠、环保性能优越、使用寿命长,因此特别适用于高层建筑、地下铁道、繁华市区等人口密集场所。在我国一些大城市,这类变压器使用比例已占 20% 以上。

7) 箱式变压器

箱式变压器将高压进线柜和低压出线柜附于变压器内,外露的仅有变压器油箱及散热装置。其高、低压引出线用电缆引入与引出,故变压器的整体安全性好,可直接放置在地面上。箱式变压器目前在我国已被广泛用作住宅区照明动力用电的配电变压器,其外形如图 1.10 所示。

8) SH11 系列非晶合金变压器

该系列变压器铁芯已不再采用传统的硅钢片制作,而是采用厚 $0.02 \sim 0.04$ mm 固体薄带铁基、铁镍基、钴基等非晶合金带材料制作。非晶合金变压器具有体积小、效益高、节能等优点,特别是空载损耗小,仅为 S9 系列变压器的 20%,因而在每天有较长时间处于轻载或空载状态运行时节能效果更明显。我国已开始生产 10 kV、500 kV·A 以下非晶合金变压器。非晶合金变压器作为一种高效节能变压器,已引起电力部门的高度重视,在我国许多经济发达地区及电力供应不足地区已进入大量采用阶段,其外形如图 1.11 所示。

图 1.10 箱式变压器

图 1.11 非晶合金变压器

9) 超导电力变压器

超导电力变压器绕组采用超导材料制作,并在超导状态下工作,因此铜损耗几乎为零。2005 年,我国研制生产了 630 kV·A 非晶合金高温超导三相电力变压器,其负载损耗仅为 S9 系列的 4.5%,这是最合乎环保节能要求的电力变压器。

2.国产三相电力变压器损耗及效率对照表(表1.2)

表1.2 国产三相电力变压器损耗及效率对照表(10 kV/0.4 kV)

型号	容量/(kV·A)	铁损/W	铜损/W	效率	型号	容量/(kV·A)	铁损/W	铜损/W	效率
SJ、SJ1	100	730	2 400	0.968	SJ、SJ1	1 000	4 900	15 000	0.98
S5	100	540	2 100	0.974	S5	1 000	3 250	13 700	0.983
S7、SL7	100	320	2 000	0.977	S7、SL7	1 000	1 800	11 600	0.987
S9	100	290	1 500	0.982	S9	1 000	1 700	10 300	0.988
SH11 非晶合金	100	85	1 500	0.984	SH11 非晶合金	1 000	450	10 300	0.989 2
SH11 卷制式铁芯	100	205	1 500	0.983	SH11 卷制式铁芯	1 000	1 190	10 300	0.988 5

思考问题

1.变压器的铁芯为什么要做成闭合的?如果铁芯回路中有间隙,会对变压器产生哪些影响?在进行变压器叠片组装时可以采取哪些方法来减小铁芯叠片间隙?

2.铁芯的作用是什么?为什么变压器铁芯要用表面涂绝缘漆的硅钢片制造?

3.变压器主要有哪些额定值?

4.有一台S-5000/10型三相电力变压器,$S_N = 5\ 000$ kV·A,$U_{1N}/U_{2N} = 10.5/6.3$ kV,Yd接法,试求一、二次绕组的额定电流。

任务二 变压器的参数测定

内容提要

对变压器变比、空载损耗、激磁阻抗、负载损耗和短路阻抗等各项参数的测定,可以判断变压器是否存在导线断裂、绕组结构是否完整、匝间是否短路等情况,有效地预防各类故障的发生,确保每台变压器都能在最佳状态下运行,延长设备的使用寿命,为整个电力系统的可靠运行提供坚实的保障。

任务目标

1.知识目标

(1)了解铁磁材料的磁化过程和磁化曲线。

(2)掌握磁滞损耗和涡流损耗产生的原理。

(3)掌握变压器空载试验和短路试验的方法及步骤。

2．能力目标

（1）掌握铁磁材料及其磁化性能。

（2）能完成变压器变比、变压器绕组测定以及空载、短路等一般试验。

（3）具备熟练选择、使用、维护变压器的能力。

3．素质目标

（1）激发学生主动学习的意愿,培养严谨细致的工作作风和分析问题、解决问题的能力。

（2）增强团队意识、合作意识,提高规范操作和标准作业的能力。

任务导入

　　夏季临近,学校范围内的用电负荷激增,但是最近总是出现供电不稳定或中断的情况,为此学校后勤部门决定对校园内的变压器进行维修。经检修发现,由于使用年限较长,且用电负荷较大,变压器绕组的绝缘出现了老化甚至损坏,导致变压器内部发生大量损耗和温升,需重新更换绕组。那么我们需要进行哪些试验或测量哪些参数,以确保维修更换后的变压器与原变压器的参数保持一致,保证供电的可靠性呢?

学习情境1　磁路和磁性材料

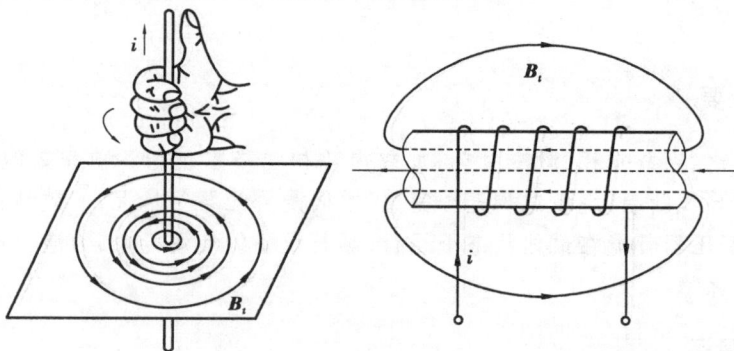

1．磁场中的基本物理量

1）磁感应强度

　　当闭合导体中通入电流时,在通电导体的周围就会产生磁场,磁场的强弱和方向用磁感应强度 **B** 来描述,因此磁感应强度 **B** 是矢量。磁感应强度越大,表示磁感应越强;磁感应强度越小,表示磁感应越弱。磁感应强度 **B** 的方向也可以用闭合的磁力线来描述,通电导体中的电流与所产生的磁场的磁力线之间符合右手螺旋定则,如图 1.12 所示。磁感应强度在国际单位制中的单位为 T(特斯拉)。

图 1.12　磁感线与电流之间的关系及右手螺旋定则

2）磁通量

　　磁通量简称磁通,用 Φ 表示,单位为 Wb(韦[伯])。通过某一平面的磁通量的大小,可以用通过这个平面的磁感线的条数的多少来形象地说明。在同一磁场中,磁感应强度越大的地方,磁感线越密。因此,磁感应强度 **B** 越大,面积 A 越大,磁通量就越大,意味着穿过这个面的磁感线条数越多。过一个平面若有方向相反的两个磁通量,那么合磁通为相反方向磁通量的代数和（即相反合磁通抵消以后剩余的磁通量）。当磁感应强度在给定表面上分布均匀且磁力线垂直穿过表面时，磁通 Φ 可以表示为

$$\Phi = BA \tag{1.3}$$

式中，A 为面积，单位为 m^2。磁感应强度可以看成穿过单位面积内的磁通量，所以磁感应强度又称为磁通密度或磁密。

3）磁导率

磁导率是材料响应外加磁场而获得的磁化强度的量度。通电导体所产生磁场的强弱与导体周围介质的导磁性能密切相关，有些介质会使磁场显著增强，有些介质则可能使磁场略有削弱。因此用磁导率来表示介质的导磁性能，用符号 μ 来表示。磁导率的单位是 H/m（亨［利］/米），真空的磁导率 $\mu_0 = 4\pi \times 10^{-7} H/m$，铁磁材料的磁导率 $\mu \gg \mu_0$。电机、变压器等设备中经常使用硅钢片，导磁性能为真空的 5 000～6 000 倍。在进行磁场计算时，为能更直观地显示材料的导磁性能，经常引入相对磁导率 μ_r，即

$$\mu = \mu_r \mu_0 \tag{1.4}$$

4）磁场强度

磁场强度反映了单位长度磁路上所消耗的磁动势，因此又称为单位长度的磁压降，用 H 表示，单位为 A/m（安［培］/米）。磁感应强度、磁场强度和真空磁导率之间的关系可以表示为

$$B = \mu H \tag{1.5}$$

2. 磁路的概念

在电路中，将电流流过的路径称为电路。同理，在磁路中，将磁通所经过的路径称为磁路。

在电机和变压器中，磁路一般由导磁性能优越的铁磁材料组成，与电路相比，两者之间又有着本质的区别。电路中电流是由带电粒子的定向运动而产生的，电流只在导体中流动。但磁通可以存在于任何介质之中，只是不同介质的磁导率有差异而已。由于铁磁材料的磁导率远大于空气的磁导率，所以绝大部分磁通将在铁芯内通过，在形成磁路闭合的同时完成能量的传递，该磁通一般称为主磁通；同时少量磁通通过铁芯外的路径闭合，这部分磁通称为漏磁通。在电机和变压器中，能量转换和传递通过主磁通完成，因此主磁通又称工作磁通。变压器磁路如图 1.13 所示。

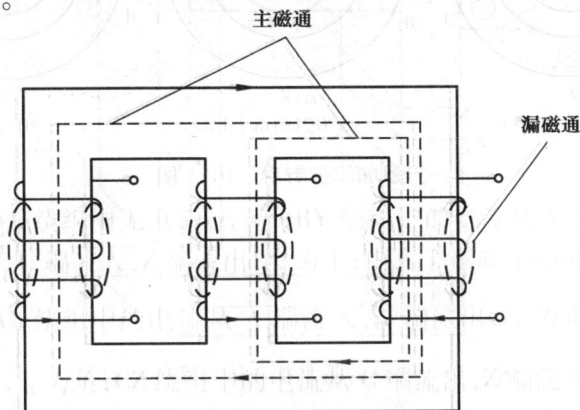

图 1.13　变压器磁路

3. 磁路的基本定律

1) 磁路的基尔霍夫第一定律

根据磁通的连续性原理可知:穿过闭合面的磁通的代数和必为零,即进入该闭合面的磁通等于离开该闭合面的磁通。故

$$\Phi_1 = \Phi_2 + \Phi_3 \tag{1.6}$$

若把穿出闭合面的磁通取为正值,进入闭合面的磁通取为负值,即可写为

$$\sum \Phi = 0 \quad 或 \quad -\Phi_1 + \Phi_2 + \Phi_3 = 0 \tag{1.7}$$

这就是磁路的基尔霍夫第一定律。磁路的基尔霍夫第一定律示意图如图 1.14 所示。

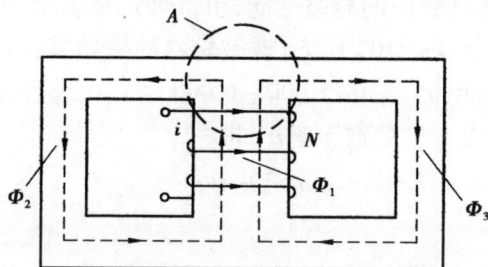

图 1.14 磁路的基尔霍夫第一定律示意图

2) 磁路的基尔霍夫第二定律

在磁路计算过程中,通常按照横截面积的不同,将磁路分成若干段,一般将材料和横截面积均相同且磁通也相等的磁路作为一段。如图 1.15 所示,它是由铁芯和空气隙两部分构成,而铁芯部分的横截面积又不同,分别为 A_1 和 A_2,故整个磁路应分成三段。设各段磁路的长度分别为 l_1、l_2 和 l_3,磁场强度分别为 H_1、H_2 和 H_3。若铁芯上的励磁磁动势为 Ni,根据安培环路定理可得

$$H_1 l_1 + H_2 l_2 + H_3 l_3 = Ni \tag{1.8}$$

式(1.8)表示,作用在任何闭合磁路的总磁动势恒等于各段磁路磁压降的代数和,这就是磁路的基尔霍夫第二定律。

磁路的基尔霍夫第二定律示意图如图 1.15 所示。

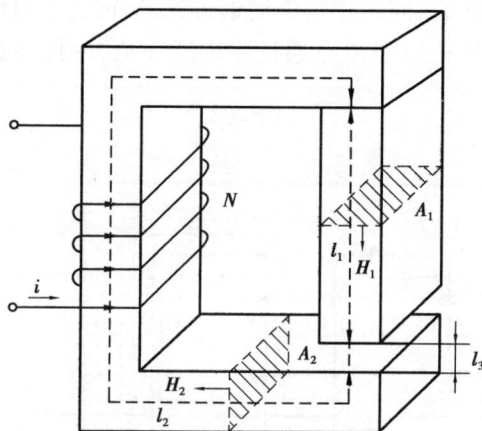

图 1.15 磁路的基尔霍夫第二定律示意图

3)磁路的欧姆定律

设一等截面无分支的铁芯磁路如图1.14所示,设铁芯截面积为A,磁路平均长度为l,铁芯材料的磁导率为μ,其励磁绕组的匝数N,通入的电流为i,若不计漏磁通,并认为各截面上磁通密度均匀分布,且垂直于各截面,则通过铁芯截面的磁通可表示为中$\Phi = BA$,经推导可得

$$F = Ni = Hl = \frac{B}{\mu}l = \Phi \frac{l}{\mu A} = \Phi R_m \qquad (1.9)$$

式中,F为作用在铁芯磁路上的安匝数,也称磁动势;R_m为磁路中的磁阻。由于其最后的表达形式与电路中的欧姆定律的形式相似,故称为磁路的欧姆定律。在磁路中,将磁动势F类比于电路中的电动势E,磁通量Φ类比于电流I,磁阻R_m类比于电阻R。

但要注意的是,电路的电阻一般为常数,而铁磁材料的磁阻却是非线性的。磁路的磁阻主要取决于磁路的几何尺寸和所用材料的磁导率,因为铁磁材料的磁导率μ不是一个常数,具有非线性特征,这也是磁路和电路的本质区别之一。例如,电气设备中的电磁铁,通电后磁路气隙闭合,断电时气隙打开,电磁铁的额定电流均按照气隙闭合时设计。如果气隙由于某种原因未能正常闭合,磁路的磁阻就会骤然增大,根据磁路的欧姆定律可知,这时线圈中的激磁电流就会大大增加,甚至烧毁线圈。

4.铁磁材料的分类

磁性材料按其导磁性能的优劣来分,主要有顺磁材料、逆磁材料和铁磁材料3种。顺磁材料的磁导率略大于真空磁导率;逆磁材料的磁导率略小于真空磁导率。工程计算中,通常把顺磁材料和逆磁材料的磁导率与真空磁导率等同,常见的材料有空气、变压器油、铜铝等。而铁磁材料的磁导率一般是真空磁导率的几千倍,如铁、钻、镍及其他合金等,电机和变压器的铁芯一般由铁磁材料组成,因此,在同样大小的电流或电动势的作用下,铁芯线圈产生的磁通比空心线圈的磁通大得多。

铁磁材料的
磁化

5.铁磁材料的磁化

在外界磁场的作用下,铁磁材料能够被磁化,产生很强的磁性,这种现象称为铁磁材料的磁化。

一般认为,铁磁材料的内部存在着许多很小的磁性区域——磁畴(超微型小磁铁),将每一个磁畴看作一个微型磁针,如图1.16所示。如果没有外磁场作用,各磁畴任意排列,且磁场相互抵消,则铁磁材料对外不显磁性[图1.16(a)];在外磁场的作用下,磁畴受到磁力的作用发生旋转,铁磁材料就显示出较强的磁性,此时内部小磁畴的方向与外磁场方向几乎一致[图1.16(b)],在内外磁场的共同作用下,合成磁场显著增强。

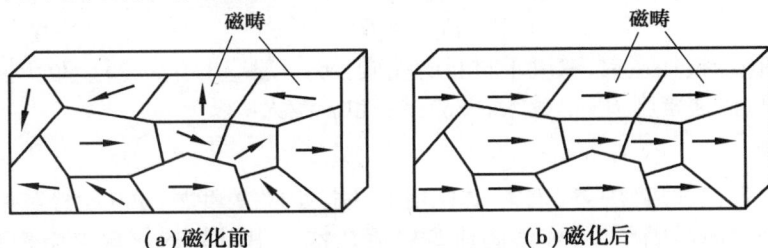

(a)磁化前　　　　　　　　(b)磁化后

图1.16　磁畴

6. 铁磁材料的磁化曲线

当对铁磁材料进行磁化时,磁场强度 H 由零开始逐渐增加,磁感应强度 B 也随之增加,如图 1.17 所示,这条 $B=f/(H)$ 曲线称为铁磁材料的基本磁化曲线。下面将基本磁化曲线分成 4 个区域加以分析。

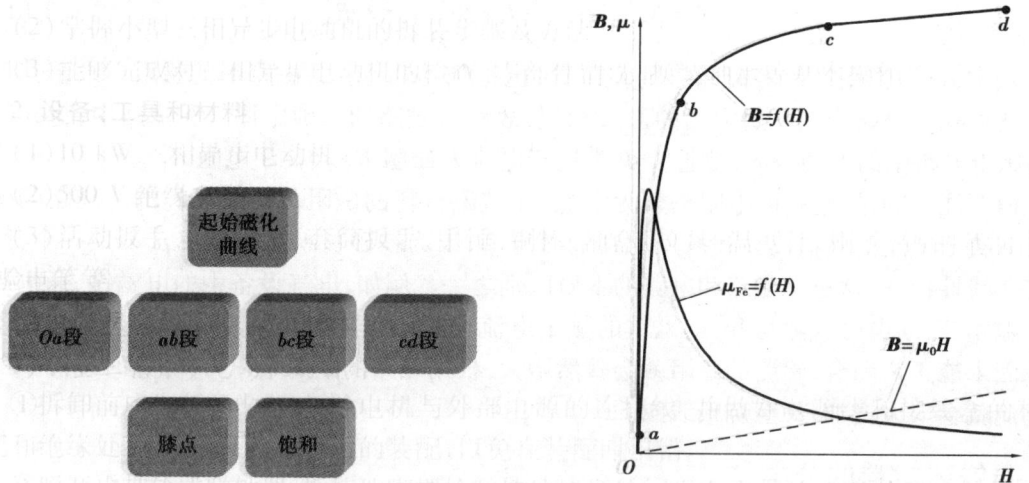

图 1.17 铁磁材料的基本磁化曲线

Oa 段:磁场强度 H 由零开始逐渐增加,磁感应强度 B 随着磁场强度 H 增加,但变化的趋势较慢。

ab 段:磁场强度 H 逐渐增加,磁感应强度 B 随着磁场强度 H 的增加而迅速增加,变化趋势较快,近似为一条直线。

bc 段:前半部分增长较快,后半部增长放慢,并逐渐趋向平缓,出现磁饱和现象。

cd 段:磁化曲线与 H 基本平行,达到深度饱和。通常将 b 点称为膝点,c 点为饱和点。变压器铁芯、电机铁芯等一般工作在膝点附近。

从图 1.17 可以看出,铁磁材料的磁化曲线不是一条直线,因此铁磁材料的磁阻不是常数,而是随铁磁材料饱和程度的增加而增大。

7. 铁芯损耗

在交变磁场的作用下,铁芯磁路中会产生磁滞损耗和涡流损耗,统称铁芯损耗。特别说明,对于直流磁路没有功率损耗。

1) 磁滞损耗

在交变磁场的作用下,磁畴不断发生偏转,因而在磁畴间不停地发生摩擦,引起损耗,这种损耗称为磁滞损耗,表达式为

$$P_h = k_h f B_m^\alpha V \tag{1.10}$$

式中,k_h 为磁滞损耗系数,取决于材料的性质。α 一般取 $1.6 \sim 2.3$。对于同一铁芯,磁场的交变频率越高,磁通密度 B_m 也越大,磁滞损耗也就越大。

2) 涡流损耗

由电磁感应定律可知,在交变磁场的作用下,铁芯内将产生感应电动势和电流,这些电流在铁芯内部围绕磁通形成环流,称为涡流。涡流在铁芯中引起的等效电阻损耗称为涡流损耗,表达式为

$$P_e = \frac{k^2 f^2 B_m^2 d^2 V}{12\rho} \tag{1.11}$$

式中,k 为涡流损耗系数。该式表明,涡流损耗与磁场交变频率 f,硅钢片厚度 d,与最大磁通密度 B_m 的平方成正比,与硅钢片的电阻率 ρ 成反比。由此可见,要减小涡流损耗,首先要减小硅钢片厚度;同时还可以采取在钢材中加入少量的硅,以增加铁芯材料的电阻率。

3) 铁芯损耗

在电机和变压器的计算中,通常将磁滞损耗和涡流损耗合并计算,统称铁芯损耗。

$$P_{Fe} = P_{1/50} \left(\frac{f}{50}\right)^{\beta} B_m^2 \tag{1.12}$$

式中,β 为频率系数,取值范围在 $1.2 \sim 1.6$,一般取 1.3。

在实际使用过程中,被极化了的铁磁材料在外磁场撤除后,磁畴的排列将不可能完全恢复到原始状态,即在外磁场消失后,铁磁材料对外显示磁性。铁磁材料的这种磁通密度 B_m 的变化滞后于磁场强度 H 变化的现象成为磁滞。

铁磁材料在交变磁场的作用下反复磁化,即可得到磁滞回线。通过观察磁滞回线可以得出,磁通密度 B_m 的变化滞后于磁场强度 H 的变化,上升磁化曲线和下降磁化曲线不重合,磁化过程不可逆,且不同材料的磁滞回线形状不同,如图 1.18 所示。

铁磁材料可分为软磁材料和硬磁材料。软磁材料的磁导率高,磁滞损耗小,磁滞回线窄,常用来制作变压器和电机铁芯,如硅钢片;硬磁材料的剩磁较大,磁滞回线宽,常用来制作永久磁铁,如图 1.19 所示。

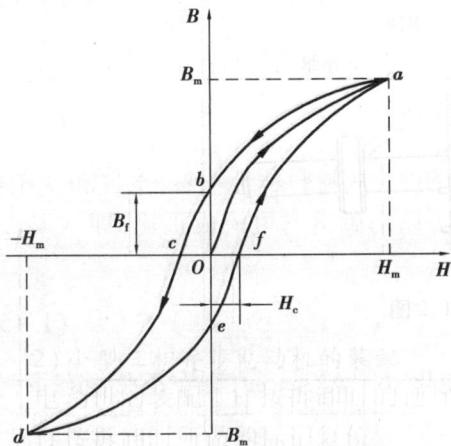

图 1.18　铁磁材料的磁滞回线

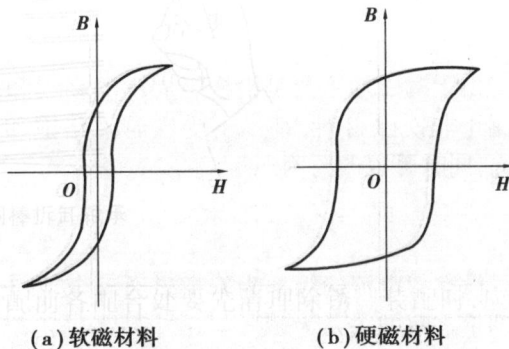

(a)软磁材料　　　　**(b)硬磁材料**

图 1.19　软磁材料和硬磁材料的磁滞回线

学习情境 2　变压器的空载运行

变压器空载运行是指变压器的一次绕组接到额定电压、额定频率的交流电源上,二次绕组开路(无电流)时的运行状态。下面以单相变压器空载运行为例,就变压器的运行原理作阐述。

变压器工作原理

1. 空载运行时的工况

图 1.20 中 N_1 和 N_2 分别表示一、二次绕组的匝数,当二次绕组开路,一次绕组接上交变的外加电源 u_1 时,一次绕组中便产生一个交变电流,这个电流称为空载电流,用 i_0 表示。从

而在一次侧产生磁动势 $f_0 = N_1 i_0$，由于铁磁材料的磁导率远大于周围变压器油或空气的磁导率，则在磁动势 f_0 的作用下绝大部分磁通会沿着铁磁材料闭合，产生同时交链一、二次绕组的磁通，即主磁通，用 Φ_m 表示。另有一小部分磁通与一次绕组及周围的空气或变压器油等交链，形成闭合磁路，这部分磁通称为一次绕组的漏磁通，用 $\Phi_{1\sigma}$ 表示。

由于铁磁材料的磁导率远大于周围介质，所以绝大部分磁通会沿着铁芯形成闭合磁路。在现代大型电力变压器中，主磁通的占比可达 99% 以上，漏磁通的占比不足 1%。

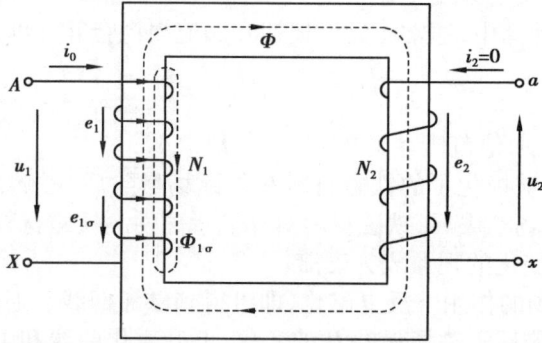

图 1.20 变压器基本原理图

根据电磁感应定律，主磁通在一、二次绕组中都将产生感应电动势。由右手螺旋定则可知，一、二次绕组的感应电动势 e_1 和 e_2 分别为

$$e_1 = -N_1 \frac{\mathrm{d}\Phi}{\mathrm{d}t} \qquad\qquad e_2 = -N_2 \frac{\mathrm{d}\Phi}{\mathrm{d}t} \qquad\qquad (1.13)$$

同理，漏磁通 $\Phi_{1\sigma}$ 在一次绕组中产生漏磁感应电动势，用 $e_{1\sigma}$ 表示

$$e_{1\sigma} = -N_1 \frac{\mathrm{d}\Phi_{1\sigma}}{\mathrm{d}t} \qquad\qquad (1.14)$$

由于漏磁通主要是沿绕组周围的空气和变压器油闭合，从材料特性上看，空气和变压器油属于非铁磁材料，基本不受铁芯磁路饱和的影响，所以漏磁链与电流成正比，即 $N_1\Phi_{1\sigma} = L_{1\sigma} i_0$，同时可以改写为

$$e_{1\sigma} = -L_{1\sigma} \frac{\mathrm{d}i_0}{\mathrm{d}t} \qquad\qquad (1.15)$$

设空载电流的频率为 f，主磁通 Φ 按照正弦规律变化 $\Phi = \Phi_m \sin \omega t$，则在正弦稳态下，各物理量之间的关系为

$$\dot{E}_1 = -\mathrm{j}4.44 f N_1 \dot{\Phi}_m \qquad\qquad (1.16)$$

$$\dot{E}_2 = -\mathrm{j}4.44 f N_2 \dot{\Phi}_m \qquad\qquad (1.17)$$

$$\dot{E}_{1\sigma} = -\mathrm{j}\dot{I}_0 \omega L_{1\sigma} \qquad\qquad (1.18)$$

式(1.16)和式(1.17)表明，感应电动势正比于电源频率、线圈匝数、主磁通。同时感应电动势在相位上的变化滞后主磁通变化 $\frac{\pi}{2}$。由于漏磁通所经过路径的磁导率是常数，所以漏电抗 $L_{1\sigma}$ 也为常数。

2. 主磁通与感应电动势

根据基尔霍夫第二定律，可得一次侧电压平衡方程式

$$u_1 = -e_1 - e_{1\sigma} + R_1 i_0 \tag{1.19}$$

如前所述,漏磁通占比不足 1%,所以由其产生的漏磁电动势 $-e_{1\sigma}$ 和电阻性压降 $R_1 i_0$ 的数值都很小(<0.4%),可忽略不计,则可以近似地认为 $u_1 \approx -e_1$。在正弦稳态下,式(1.19)可以表示为

$$\dot{U}_1 = -\dot{E}_1 - \dot{E}_{1\sigma} + R_1 \dot{I}_0 = -\dot{E}_1 + \mathrm{j}\dot{I}_0 X_{1\sigma} + R_1 \dot{I}_0 \tag{1.20}$$

$$\dot{U}_1 \approx -\dot{E}_1 \tag{1.21}$$

结合式(1.16)和式(1.21)可得,一次绕组感应电动势 E_1 和主磁通 Φ_m 之间的关系为

$$\Phi_\mathrm{m} = \frac{E_1}{4.44 f N_1} \approx \frac{U_1}{4.44 f N_1} \tag{1.22}$$

即感应电动势的大小与绕组匝数以及主磁通变化的频率、幅值成正比;或当外加电源电压不变时,对于已制好的变压器,空载运行时的主磁通基本不变。

3. 空载时的等效电路

变压器空载运行时,由空载电流建立主磁通,所以空载电流即为励磁电流。由于铁耗的存在,当铁芯中的主磁通为正弦波时,励磁电流的波形为一尖顶波,同时包含基波分量和三次及以上高次谐波。如果铁芯中没有损耗,空载电流 i_0 与主磁通 Φ_m 同相位,但由于主磁通在铁芯中交变并产生涡流损耗和磁滞损耗,所以此时 i_0 将领先 Φ_m 一个角度 α,我们将其称为铁耗角。

为了建立起磁路和电路之间的关系,直观、形象地描述主磁通 Φ_m 在能量转换过程当中的作用,引入励磁阻抗 Z_m,进而建立起感应电动势 $\dot{E}_1$、空载电流 $\dot{I}_0$ 和励磁阻抗 Z_m 之间的关系,具体如下:

$$\dot{E}_1 = -\dot{I}_0 Z_\mathrm{m} \tag{1.23}$$
$$Z_\mathrm{m} = R_\mathrm{m} + \mathrm{j} X_\mathrm{m} \tag{1.24}$$

式中,R_m 为励磁电阻,代表铁耗;X_m 代表励磁电抗表征铁芯的磁化性能。

由基本磁化曲线可知,铁芯的磁导率和磁化都是非线性的。随着铁芯饱和程度的增加,励磁电阻 R_m 和励磁电抗 X_m 都将随之变化。由于空载电流 I_0 的增加速率大于磁通 Φ_m,而 Φ_m 与外加电压 U_1 近似成正比,所以,I_0 比 U_1 增加得快,R_m、X_m 都随外加电压的增加而减小。当变压器工作在额定状态时,一般认为不变。

由式(1.23)和式(1.24)可得变压器空载时的等效电路图,如图 1.21 所示。

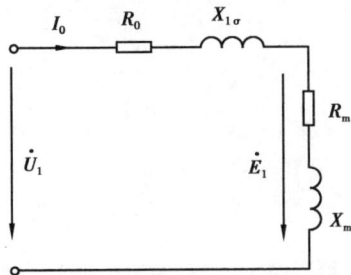

图 1.21　变压器空载等效电路图

学习情境3　变压器的负载运行

1. 变压器负载运行时的物理过程

当变压器空载运行时,由空载电流 i_0 产生磁动势 f_0,建立交链一次绕组和二次绕组的主磁通,并产生感应电动势 e_1 和 e_2,同时由于一次绕组漏抗压降 $R_1 i_0$ 的存在,变压器的电磁关系平衡。

如图 1.22 所示,当二次侧接上负载后,一次侧感应电动势 e_1 和二次侧感应电动势 e_2 均发生变化。在外加电压 u_1 不变的情况下,e_1 的变化将引起一次侧绕组电流的变化,即电流由空载电流 i_0 过渡到负载电流 i_1,这时铁芯的主磁通由一、二次侧磁动势 f_1、f_2 共同作用建立。在此基础上,感应出新的电动势 e_1 和 e_2,达到新的电磁平衡。

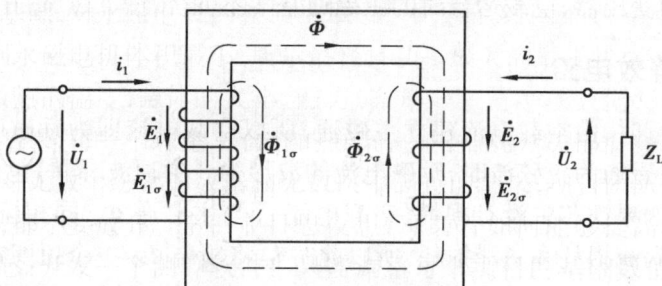

图 1.22　变压器负载运行

分析表明:当变压器负载运行时,一、二次绕组的电流是紧密连接在一起的,负载大小变化引起二次绕组的电流增加或减小的同时必然引起一次绕组电流的增加或减小,相应地,当二次绕组输出功率的增加或减小时,一次绕组将从电网吸收的功率必然同时增加或减小。

2. 变压器负载运行时的磁动势平衡方程

由于外加电压保持不变,所以负载运行时的磁动势保持不变,即

$$\dot{F}_0 = \dot{F}_1 + \dot{F}_2 \tag{1.25}$$

或

$$N_1 \dot{I}_0 = N_1 \dot{I}_1 + N_2 \dot{I}_2 \tag{1.26}$$

将式(1.26)进一步进行简化,得

$$\dot{I}_0 = \dot{I}_1 + \frac{N_2}{N_1} \dot{I}_2 \tag{1.27}$$

$$\dot{I}_1 = \dot{I}_0 + \left(-\frac{N_2}{N_1}\right)\dot{I}_2 = \dot{I}_0 + \left(-\frac{1}{k}\right)\dot{I}_2 \tag{1.28}$$

$$\dot{I}_{1L} = -\frac{1}{k}\dot{I}_2 \tag{1.29}$$

通常,将 $\dot{I}_{1L}$ 称为一次负载分量。式(1.28)表明,变压器负载运行时,一次侧电流包含两个分量:一个是空载励磁电流 $\dot{I}_0$,其作用为建立变压器负载运行时的主磁通;另一个是负载

分量 $\dot{I}_{1L}$ ，其作用是产生磁动势 $N_1 \dot{I}_{1L}$ ，用以抵消二次绕组磁动势 $N_2 \dot{I}_2$ 对一次侧的影响，即 $N_1 \dot{I}_{1L} + N_2 \dot{I}_2 = 0$ 。当空载运行过渡到负载运行后，由于一次侧端电压 $\dot{U}_1$ 不变，且一次绕组的漏阻抗很小，所以感应电动势 $\dot{E}_1$ 和磁动势 $\dot{F}_1$ 的变化也很小，电流变化不大。

3. 电压方程

变压器负载运行时的磁通包括三部分：励磁电流产生的主磁通 Φ_m ，一次绕组中产生的漏磁通 $\Phi_{1\sigma}$ 和在二次绕组中产生的漏磁通 $\Phi_{2\sigma}$ 。主磁通在一、二次绕组中产生感应电动势为 $\dot{E}_1$ 和 $\dot{E}_2$ ，漏磁通在一、二次绕组中产生漏磁电动势为 $E_{1\sigma}$ 和 $E_{2\sigma}$ 。由于漏磁通与周围的空气和变压器油形成磁路闭合，而空气和变压器油等材料的磁导率和真空接近，所以近似地认为漏磁通与产生它的电流成正比，根据基尔霍夫第二定律，可列出负载运行时，一、二次侧电压、电流平衡方程，即

$$\dot{U}_1 = -\dot{E}_1 + \dot{I}_1 Z_{1\sigma} \tag{1.30}$$

$$\dot{U}_2 = \dot{E}_2 - \dot{I}_2 Z_{2\sigma} \tag{1.31}$$

$$\frac{\dot{E}_1}{\dot{E}_2} = \frac{N_1}{N_2} = k \tag{1.32}$$

$$\dot{I}_0 = \dot{I}_1 + \frac{1}{k}\dot{I}_2 \tag{1.33}$$

$$\dot{E}_1 = -\dot{I}_0 Z_m \tag{1.34}$$

需要说明的是，按照磁路闭合时的材料特性将磁通分为主磁通和漏磁通两部分，体现材料的非线性和线性对变压器运行状态的影响，这样分析有利于对变压器运行状态的分析，简化模型。

学习情境 4　变压器的归算及等效电路

1. 变压器的归算

归算法是分析变压器的一种方法。其前提是不改变变压器原有的电磁关系和电磁过程。也就是说，归算前后的磁平衡关系、功率传递、损耗和漏磁场储能等均应保持不变。本书中引用降压变压器，将二次绕组归算到一次侧，归算后，二次侧各物理量的数值称为归算值，并在原来符号的右上角加角标来区分归算值和未折算值。

根据归算原则，归算前后磁动势保持不变，即

$$N_1 I_2' = N_2 I_2 \tag{1.35}$$

$$I_2' = \frac{N_2}{N_1} I_2 = \frac{1}{k} I_2 \tag{1.36}$$

根据功率不变的原则，归算前后二次绕组输出的视在功率也不应该改变，即

$$U_2'I_2' = U_2I_2 \tag{1.37}$$

$$U_2' = \frac{I_2}{I_2'}U_2 = kU_2 \tag{1.38}$$

根据磁动势不变的原则,归算前后磁动势与匝数成正比,即

$$\frac{E_2'}{E_2} = \frac{N_1}{N_2} = k \tag{1.39}$$

根据损耗不变原则,归算前后的阻抗即

$$I_2'R_2' = I_2^2R_2 \tag{1.40}$$

综上所述,若把二次绕组归算到一次侧,归算后的二次侧各量,凡是单位为 V 的量(电动势和电压),归算值等于其原值乘以 k;凡是单位为 Ω 的量(电阻、电抗、阻抗),归算值等于其原值乘以 k^2,电流的归算值则等于原值乘以 $\frac{1}{k}$。

2. 变压器的等效电路

绕组折算的目的不仅在于简化变压器的计算,更为重要的是搭建电磁关系转换的路径,建立负载运行时的等效电路。

1)T 形等效电路

在 T 形等效电路中,R_m 是励磁电阻,代表铁耗;X_m 是励磁电抗,代表主磁通在电路中的作用;Z_m 是励磁阻抗,其上的压降代表感应电动势;R_1 是一次电阻,代表一次侧铜耗;$X_{1\sigma}$ 是一次侧漏电抗,代表一次侧漏磁场消耗的无功功率;R_2 是二次电阻,代表二次侧铜耗;$X_{2\sigma}$ 是二次侧漏电抗,代表二次侧漏磁场消耗的无功功率。变压器 T 形等效电路如图 1.23 所示。

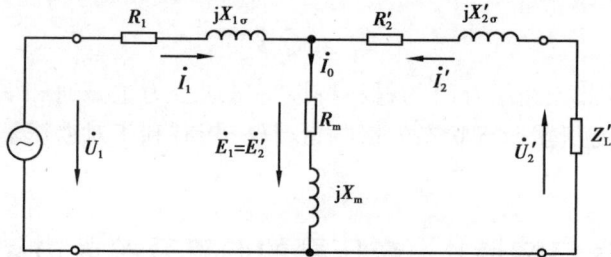

图 1.23 变压器 T 形等效电路

2)简化等效电路

对于大型电力变压器,$I_0 < 0.03I_{1N}$,可忽略不计,工程上常用简化等效电路来进行定性分析和简化计算,如图 1.24 所示。

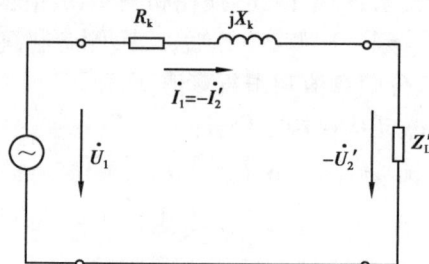

图 1.24 变压器简化等效电路

学习情境 5　变压器的参数测定

当使用变压器基本方程、等效电路等了解变压器的基本性能时,必须掌握变压器的励磁参数、短路参数、空载损耗和短路损耗等,这些参数等可以通过空载试验和短路试验测定。

变压器空载
试验

1. 空载试验

空载试验的目的是测定变压器的变比 k、空载损耗 P_0,空载电流 I_0 和励磁阻抗 Z_m,并绘制空载电流特性曲线。为了设备和人员操作安全,同时考虑电源的获取方便,一般情况下,变压器空载试验在低压侧加电压(一般加 $1.2U_N$,然后逐渐降低电压),高压侧开路,测量 U_1、U_{20}、I_0、P_0。空载试验接线及参数设置如图 1.25 所示。

图 1.25　空载试验接线及参数设置

由于电压 U_1 与主磁通 Φ_m 成正比,且空载电流就是励磁电流,所以空载电流特性曲线实际上与基本磁化曲线相一致。当电压较低时,主磁通较小,呈线性关系;当电压逐渐增高时,磁路趋近饱和,空载电流 I_0 迅速增加。

从定性的角度去分析,空载运行时,变压器从电网吸收的功率 P_0 为铁芯损耗和绕组铜耗之和。

从定量的角度去分析,绕组铜耗与空载电流的二次方成正比($P_{Cu} = I_0^2 R_1$),由于空载电流非常小($I_0 \approx 0.15{-}3\% I_N$),所以认为 $P_{Cu} = 0$。由式(1.12)可知铁芯损耗与磁感应强度(或 Φ_m 或 U_1)的平方成正比,所以可以认为空载损耗 P_0 即为变压器的铁耗,即 $P_0 \approx P_{Fe}$。

依据等效电路,可以得到额定电压下,各参数的测量如下:

$$k \approx \frac{U_1}{U_{20}} \tag{1.41}$$

$$Z_m \approx \frac{U_1}{I_0} \tag{1.42}$$

$$R_m \approx \frac{P_0}{I_0^2} \qquad (1.43)$$

$$X_m \approx \sqrt{Z_m^2 - R_m^2} \qquad (1.44)$$

2. 短路试验

短路试验时,将二次绕组短路,一次绕组通过调压器接到外部电源上。为了便于测量,通常采用调节电压的方式,使电流由 0 逐渐上升到 $1.2I_N$,同时测量外加电压 U_k、短路电流 I_k、短路功率 P_k。短路试验接线及参数设置如图 1.26 所示。

短路试验时,外加电压很低 U_k(一般为 $5\% \sim 10\% U_N$),磁路不饱和。由于电压较低,所以主磁通较小,励磁电流较小,铁芯损耗可以忽略不计。故短路损耗即为铜耗,即 $P_k \approx P_{Cu}$。

$$Z_k \approx \frac{U_k}{I_k} \qquad (1.45)$$

$$R_k \approx \frac{P_k}{I_k^2} \qquad (1.46)$$

$$X_k \approx \sqrt{Z_k^2 - R_k^2} \qquad (1.47)$$

需要注意的是,前述空载试验的短路试验的参数计算都是以单相变压器为例,如果求解三相变压器的参数,必须根据一相的负载损耗、相电压、相电流来进行计算。

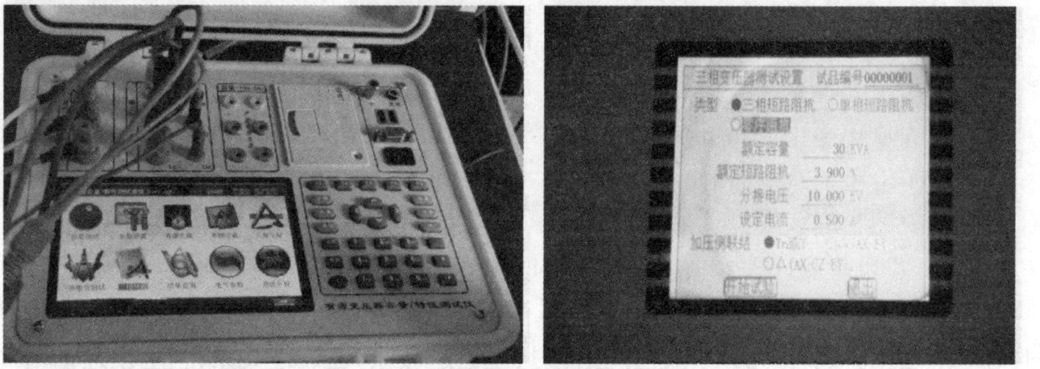

图 1.26 短路试验接线及参数设置

任务实战

变压器空载试验和短路试验

通过变压器空载试验,我们可以发现变压器磁路中局部和整体缺陷,如硅钢片间绝缘不良,穿心螺杆或压板的绝缘损坏等,并可量取空载电流、空载损耗等。通过短路试验,我们可以检查线圈结构的正确性等,并量取短路时的电压、电流、损耗,求出变压器的铜耗及短路阻抗等,进而保证变压器的可靠、稳定运行。

1. 目的要求

(1)掌握变压器空载试验和短路试验方法。

(2)通过空载试验和短路试验,测定三相变压器变比和参数。

（3）巩固用二瓦计法测量三相功率的方法，掌握低功率因数表的使用。

2. 设备、工具和材料

数/模交流电压表、数/模交流电流表、功率因数表、三相组式变压器、三相可调电阻器、电抗器等。

3. 实验步骤

1）单相变压器空载试验

（1）被测变压器采用三相组式变压器 DJ11 中的一只作为单相变压器，额定容量 $P_N = 77\ V \cdot A$，$U_{1N}/U_{2N} = 220/55\ V$，$I_{1N}/I_{2N} = 0.35/1.4\ A$，变压器的低压侧接电源，高压侧开路。变压器空载试验接线图如图 1.27 所示。

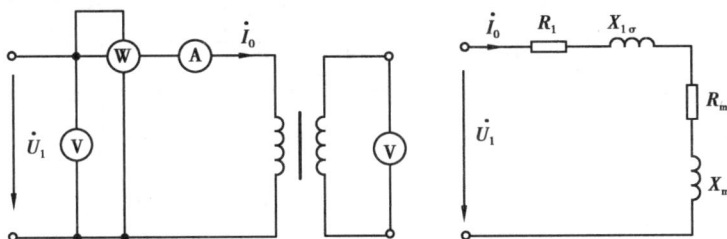

图 1.27　变压器空载试验接线图

（2）选好所有测量仪表量程，将控制屏左侧调压器旋钮逆时针方向旋转，即将其调整到电压为零的位置。

（3）调节调压器旋钮，使得变压器空载电压 $U_1 = 1.2U_N$，然后逐次降低电源电压，在（1.2 ～ 0.3）U_N 范围内，测取 U_1、I_0、P_0。

（4）测取数据时，必须进行 $U = U_N$ 测量，在该点附近进行多次测量，并记录相应数据。

（5）根据所测量数据计算相应空载时的参数，绘制空载特性曲线。

（6）为了计算变压器的变比，在 U_N 以下测取低压侧电压的同时测出高压侧电压值，并记录于试验报告中。

2）单相变压器短路试验

（1）按下控制屏上的停止按钮，切断三相交流电源，按图 1.28 所示接线。将变压器高压侧线圈接电源，低压侧短路。

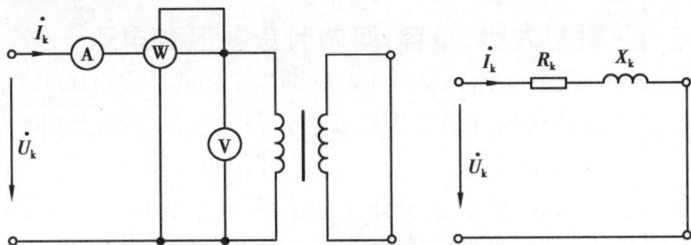

图 1.28　变压器短路试验接线图

（2）选好所有测量仪量程，将交流调压器的旋钮调到输出电压为零的位置。

（3）接通交流电源，逐次缓慢增加输入电压，直到短路电流为 $1.2I_N$ 为止，在（0.2 ～ 1.2）I_N 范围内测取变压器的 U_k、I_k、P_k。

（4）测取数据，$I_k = I_N$ 点必测，测量数据 6 ～ 7 组，并记录于试验报告中，试验时记录下环境温度。

4.试验报告

变压器运行试验报告见表1.3。

表 1.3 变压器运行试验报告

任务名称			变压器空载试验				
学号			姓名			班级	
组别				室内温度			
序号	内容		试验数据记录				
1	空载试验数据	序号	U_0	I_0	P_0	U_2	$\cos\varphi$
		1					
		2					
		3					
		4					
		5					
		6					
		7					
		8					
2	空载试验参数计算						

续表

任务名称		变压器短路试验			
学号		姓名		班级	
组别		室内温度			
序号	内容	试验数据记录			

序号	内容	序号	U_k	I_k	P_k	$\cos\varphi$
1	短路试验数据	1				
		2				
		3				
		4				
		5				
		6				
		7				
		8				
2	短路试验参数计算					

5. 检查与评价(表 1.4)

表 1.4　检查与评价表

内容	学生自评	小组互评	教师评价	总结与改进
能正确、熟练地使用相关工具				
试验操作顺序正确、流畅				
设备、器材摆放整齐,使用正确				
能对任务结果进行总结、分析,正确判定连接组别				

知识拓展

六氟化硫、变压器油的无废之路

终端扫码、钢瓶入库、气体净化……2024年6月5日,在国网湖北省电力有限公司六氟化硫回收处理中心,一瓶瓶从变电站回收的六氟化硫气体经过技术人员一系列操作,里面的杂质清除殆尽。几个小时后,这些处理后的气体将被送往各个变电站,在电气设备绝缘中"大显神通"。

国网湖北电科院化学与环保技术研究室副主管张驰介绍,六氟化硫气体具有良好的绝缘性能,是高压电气设备可靠运行的关键。这个气体不仅会分解产生有毒物质,还是重要的温室气体,使用中必须严控其排放。

近年来,国网湖北电力聚焦电力生产运行实际,大力推进无废企业建设,积极推进技术攻关,创新构建管理模式,加快关键设备研制,以资源的循环利用助推环境绿色低碳发展。

为保障六氟化硫气体循环再利用,国网湖北电力研发了六氟化硫回收率测量装置,搭建了六氟化硫数字化管控平台,实现了此气体高效回收、集中处理、智能管理。

张驰介绍,变电站设备检修或退役时,需要将内部的六氟化硫气体回收。为精准统计回收气体,他们将回收率测量装置安装在连接气管中,通过装置的压力传感器、温度传感器和气体质量流量精准测量技术,可实时监测气体回收情况,确保全年气体回收率达到98.12%,比相应的规范高了1.62%。气体回收后,六氟化硫数字化管控平台像"大脑"一样,对装有六氟化硫的储气瓶进行智能管理。

据了解,这家公司将六氟化硫压缩成液态后,以50 kg为单位存在钢瓶中,通过瓶子的"身份信息"二维码,数字化管控平台能对六氟化硫现场回收、仓储运输、数据统计等进行全过程管理。同时,这个平台还可根据往年同期领用情况,指导气体净化处理进度,保障气体的有效运转。

张驰说:"自去年以来,在这个测量装置和管控平台的全面推广应用下,回收处理了10.9余吨六氟化硫,不仅减少300万元购气成本,还相当于减排27.47万t二氧化碳,实现了电网和环境的和谐发展。"在六氟化硫气体高效循环利用的同时,国网湖北电力的变压器绝缘油也在走向"变废为宝"、物尽其用的环保之路。

2024年6月4日,国网湖北电力废矿物油回收处置管理中心,20 t废弃的深色矿物油流经吸附罐后,变为亮黄的"新油",这些"新油"可再次利用。

矿物油是一种理想的油浸变压器油,能够满足变压器的绝缘、冷却、润滑和保护等多重要求。在变压器长期运行中,逐年氧化效应会造成矿物油性能下降。为高效利用废弃油,依托孝感供电公司油化验试验室,国网湖北电力成立了省级废矿物油回收处置管理中心,创新开展废矿物油回收处置工作,赋予废油"二次生命"。

油化验试验室技术负责人任乔林说:"根据废弃油颜色比对和酸度测试,我们将这些油分成了四个品类,对成色好的一类油进行真空过滤,将二、三类油用特殊'透析'技术处理,第四类油进行合规报废。"

任乔林所说的"透析"技术,是基于他30多年创新研制的吸附剂。变压器废弃油用导管引出后,流进装有吸附剂的吸附罐中,这些废弃油的杂质会被有效吸附,吸附罐流出的油就成了可用的新油,整个过程就像透析一样。

"为精准实现废油处理,我们将不同类型废油对应的吸附剂用量进行了研究,二、三类油吸附剂用量分别为吸附罐容量的 3% 和 5% 时,处理效果最好。"任乔林算了一笔账,处理 20 t 二类废油,仅需花 3.6 万元购买 0.6 t 吸附剂,不仅避免了油污染和相应的气体污染,还节省成本 16.4 万元。

据了解,自 2021 年 7 月起,国网湖北电力累计回收处置废油 1 500 多吨,再利用 220 多吨,减少因生产矿物油而排放的二氧化碳 6 000 余吨。目前,公司正推动变压器油全生命周期管理,已建成变压器废油集中暂存点 21 个,为湖北变压器废油合规处置提供了有力支撑。

思考问题 · · · · · · · · · · · · · ·

1. 变压器的铁芯为什么要做成闭合的? 如果铁芯回路中有间隙,会对变压器产生哪些影响? 在进行变压器叠片组装时可以采取哪些方法来减小铁芯叠片间隙?

2. 铁芯的作用是什么? 为什么变压器铁芯要用表面涂绝缘漆的硅钢片制造?

3. 变压器主要有哪些额定值?

4. 有一台 S-5000/10 型三相电力变压器,$S_N = 5\ 000$ kV·A,$U_{1N}/U_{2N} = 10.5/6.3$ kV,Yd 接法,试求一、二次绕组的额定电流。

任务三　变压器的极性和组别判定

📚 内容提要

变压器连接组别判定是确保变压器能够正确接入电网并保证其正常运行的关键步骤,通过判定连接组别,可以预防因绕组连接错误导致的电压问题或电流问题,有效避免因相位不匹配造成的过电压或短路现象等故障,同时明确相位关系还可以优化运行效率,减少无效功率和电能损失,保护电网安全、稳定、经济运行。

📚 任务目标

1. 知识目标

(1)了解三相变压器的结构。

(2)熟悉三相变压器的连接方法,测量并判断单相与三相变压器一次绕组、二次绕组电压间的相量关系。

2. 能力目标

掌握用交流电压表确定三相变压器的极性、连接组别及判定方法。

3. 素质目标

(1)激发学生主动学习的意愿,培养追求卓越的工匠精神和严谨细致的工作作风。

(2)培养团队意识、合作意识,提高规范操作和标准作业的能力。

📚 任务导入

同学小刘所在的实习单位是一家从事材料精加工的小微企业,为满足企业生产需求,需要安装一台配电变压器,用于提供厂内动力和照明负载。那么选择什么类型和连接组别的变压器才可以满足预算有限的小型企业对动力和照明的需求,同时兼顾可靠性高、维护方便、成本相对较低的要求呢?

学习情境 1　三相变压器的分类

现代电力系统大多采用三相制供电,因此广泛采用三相变压器来实现电压的转换成像。变压器可以由三台同容量的单相变压器组成,再按需将一次绕组及二次绕组分别接成星形或三角形。三相变压器按铁芯结构分类有三相组式变压器和三相芯式变压器两种。

1.三相组式变压器

三相组式变压器是由三个相同的单相变压器按一定的连接方式组合而成,如图 1.29 所示。三相变压器组的三相磁路各自独立,三相之间只有电的联系。由于三相磁路完全相同,当一次绕组外加三相对称电压时,三相磁路中的主磁通和三相绕组中的励磁电流基波都是三相对称的。

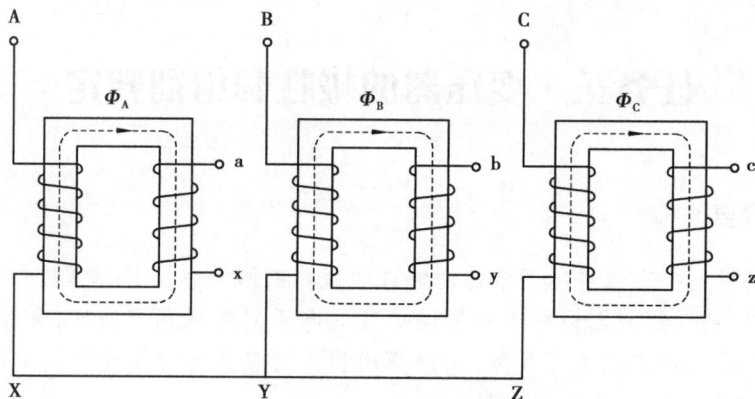

图 1.29　三相组式变压器

2.三相芯式变压器

三个单相变压器的铁芯合并成如图 1.30(a)所示的结构形式,每相的高、低压绕组放在一起,并将三相绕组分别套装在外侧的三个铁芯柱上,则磁路仍然保持三相对称。当三相绕组外接对称三相电压时,三相磁通也为三相对称。三相磁通之和为零,即

$$\dot{\Phi}_A + \dot{\Phi}_B + \dot{\Phi}_C = 0 \tag{1.48}$$

也就是说,中间的铁芯柱中没有磁通经过,可以将它省去,如图 1.30(b)所示。如果再使三个铁芯柱布置在同一平面上,便得到了三相芯式变压器的铁芯。

由图 1.30 可知,三相芯式变压器的磁路是相互依赖和联系的,类似于电路中的 Y 形连接,任意一相的磁通都要借助另外两相的磁路闭合。由于三相磁路的长度不同,中间芯柱的磁路较短,磁阻较小,所以三相磁路的磁阻不同。在三相对称电压作用下,三相磁路不完全相同,也不能使三相励磁电流对称,即产生主磁通所需要的励磁电流却不同,中间的励磁电流稍小一些。工程上常忽略空载电流不对称带来的影响,取它们的平均值作为实际的励磁电流。

图 1.30　三相芯式变压器

芯式变压器具有硅钢片用量少、质量轻、造价便宜等特点,应用比较广泛。三相变压器便于制造和运输,同时也可使用户的备用容量降低,故多用于巨型大容量的变压器。

学习情境 2　三相变压器的连接组

1.三相绕组连接方法

常见的标准连接组为:单相变压器的高压绕组首末端以大写字母 A、X 标记,而低压绕组的首末端以小写字母 a、x 标记。三相变压器的高压绕组首末端分别以 A、B、C 和 X、Y、Z 标记;低压绕组的首末端分别以 a、b、c 和 x、y、z 标记。三相绕组通常采用星形接法和三角形接法。星形接法是把三相绕组的末端连在一起,而把它们的首端引出来,如图 1.31(a)所示。三角形接法又可分为两种接线方式:一种是按 ax—by—cz 的顺序连接,称为顺序三角形接法,如图 1.31(b)所示;另一种是按 ax—cz—by 的顺序连接,称为逆序三角形接法。

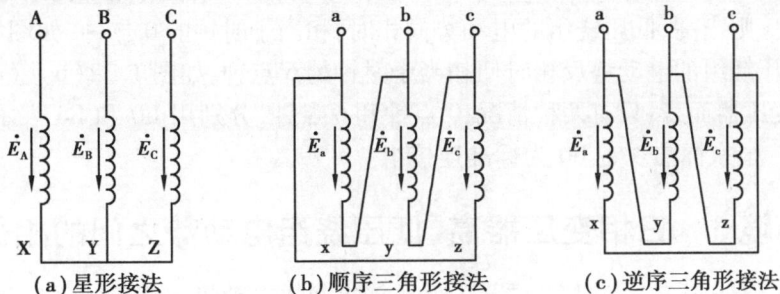

图 1.31　三相变压器绕组连接方法

连接组的写法上按照先高压、后低压的顺序。对于星形接法,如有中性线引出,用 YN 或 yn 表示;对于三角形接法,高、低压侧绕组分别用 D 或 d 表示。由于高低压侧分别有星形和三角形两种接法,所以可得到变压器有 Yy、Yd、Dy 和 Dd 四种基本连接组。不同连接组高、低压绕组电动势具有不同的相位关系,在使用变压器时必须注意。

2.单相变压器高、低压绕组电动势之间的相位关系

在单相变压器中,高、低绕组都绕在同一个铁芯柱上,被同一个磁通所交链,电动势要

么同相,要么反相,它取决于两个绕组的绕制方向和标记方法。由于高、低压绕组被同一磁通所交链,故高、低压绕组的感应电动势有一定的极性关系,即当高压绕组某一端瞬时电位为正时,低压绕组也有一电位为正的对应端,这两个对应的同极性端点称为同名端,用符号"·"表示。由此我们可以得出,在不同绕组绕制方向和标记情况下,高、低压侧绕组的电动势存在同相和反相关系,如图1.32所示。

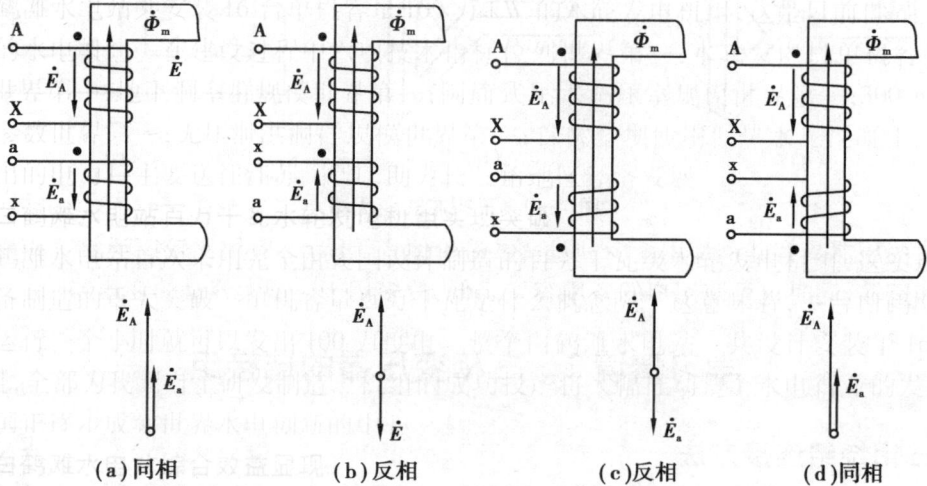

图1.32 单相变压器高、低压绕组相位关系

从图1.32可以看出,当高低压绕组的绕制方向相同,电流从两个绕组的同极性端流入时,其所产生的磁通方向相同;当电流从两个绕组的异极性端流入时,所产生的磁通方向相反。当高低压绕组的绕制方向相反,电流从两个绕组的同极性端流入时,其所产生的磁通方向相反;当电流从两个绕组的异极性端流入时,所产生的磁通方向相同。

为了区别不同的连接组,通常用时钟法来表示高、低压绕组电动势的相位关系。一般高压绕组电动势大,用时钟的长针表示,并且始终指向0点钟的位置;低压绕组电动势小,用时钟的短针表示。则当高、低压绕组的电动势同相时,相当于时钟的0点钟,如图1.32(a)、(d)所示;当高、低压绕组的电动势反相时便相当于时钟的6点钟,如图1.32(b)、(c)所示。可以看出,对单相变压器而言,只有两种情况,0点钟和6点钟,分别用Ii0和Ii6表示,其连接组号分别为0和6。国家标准规定Ii0为标准连接组。

学习情境3   三相变压器高、低压绕组电动势之间的相位关系

与单相变压器相比较,三相变压器高、低压绕组间线电动势的相位关系取决于高、低压绕组的绕向、标记方法和三相绕组的连接方法。为了得出三相变压器的连接组号,必须求出每个芯柱上高、低压绕组所构成的单相变压器的组号,即这两个相电势是同相位还是反相位。现分别以Yy和Yd连接组为例,说明三相变压器高、低压绕组线电动势之间的相位关系。

1. Yy连接组高、低压绕组线电动势之间的相位关系

对于三相变压器,连接组号的规定与单相变压器相似,连接组号等于低压侧线电动势相位滞后高压侧线电动势的相角除以30°。

$$连接组号 = \frac{低压侧线电动势滞后高压侧线电动势相位差}{30°}$$

图1.33(a)表示Yy连接组的接线图,由图可知:高压绕组A、B、C相首端分别与低压绕组的a、b、c相首端为同名端,所以高压绕组的相电动势 $\dot{E}_A$、$\dot{E}_B$、$\dot{E}_C$ 应分别与低压绕组相对应的相电动势 $\dot{E}_a$、$\dot{E}_b$、$\dot{E}_c$ 同相位。如图1.33(b)所示,高、低压绕组的接法都为Y连接,相对应的相电动势又是同相位,所以相对应的线电动势也是同相位。画出任一对相对应的高、低压绕组的线电动势相量,例如 $\dot{E}_{BC}$ 和 $\dot{E}_{bc}$ ($\dot{E}_{BC} = \dot{E}_B - \dot{E}_C$,箭头方向指向 $\dot{E}_B$),显然它们之间的夹角为零,具有相同的相位。用时钟法表示,图1.33所示的三相变压器联结组别为Yy0。

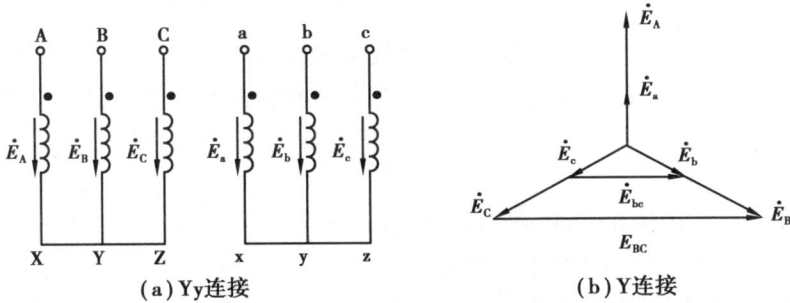

(a) Yy连接　　　　　　　　　(b) Y连接

图1.33　三相变压器 Yy0 连接组

2. Yd 连接组高、低压绕组线电动势之间的相位关系

图1.34(a)表示Yd连接组的接线图。由图可知:高压绕组的相电动势 $\dot{E}_A$、$\dot{E}_B$、$\dot{E}_C$ 分别与低压绕组相对应的相电动势 $\dot{E}_{ac}$、$\dot{E}_{ba}$、$\dot{E}_{cb}$ 同相位。高压绕组Y形接法,线电动势超前相电动势30°;低压绕组为d形接法,线电动势等于相电动势。如图1.34(b)所示,画出任一对相对应的高、低压绕组的线电动势相量,例如 $\dot{E}_{BC}$ 和 $\dot{E}_{bc}$ ($\dot{E}_{BC} = \dot{E}_B - \dot{E}_C$,箭头方向指向 $\dot{E}_B$),显然它们之间的夹角为330°,依照连接组号等于低压侧线电动势相位滞后高压侧线电动势的相角除以30°,可得连接组别号为11。图1.34所示的三相变压器连接组别为Yd11。

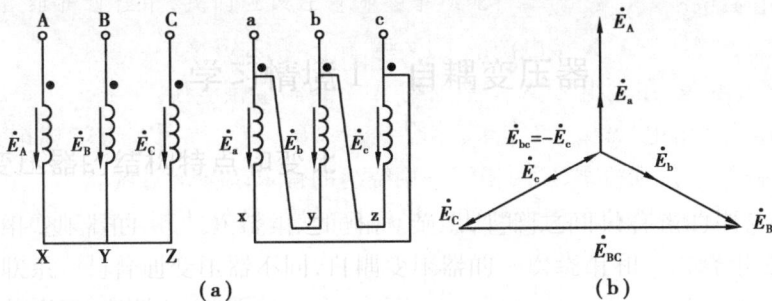

(a)　　　　　　　　　(b)

图1.34　三相变压器 Yd11 连接组

通过画图,可以得出:①凡Yy或Dd连接均为偶数;②凡Yd或Dy连接均为奇数;Yy连接法有0、2、4、6、8、10共6个连接组号;Yd连接法有1、3、5、7、9、11共6个奇数连接组号。

对于高压绕组,接成星形最为有利,因为它的相电压只有线电压的 $\dfrac{1}{\sqrt{3}}$,当中性点引出接地时,绕组对地的绝缘要求降低了。对于大电流的低压绕组,采用三角形连接可以使导线截面积比星形连接时小,便于绕制,所以大容量的变压器通常采用 Yd 或 YNd 连接。容量不太大且需要中性线的变压器,广泛采用 Yyn 连接,以适应照明与动力混合负载需要的两种电压。

常见的 5 种标准连接组:Yyn0;Yd11;YNd11;YNy0;Yy0。不同连接组的应用场合不同:Yyn0 用于容量不大的配电变压器;Yd11 用于低压侧超 400 V 的线路中;YNd11 用于高压输电线路中;YNy0 用于一次侧需要接地的场合;Yy0 用于一般的动力负载。

任务实战

三相变压器极性和组别判定

对于一台已制成的变压器,无法从外部观察其绕组的绕向,因此无法辨认其同名端,进而完成极性和组别判定,一般采用交流法或直流法进行连接组别判定等。

1. 实验目的

(1)掌握用实验方法测定三相变压器的极性。

(2)掌握用实验方法判别变压器的连接组。

2. 设备、工具和材料(表 1.5)

表 1.5　设备、工具和材料表

序号	名称	型号	数量
1	交流电压表	D38-1	1
2	三相芯式变压器	DJ12	1

3. 实施步骤

1)测定相间极性

被测变压器选用三相芯式变压器 DJ12,用其中高压和低压两组绕组,额定容量 $P_N = 152$ W, $U_N = 220/55$ V, $I_N = 0.4/1.6$ A,Yy 接法。测得阻值大的为高压绕组,用 A、B、C、X、Y、Z 标记;低压绕组标记用 a、b、c、x、y、z。

(1)按图 1.35 接线。A、X 接电源的 U、V 两端子,Y、Z 短接。

(2)接通交流电源,在绕组 A、X 间施加约 50% 的额定相电压。

(3)用电压表测出电压 U_{BY}、U_{cz}、U_{BC},若 $U_{BC} = |U_{BY} - U_{cz}|$,则首末端标记正确;若 $U_{BC} = |U_{BY} + U_{cz}|$,则标记不对,须将 B、C 两相任一相绕组的首末端标记对调。

(4)用同样方法,将 B、C 两相中的任一相施加电压,另外两相末端相连,定出每相首、末端正确的标记。

2)测定原、副边极性

(1)暂时标出三相低压绕组的标记 a、b、c、x、y、z,然后按图 1.36 接线,原、副边中点用导线相连。

(2)高压三相绕组施加约 50% 的额定线电压,用电压表测量电压, U_{AX}、U_{BY}、U_{CZ}、U_{ax}、U_{by}、U_{cz}、U_{Aa}、U_{Bb}、U_{Cc},若 U_{CZ}、U_{ax}、$U_{Aa} = U_{AX} - U_{ax}$,则 A 相高、低压绕组同相,并且首端 A 与 a 端点为

同极性。若 $U_{Aa} = U_{AX} + U_{aX}$，则 A 与 a 端点为异极性。

（3）用同样的方法判别出 B、b、C、c 两相原、副边的极性。

（4）高低压三相绕组的极性确定后，根据要求连接出不同的连接组。

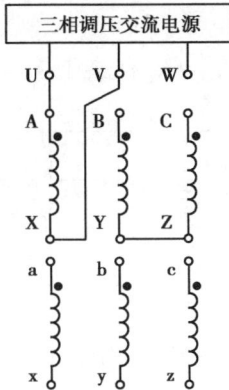

图 1.35　测定相间极性接线图　　　　图 1.36　测定原、副边极性接线图

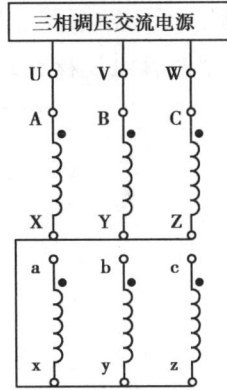

3）检验连接组（Yy6）

检验连接组（Yy6）如图 1.37 所示。

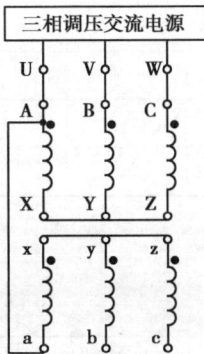

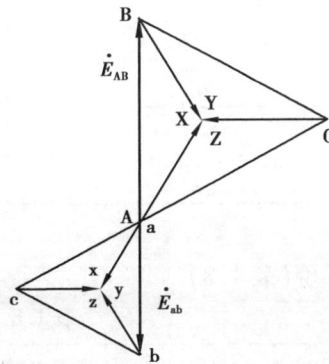

图 1.37　Yy6 连接组

按前面方法测出电压 U_{AB}、U_{ab}、U_{Bb}、U_{Cc}、U_{Bc}，将数据记录于表 1.6 中。

表 1.6　数据记录表

实验数据					计算数据			
U_{AB}/V	U_{ab}/V	U_{Bb}/V	U_{Cc}/V	U_{Bc}/V	$K_L = \dfrac{U_{AB}}{U_{ab}}$	U_{Bb}/V	U_{Cc}/V	U_{Bc}/V

根据 Yy6 连接组的电势相量图可得

$$U_{Bb} = U_{Cc} = (K_L + 1)U_{ab}$$

$$U_{Bc} = U_{ab}\sqrt{(K_L^2 + K_L + 1)}$$

若由上两式计算出电压 U_{Bb}、U_{Cc}、U_{Bc} 的数值与实测相同，则绕组连接正确，属于 Yy6 连接组。

4)实验报告

(1)计算出不同连接组的 U_{Bb}、U_{Cc}、U_{Bc} 的数值与实测值进行比较,判别绕组连接是否正确。

(2)连接并判定以下连接组:①Yy0;②Yd11;③Yd5。

5)附录:变压器连接组校核公式(设 $U_{ab}=1$,$U_{AB}=K_L \times U_{ab}=K_L$)(表1.7)

表1.7 变压器连接组校核公式

组别	$U_{Bb}=U_{Cc}$	U_{Bc}	U_{Bc}/U_{Bb}
0	K_L-1	$\sqrt{K_L^2-K_L+1}$	>1
1	$\sqrt{K_L^2-\sqrt{3}K_L+1}$	$\sqrt{K_L^2+1}$	>1
2	$\sqrt{K_L^2-K_L+1}$	$\sqrt{K_L^2+K_L+1}$	>1
3	$\sqrt{K_L^2+1}$	$\sqrt{K_L^2+\sqrt{3}K_L+1}$	>1
4	$\sqrt{K_L^2+K_L+1}$	K_L+1	>1
5	$\sqrt{K_L^2+\sqrt{3}K_L+1}$	$\sqrt{K_L^2+\sqrt{3}K_L+1}$	=1
6	K_L+1	$\sqrt{K_L^2+K_L+1}$	<1
7	$\sqrt{K_L^2+\sqrt{3}K_L+1}$	$\sqrt{K_L^2+1}$	<1
8	$\sqrt{K_L^2+K_L+1}$	$\sqrt{K_L^2-K_L+1}$	<1
9	$\sqrt{K_L^2+1}$	$\sqrt{K_L^2-\sqrt{3}K_L+1}$	<1
10	$\sqrt{K_L^2-K_L+1}$	K_L-1	<1
11	$\sqrt{K_L^2-\sqrt{3}K_L+1}$	$\sqrt{K_L^2-\sqrt{3}K_L+1}$	=1

4.检查与评价(表1.8)

表1.8 检查与评价表

内容	学生自评	小组互评	教师评价	总结与改进
能正确、熟练地使用相关工具				
试验操作顺序正确、流畅				
设备、器材摆放整齐,使用正确				
能对任务结果进行总结、分析,正确判定连接组别				

知识拓展

走进三峡新能源格尔木 500 MW 光伏领跑者项目基地,一片片多晶硅就像一个个蓝色"巨人"仰望蓝天,让阳光尽情地洒在"脸上",为附近大电网输送着绿色清洁能源。这就是国内首个平价上网光伏发电项目——三峡新能源格尔木 500 MW 光伏领跑者项目,也是亚洲一次性建成的最大陆上光伏项目。该项目不仅为国家能源革命打造了"青海样本",而且对全国电力能源行业未来发展具有很好的示范引领作用。

三峡新能源格尔木 500 MW 光伏领跑者项目经理董卫平告诉记者,该项目总装机容量 500 MW,占地面积 771 hm²,项目于 2018 年 12 月 29 日并网发电,自投运以来项目运行良好,截至目前,累计发电量达到 3 亿 kW·h;电价与传统燃煤发电相比,格尔木领跑者项目上网电价平均为 0.316 元/(kW·h),比当地煤电标杆电价[0.324 7 元/(kW·h)]低近 1 分钱,也是光伏电价第一次低于燃煤发电标杆电价,提前让清洁能源的平价电力进入千家万户。

为确保格尔木 500 MW 光伏领跑者项目技术领先,满足平价上网示范项目要求,三峡新能源公司在对该项目的设计、施工、运维等各个环节都有着严格的要求。三峡新能源格尔木 500 MW 光伏领跑者项目工程管理部主管王国旗说:"三峡新能源公司在格尔木领跑者项目前期设计施工期间通过大胆创新、持续优化,应用新技术、新材料、新设备降低初始投资;在运营期间实行'无人值班、少人值守'的运维模式,在集控中心统一监控,现场只留少量的维护人员,降低运维管理成本;运维工作做到精细化管理,保证设备利用率,提高发电量,从而确保该项目整个生命周期的投资收益。"

此外,在三峡新能源格尔木 500 MW 光伏领跑者项目中,项目设计人员大胆创新,先后进行了 7 次优化升级,广泛应用新材料、新技术和新设备。以"一优三新"的创新,让该项目"实力领跑",达到减本增效的目的,进而促进度电成本降低,来确保电站投资收益。据该项目运维部主管东国森介绍,项目在设计、施工运维等各环节大胆创新、持续优化,选用新型高效 PERC 单晶光伏组件、1 500 V 光伏汇流系统、箱逆变一体机、铝合金电缆、ACR 合金接地体科学优化"容配比"等新技术、新材料、新设备,实行"集中监控、统一管理"的运维模式,最大程度地降本增效,为该项目的平价上网保驾护航。

作为国内首个平价上网光伏发电项目,三峡新能源公司通过该项目的建设,真正发挥了中央企业壮大综合国力、促进经济社会发展、保障和改善民生的重要力量。对未来我国能源供给侧结构性改革、新能源平价上网、光伏行业快速可持续发展等方面产生较为深远的影响。

"格尔木领跑者项目是国家第三批光伏发电应用领跑者项目之一,其意义就是给高效产品和先进技术提供舞台,达到系统最优设计,帮助主管部门了解电价下降空间。"项目经理董卫平告诉记者,该项目采用的新技术、新材料、新设备的使用效果良好,运行正常,可以广泛应用于后续的大型光伏电站中,"集中监控、统一管理"的运维模式也可作为大型光伏企业的区域管理模式进行推广。

东国森,青海人,2010 年毕业于三峡电力职业学院。在校期间曾担任社团、协会干部等,在 2007—2008 学年中,获得"优秀学生干部"荣誉称号,2008 年 5 月获得学院社会调查成果展示比赛二等奖,2009 年师生技能竞赛月"继电保护设计与接线"中,荣获三等奖。

思考问题..............

1.在三相芯式变压器中,三相磁通是怎样互为回路的? 这与星形接法电路中的三相电流互为回路有何异同?

2.试说明三相变压器组为什么不采用 Yy 连接组,而三相芯式变压器却可以。

3.为什么常希望三相变压器的其中一侧接成三角形? 一次侧接成三角形与二次侧接成三角形效果有区别吗?

4. Yy0 连接组，一次侧 B 与 Y 接反，二次侧极性无误。如果这是三相变压器组，将会出现什么现象？能否在二次侧给予纠正？假如发生在三相芯式变压器中，又会出现什么现象？这时应如何改正？

任务四 变压器的电压变化率和效率

内容提要

在实际应用中，变压器的电压变化率和效率常常与预期存在差异。这可能归因于多种因素，例如绕组设计不当、材料老化、负载条件变化或是环境因素影响。因此，定期对变压器进行这些参数的测试，运行和检修人员可以获取变压器性能的关键数据，为维护和优化电力系统提供支持。

任务目标

1. 知识目标
(1) 了解变压器电压变化率和效率的定义。
(2) 掌握影响变压器电压变化率和效率的因素，并掌握分析方法。
2. 能力目标
掌握变压器电压变化率和效率测定方法。
3. 素质目标
(1) 激发学生求知和探索的意愿，培养求知和探索精神。
(2) 增强团队意识、合作意识，提高规范操作和标准作业的能力。

任务导入

某化工厂为积极践行国家提出绿色低碳高质量发展理念，计划对厂区内连续使用多年三台变压器进行性能检测，目的在于检查变压器的铜损、铁损和效率等，同时对效率较低的变压器进行检修或更换。变压器的电压变化率和效率是衡量变压器运行性能的重要指标，其主要取决于负载的大小、性质、变压器参数等，在选择变压器时，要注意变压器的各参数，既要考虑制造成本也要考虑对运行性能的影响。

学习情境 1 变压器的电压变化率

要正确合理地使用变压器，必须了解变压器在运行时的主要特性和性能指标。表征变压器运行性能的主要指标有电压变化率和效率。

变压器一次侧加额定电压，二次侧空载时，二次侧端电压即为空载电压 U_{20}。变压器负载运行时，其一、二次侧的漏阻抗将产生电阻性压降和漏抗压降，进而使得二次侧端电压随着负载电流的变化而变化。为了描述这种电压变化，引入电压变化率。电压变化率 $\Delta U\%$ 定义为：变压器一次绕组施加额定电压时，在负载与空载两种情况下，二次侧端电压之差与额定电压 U_{2N} 之比，即

电压变化率

$$\Delta U\% = \frac{U_{20} - U_2}{U_{2N}} \times 100\% = \frac{U_{2N} - U_2}{U_{2N}} \times 100\% \qquad (1.49)$$

$\Delta U\%$ 与变压器的参数和负载性质有关,工程上通常应用简化等效电路、相量图、公式来计算。

$$\Delta U\% = \beta(R_k^* \cos \varphi_2 + X_k^* \sin \varphi_2) \times 100\% \qquad (1.50)$$

其中,$\beta = \dfrac{I_1}{I_{1N}} = \dfrac{I_2}{I_{2N}} = I_1^* = I_2^*$,称为负载系数。式(1.50)表明,变压器的电压变化率与负载系数、短路参数、负载功率因数有关。

一般在电力变压器中,短路电抗 X_K 远大于短路电阻 R_K,所以:

当变压器带感性负载时,φ_2 为正值,$\sin \varphi_2$ 和 $\cos \varphi_2$ 都为正值,$\Delta U\%$ 为正值;负载端电压 U_2 随负载电流 I_2 的增大反而下降。

当变压器负载为容性时,φ_2 为负值,$\cos \varphi_2 > 0$,$\sin \varphi_2 < 0$,其结果的正负取决于($R_k^* \cos \varphi_2 + X_k^* \sin \varphi_2$),可能为正值,也可能为负值。当电压变化率为负值时,随着负载电流的增加,负载端电压 U_2 随负载电流 I_2 的增大反而升高。

当变压器带阻性负载时,$\cos \varphi_2 = 1$,$\sin \varphi_2 = 0$,ΔU 很小。

电压变化率的大小反映变压器负载时的供电质量。电压变化率越小,说明变压器输出越平稳。生产生活中的负载大多为感性负载,电网对接入的负载功率因数有要求,一般不低于 $\cos \varphi_2 = 0.8$(滞后),电压变化率为 $3\% \sim 6\%$。其运行特性曲线如图1.38所示。

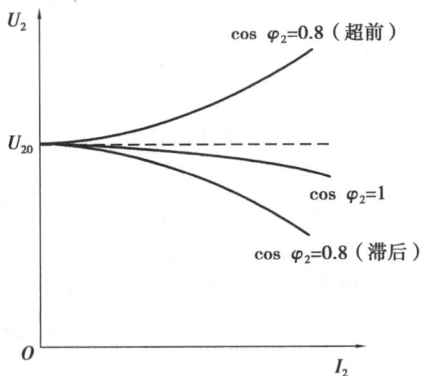

图1.38　变压器运行特性曲线

学习情境2　变压器的效率

变压器的效率定义为:二次侧绕组输出的有功功率与一次绕组输入的有功功率的比值,即

$$\eta = \frac{P_2}{P_1} \qquad (1.51)$$

变压器的效率

变压器属于静止电机,其效率一般都较高,通常现代变压器的效率一般在 95% 以上,大型电力变压器的效率可以达到 99% 以上。因此,不宜采用直接测量的方法对 P_1、P_2 进行测量。工程上一般采用间接法测定变压器的效率,即估算测出各种损耗来计算效率。

变压器的损耗可分为两类:

①主磁通在变压器铁芯中产生的铁芯损耗,通常简称为铁耗;由式(1.12)可知,铁耗正比于 B_m^2,在已制成的变压器中近似正比于 U_1^2。由于变压器一次绕组的端电压通常保持不变,故铁耗又称为不变损耗。铁耗可以通过空载试验来确定,即 $P_0 \approx P_{Fe}$。

②电流通过一、二次绕组产生的电阻损耗,这部分损耗通常简称为铜耗。铜耗随负载电流的变化而变化,故铜耗也称为可变损耗。铜耗可以通过短路试验确定,并认为其与负载系

数的平方(β^2)成正比。$P_{Cu} \approx P_K = \beta^2 P_{KN}$。

变压器的输出功率为：$P_2 = mU_2I_2 \cos \varphi_2 = \beta S_N \cos \varphi_2$。由前述可知：

$$\eta = \frac{P_2}{P_1} = \frac{P_2}{P_2 + \sum_P} = \frac{\beta S_N \cos \varphi_2}{\beta S_N \cos \varphi_2 + P_0 + \beta^2 P_{KN}} \tag{1.52}$$

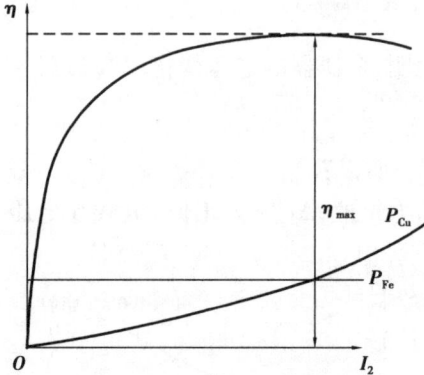

图 1.39　变压器效率特性

变压器的铁耗总是存在，而负载是变化的，为了提高变压器的经济效益，设计时，铁耗应设计得小些，一般取 $\beta_m = 0.5 \sim 0.6$，对应的 $P_{KN}/P_0 \approx 3 \sim 4$。

效率随负载系数变化的曲线称为效率特性。保持负载功率因数 $\cos \varphi_2 =$ 常值，画出效率随负载电流变化的曲线，当负载电流达到某一数值时，效率将达到最大。采用数学方法分析，可得，$P_{Cu} = P_{Fe}$ 时，变压器的效率最大，即当变压器的铜耗等于铁耗时，或者说可变损耗等于不变损耗时，变压器的效率就达到最大，如图 1.39 所示。效率是变压器运行时的一个重要性能指标，它反映了变压器运行的经济性。中小型电力变压器的效率在 95% ~98%，大型电力变压器的效率可达到 99%。

任务实战

变压器损耗和效率试验

1. 目的要求

(1)通过试验测量单相变压器空载损耗及效率。

(2)掌握单相变压器空载损耗及效率试验测量方法及注意事项。

2. 设备、工具和材料(表 1.9)

表 1.9　设备、工具和材料表

序号	名称	型号	数量
1	单相变压器	0.5 kV · A	1
2	单相调压器	—	1
3	交流电流表	0 ~ 2.55 A	1
4	交流毫安表	500 ~ 1 000 mA	1
5	单相功率表	0.5 A/1 A	1
6	万用表	MF47	1
7	计算器	—	1

3. 实施步骤

(1)按图 1.40 所示，连接好相应设备，仔细检查，确认无误后可接通电源，然后慢慢调节调压器使得变压器一次侧绕组加额定电压 U_{1N}。

（2）读出电流表读数（空载电流 I_0）和功率表的读数（$P_0 \approx P_{Fe}$）。

（3）用万用表分别测量变压器的一、二次测电压 U_1、U_{20}，并记录测量结果，根据公式 $k \approx \dfrac{U_{1N}}{U_{2N}} \approx \dfrac{U_1}{U_{20}}$ 可以计算出变压器的电压变比 k。

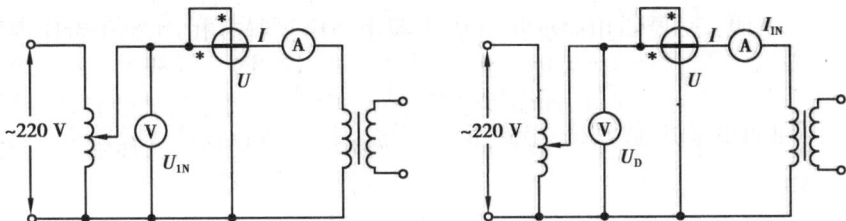

图 1.40　变压器损耗试验电路

（4）按图 1.40 所示，连接好相应设备，仔细检查，确认无误后可接通电源，然后慢慢调节调压器使得变压器一次侧绕组电流达到额定电流 I_{1N}，读出相应的电压表读数 U_k，并记录二次绕组流过的额定电流 I_{2N}。

（5）记录功率表读数（$P_k \approx P_{Cu}$）。

（6）重复上述试验 3 次，分别记录，求平均值，再求解变压器效率。

4. 检查与评价（表 1.10）

表 1.10　检查与评价表

内容	学生自评	小组互评	教师评价	总结与改进
能正确、熟练地使用相关工具				
试验操作顺序正确、流畅				
设备、器材摆放整齐，使用正确				
能对任务结果进行总结、分析，正确判定连接组别				

知识拓展

配电变压器设计选型、容量、型式选择

2024 年 3 月 1 日，2023 年"大国工匠年度人物"发布活动在四川省成都市揭晓，10 位"大国工匠年度人物"和 40 位提名人选上榜。特变电工股份有限公司新疆变压器厂工艺技术员、特级技师张国云当选"大国工匠年度人物"。

今年 46 岁的张国云，1999 年入职特变电工股份有限公司新疆变压器厂，成为一名绕线工。线圈堪称变压器的"心脏"，是实现电压转换的关键部件，决定着整台变压器的质量、性能和使用寿命。从 220 kV、330 kV、500 kV 到 750 kV、800 kV、1 100 kV，众多国家重点工程上都有特变电工研发生产变压器的身影。张国云先后参与昌吉—古泉±1 100 kV 特高压直流输电工程等几十个重大项目建设。

昌吉—古泉±1 100 kV 特高压直流输电工程被业界称为"电力珠峰"，自 2019 年建成以来，累计外送电量 2 496 亿 kW·h，年输电量连续三年居全国单条特高压线路第一。2018 年该工程加速建设，但变压器线圈绕制环节遭遇前所未有的难题。

"大型变压器导线和线芯就像线圈的毛细血管,要把导线焊接起来,就像把毛细血管连接起来。"张国云说,±1 100 kV换流变压器结构复杂,以往一整条导线就能绕制完成的产品,需要焊接多种不同类型的导线,焊点达数千个。因为没有先例参考,按常规方法焊接的导线频繁熔断。面对上百种线芯,张国云一一采样分析材质,进行焊接测试,最终采用高频焊接工艺实现无接触作业,避免对导线造成损伤。高频电流熔接过程中,焊接人员需将线材温度控制在700 ℃左右,焊枪距离焊件1~2 mm,每个焊点须在几秒内一气呵成。温度过低、距离过远、时间过短都会造成焊点不牢固,而温度过高、距离过近、时间过长又会导致导线熔蚀,影响焊接质量。凭着多年经验,张国云完成导线焊接,使±1 100 kV换流变压器顺利投运,再次将我国输变电技术提升到新高度。

特变电工±1 100 kV直流输电成套设备研制及工程应用获机械工业科学技术特等奖。张国云参与的"750 kV交流输变电关键技术研究、设备研制及工程应用项目""超高压直流输电重大成套技术装备开发及产业化"获国家科学技术进步奖一等奖。

思考问题

1. 什么是变压器的电压变化率?它的大小与哪些因素有关?

2. 为什么在感性负载时,随着负载电流的增加,变压器二次端电压一定下降?而在容性负载时,随着负载电流的增加,二次端电压则可能上升?

3. 为什么在电力变压器设计时,如果取 $P_0<P_{KN}$,则变压器最适合带多大的负载?

4. 为什么变压器的空载损耗可以看成是铁耗?短路损耗可以看成是铜耗?负载运行时真正的铁耗和铜耗与空载损耗和短路损耗有无差别?为什么?

任务五 变压器的并联运行

内容提要

变压器的并联运行,是指在大容量的电力系统中,为了提高供电的可靠性和减少备用容量,将两台或多台变压器的一次侧和二次侧分别接到各自的公共母线上,同时向负载供电,并根据负载的变化调整投入运行的变压器台数,以提高运行效率的供电运行方式。

任务目标

1. 知识目标

(1)掌握理想变压器运行的条件。

(2)掌握非理想运行条件下,变压器运行的影响因素。

2. 能力目标

(1)掌握变压器并联运行的方法。

(2)掌握阻抗电压对负载分配的影响。

3. 素质目标

(1)激发学生主动学习的意愿,培养求知和探索精神,培养学习能力。

(2)增强团队意识、合作意识、规范意识,提高规范操作和标准作业的能力。

任务导入

变压器并联运行时,总是希望降低损耗,提高效率,并且充分利用每台变压器的容量,也就是希望变压器在并联运行时能达到理想状态。

学习情境 1　理想并联运行条件

变压器的并联运行

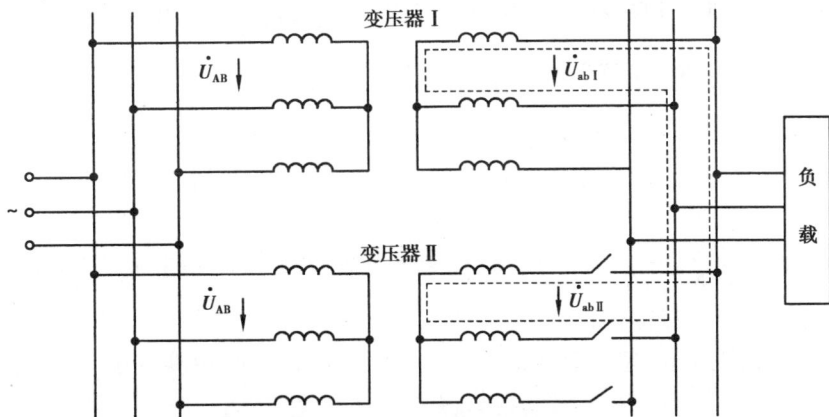

现代发电厂和变电站广泛采用变压器并联运行方式,将两台或多台变压器的一、二次绕组分别接在各自的公共母线上,同时对负载供电,如图 1.41 所示。

图 1.41　变压器并联运行

1. 并联运行的主要优点

(1)提高供电可靠性。若某台变压器发生故障或检修时,其余变压器仍可供给一定负载,减少用户停电的范围,保证重点用户的供电。

(2)提高系统运行的经济性。可以根据负荷的大小调整投入并联运行的变压器的台数,在负荷减小时将一部分变压器退出运行,从而减小空载损耗,提高运行效率。

(3)减少变电站初次投资。用电负荷是在若干年内逐年增加的,根据国民经济发展分期、分批添置变压器台数是较为经济的做法,同时也可以减小备用容量,提高经济性。

(4)便于变电站扩大容量。单台变压器的制造容量是有限的,在大电网中需要传输大容量变电站需增加容量较大时,需要多台变压器并联运行来满足需要。

当然,并联台数过多则会使运行和倒闸操作复杂化,而且占地面积大、投资会更多。一般以两三台变压器并联运行为宜。

2. 理想并联运行条件

变压器并联运行时的理想状态为:

(1)空载时,并联的变压器之间无环流。两台变压器并联运行时环流会增加变压器的损耗(铜耗),严重时会使变压器过热,甚至烧坏变压器。

(2)负载时,各变压器能按各自的额定容量成正比合理分担负载。这样,容量大的变压器承担的负载电流大,容量小的变压器承担的负载电流小,各变压器的容量得到最充分利用。

(3)负载时,各变压器同一相的二次侧输出电流同相位。这样,当总的负载电流一定时,各变压器所分的电流为最小,使总的铜耗为最小。

要达到上述的理想条件,并联运行的各台变压器应满足如下条件:

(1)各台变压器的一次侧、二次侧额定电压应相等,即变比 K 相等。

(2)各台变压器的连接组别应相同。

(3)各台变压器的短路阻抗标幺值要相等,短路阻抗角要相同。

上述三个条件,条件(2)必须严格满足,条件(1)、(3)允许有一定误差。

学习情境 2　非理想并联运行条件下的运行

下面将分别说明非理想运行条件下,变压器在并联运行中会出现的问题。

1. 变比 K 不相等时变压器的并联运行

变比 K 不相等时并联变压器间将出现空载环流(设两台变压器的连接组别相同,但变比不等)。如图 1.42 所示,设两台变压器一次侧的额定电压相同,由于变比不等,两台变压器在二次侧电压不相等,即 $\dfrac{\dot{U}_1}{K_1} \neq \dfrac{\dot{U}_2}{K_2}$,进而以公共母线为通路构成闭合回路。因此,即使二次母线不接负载,电压差也会一直存在,二次绕组也会产生环流。由磁平衡关系可知,在二次绕组产生环流的同时,一次绕组也将产生环流。由于变比不相等,两台变压器一次绕组的环流不相同。

变压器的短路阻抗不大,故在不大的电压差下也会产生很大的平衡电流。空载时平衡电流流过绕组,会增大空载损耗。平衡电流越大,则损耗会越大。变压器负载运行时二次侧电动势高的变压器电流增大。而另一台则减少,可能使前者超过额定电流而过载,后者则低于额定电流值运行。因此对并联变压器之间的变比差必须严格限制,通常要求变比差不大于 0.5%。环流不超过额定电流的 5%。

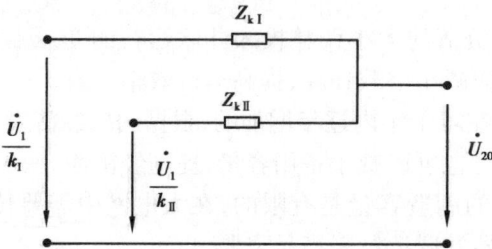

图 1.42　变比不等时变压器的并联运行

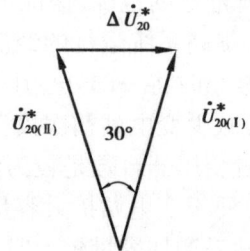

图 1.43　Yy0 与 Yd11 连接组变压器的
并联运行

2. 连接组别不同时变压器的并联运行

连接组别不同的两台变压器,虽然一次侧和二次侧额定电压相同,但相位至少相差 30°,其后果更为严重,如图 1.43 所示,则两台变压器二次绕组的电压差为

$$\Delta U_{20}^* = 2 \times \sin \frac{30°}{2} = 0.52 U_{20(\mathrm{I})}^* \tag{1.53}$$

由于短路阻抗很小,因此将在变压器中产生很大的空载环流,甚至会烧坏变压器,故连接组不同的变压器绝对不能并联运行。

3. 短路阻抗不等时变压器的并联运行

假设两台变压器的变比相等,连接组别都相同,这样就避免了环流的产生。其简化等效电路如图 1.44 所示。

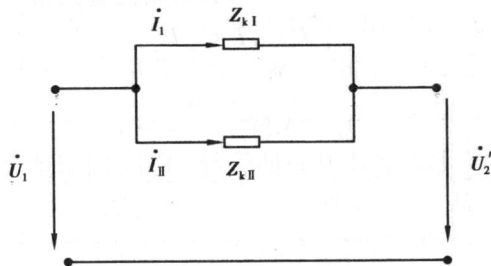

图 1.44 短路阻抗不等时变压器的并联运行

由图 1.44 可知,两台变压器并联运行,短路阻抗压降相等,即

$$\dot{I}_{\text{I}} Z_{\text{KI}} = \dot{I}_{\text{II}} Z_{\text{KII}} \tag{1.54}$$

进一步对式(1.54)进行变形,可得

$$\frac{\dot{I}_{\text{I}} Z_{\text{KI}}}{\dot{I}_{\text{NI}} \dfrac{U_{\text{N}}}{I_{\text{NI}}}} = \frac{\dot{I}_{\text{II}} Z_{\text{KII}}}{\dot{I}_{\text{NII}} \dfrac{U_{\text{N}}}{I_{\text{NII}}}} \quad 即 \quad \beta_{\text{I}} Z^{*}_{\text{KI}} = \beta_{\text{II}} Z^{*}_{\text{KII}} \tag{1.55}$$

式(1.55)中,β_{I}、β_{II} 称为负载系数。由式(1.55)可得,并联运行时,各变压器所分担的负载大小与其短路阻抗标幺值成反比,短路阻抗标幺值小的变压器分担的负载大,短路阻抗标幺值大的变压器分担的负载小;短路阻抗标幺值小的变压器先达到满载。并联运行时,为充分利用各变压器的设备容量,一般要求两台变压器的容量之比小于 1:3,漏阻抗标幺值之差小于 10%。

📓 任务实战

三相变压器并联运行试验

1. 目的要求
(1)掌握三相变压器投入并联运行的方法。
(2)研究并联运行时,阻抗电压对负载分配的影响。

2. 设备、工具和材料(表 1.11)

表 1.11 设备、工具和材料表

序号	名称	型号	数量
1	数/模交流电压表	D33	1
2	数/模交流电流表	D32	1
3	三相芯式变压器	DJ12	1
4	三相可调电阻器	D42	1
5	三相可调电抗器	D43	1
6	波形测试仪及开关	D51	1

3. 实施步骤

试验电路如图 1.45 所示,图 1.45 中变压器 1 和变压器 2 选用两台三相芯式变压器,其中低压绕组不用。根据变压器的铭牌截成 Y/Y 接法,将两台变压器的高低压绕组并连接电源。中压绕组经开关 S_1 并联后,再由开关 S_2 接负载电阻 R_L。R_L 选用三相可调电阻器上的 185 Ω 阻值,共 3 组,为了人为地改变变压器 2 的阻抗电压,在变压器 2 的副方串入电抗 X_L(或电阻 R),X_L 选用可调电抗器,注意选用 R_L 和 X_L 的允许电流应大于实验时的实际流过电流。

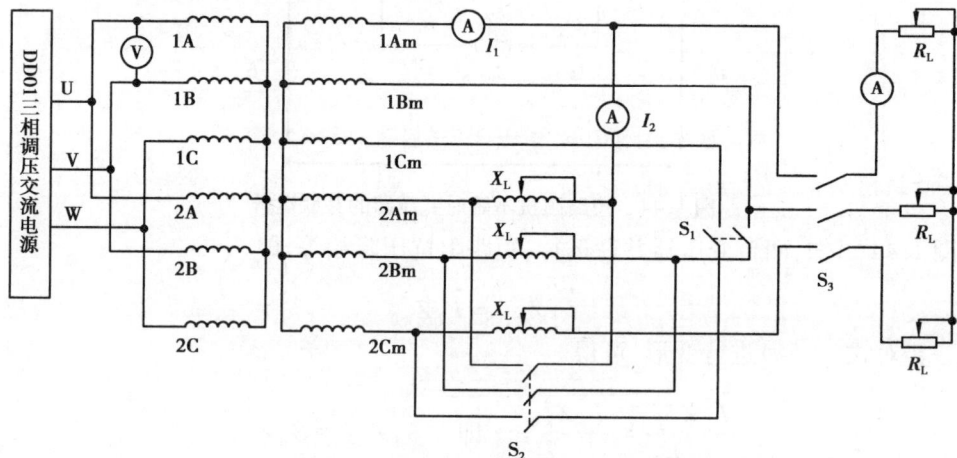

图 1.45　三相变压器并联运行连接图

1)两台三相变压器空载投入并联运行的步骤

(1)检查变比和连接组。

①打开 S_1、S_2,合上 S_3。

②接通电源,调节变压器输入电压至额定电压。

③测出变压器副方电压,若电压相等,则变比相同,测出副方对应相的两端点间的电压若电压均为零,则联结组相同。

(2)投入并联运行。在满足变比相等和联结组相同的条件后,合上开关 S_1,即投入并联运行。

2)阻抗电压相等的两台三相变压器并联运行

(1)投入并联后,合上负载开关 S_2。

(2)在保持 $U_1 = U_{1N}$ 不变的条件下,逐次增加负载电流,直至其中一台输出电流达到额定值为止。

(3)测取 I、I_1、I_2,共取数据 6~7 组记录于试验报告中。

3)阻抗电压不相等的两台三相变压器并联运行

(1)打开短路开关 S3,在变压器 2 的副方串入电抗 X_L(或电阻 R),X_L 的数值可根据需要调节。

(2)重复前述试验,测取 I、I_1、I_2。

(3)取数据 6~7 组记录于试验报告中。

4. 试验报告(表 1.12)

表 1.12 试验报告

任务名称			三相变压器并联运行试验			
学号		姓名			班级	
组别		室内温度				
序号	内容		试验数据记录			
1	阻抗电压相等时	序号	I_1/A	I_2/A	I/A	
		1				
		2				
		3				
		4				
		5				
		6				
		7				
2	阻抗电压不相等时	序号	I_1/A	I_2/A	I/A	
		1				
		2				
		3				
		4				
		5				
		6				
		7				
3	并联运行数据分析	现象分析:				

5. 检查与评价(表 1.13)

表 1.13 检查与评价表

内容	学生自评	小组互评	教师评价	总结与改进
能正确、熟练地完成试验接线				
试验操作顺序正确、流畅				
能正确选用电流表、功率表等仪表且挡位选择正确				
仪表读数正确、误差小				
能准确讲述变压器并联的运行条件				

知识拓展

"智造"大国重器　　自主创新赋能

2021 年 6 月 28 日早上 6 时 55 分左右,金沙江白鹤滩水电站首批机组完成了 72 h 带负荷连续试运行,正式投产发电。

白鹤滩水电站共安装 16 台单机容量 100 万 kW 的水轮发电机组,这是目前世界上单机容量最大的水电机组。在建设过程中六项技术指标位列世界第一:水轮发电机单机容量为 100 万 kW 世界第一;地下洞室群规模世界第一;圆筒式尾水调压室规模世界第一;300 m 级高拱坝抗震参数世界第一;无压泄洪洞群规模世界第一;首次全坝使用低热水泥混凝土。机组投产后发出的电力将主要送往江苏、浙江,助力长三角地区经济发展。

1. 白鹤滩水电站百万千瓦水轮发电机组实现突破

白鹤滩水电站首次采用完全由我国设计制造的百万千瓦级水轮发电机组,这实现了我国高端装备制造的重大突破。单机容量百万千瓦是什么概念呢? 这意味着,一台白鹤滩水轮发电机组运行一个小时就可以发出 100 万度电。整个白鹤滩水电站一共设计安装了 16 台百万 kW 机组,全部为我国自主研发制造。机组的成功投产将大幅推动整个水电行业的发展,也标志着我国正逐步成为世界水电创新的中心。

2. 白鹤滩水电站综合效益显现

白鹤滩水电站是集发电、防汛、航运、环保等综合效益于一身的国家战略工程。投产后,白鹤滩水电站年发电量将达到 600 亿 kW·h,每年可节约标煤约 1 968 万 t,减少排放二氧化碳 5 160 万 t、二氧化硫 17 万 t。在为长三角地区提供源源不断的清洁能源的同时,白鹤滩水电站将与三峡工程、葛洲坝工程,以及金沙江乌东德、溪洛渡、向家坝水电站一起,构成世界最大的清洁能源走廊。

白鹤滩水电站在建设运行期间,不仅改善了电站周边地区交通、通信等基础设施条件,电站建设高峰期为当地增加就业约 8 万人;全部机组投产后,每年可贡献工业增加值约 155 亿元,为地方增加财政收入 29 亿元,成为促进地方经济社会发展的动力引擎。

思考问题

1. 什么是变压器的理性运行状态? 需要满足哪些条件?
2. 两台变压器并联运行时,连接组别不同的变压器为什么不允许并联?
3. 变比不相等的两台变压器并联运行时会发生哪些情况? 请解释说明。
4. 变比相等、连接组别相同,但短路阻抗不等的两台变压器并联运行时,哪台变压器先满载? 为什么?

任务六　　特殊用途变压器

内容提要

在电力系统中,广泛存在和使用着其他类型的特殊变压器,如自耦变压器、电流互感器、电压互感器等。自耦变压器主要用于连接额定电压相差不大的两个电网,作联络变压器使用。与普通双绕组变压器相比,同容量的自耦变压器在铜和铁的消耗要少得多,体积要小得多,便于降低制造成本,且有利于大型变压器的运行和安装,在电力系统的应用广泛。电流互感器、电压互感器测得的电流、电压是二次系统操作、控制、保护、测量的基础,为整个电力系统的安全、可靠运行提供了可靠保障。

任务目标

1. 知识目标

(1)了解自耦变压器的结构特点和变比。

(2)掌握自耦变压器的基本电磁关系。

(3)掌握自耦变压器的优缺点。

(4)掌握互感器的工作原理。

(5)掌握电压互感器和电流互感器使用注意事项。

2. 能力目标

(1)掌握自耦变压器的优缺点及注意事项。

(2)熟练使用电压互感器和电流互感器进行相关参数测量。

3. 素质目标

(1)激发主动学习的意愿,在任务实施过程中提高发现问题、分析问题、解决问题的能力。

(2)增强团队合作意识,培养严格遵守安全操作规范能力。

任务导入

2021 年 12 月 29 日上午 7 点 40 分,某 110 kV 变电所 1 号主变差动保护动作,跳开了 110 kV 线路开关、10 kV 主变开关;110 kV I 段母线失电,该 110 kV 变电所全所失电。事故发生时,天气状况为多云,系统无任何操作。事故发生后,现场检查发现,110 kV 桥开关 C 相干式高压电流互感器发生爆炸,爆炸后设备状况,事故现场现象有:①干式高压电流互感器箱体炸裂;②干式高压电流互感器 P1 侧第 10、11 个和第 5 个硅橡胶伞裙,P2 侧第 6 个和第 18、19 个硅橡胶伞裙有炸伤爆突现象;③电流互感器 P1 侧箱体与伞裙连接法兰受爆炸力挤压上升;④二次绕组线圈接线端子炸开,部分绕组二次接线从二次绝缘端子处断开;那么作为特殊类型的变压器,在使用、维护过程中,我们应该注意哪些事项呢?

学习情境 1　自耦变压器

1. 自耦变压器的结构特点和变比

普通双绕组变压器的一、二次绕组之间相互绝缘,它们之间只有磁的耦合,没有电的直接联系。与普通变压器不同,自耦变压器的一次绕组和二次绕组之间有一部分公共绕组,如图 1.46 所示。

设一次绕组匝数为 N_{1a}(且 $N_{1a} = N_1 + N_2$),二次绕组匝数为 N_{2a}(且 $N_{2a} = N_2$),若忽略漏阻抗压降,则自耦变压器的变比为

$$K_a = \frac{U_{1a}}{U_{2a}} = \frac{N_{1a}}{N_{2a}} = \frac{N_1 + N_2}{N_2} = k + 1 \tag{1.56}$$

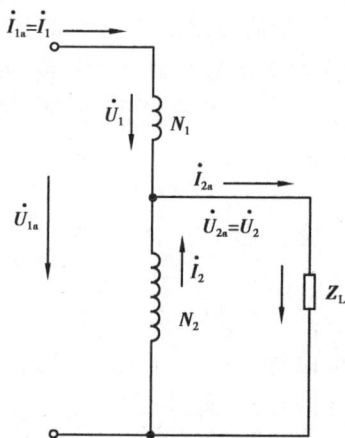

图 1.46   自耦变压器原理图

2. 自耦变压器的基本电磁关系

对于降压自耦变压器,一、二次侧的电压平衡方程为

$$\dot{U}_{1a} = \dot{U}_1 + \dot{U}_2 = (k + 1)\dot{U}_{2a} = \left(1 + \frac{1}{k}\right)\dot{U}_1 \tag{1.57}$$

忽略励磁电流的情况下,铁芯内磁动势平衡,则

$$N_1\dot{I}_1 + N_2\dot{I}_2 = 0 \tag{1.58}$$

$$\dot{I}_1 = -\frac{\dot{I}_2}{K_a - 1} \tag{1.59}$$

自耦变压器的额定容量为

$$S_{aN} = U_{1aN}I_{1aN} = U_{2aN}I_{2aN} = s_N + \frac{s_N}{K_a - 1} = s_N + s'_N \tag{1.60}$$

式(1.60)表明,自耦变压器的额定容量可分为两部分:第一部分为计算容量(也称电磁容量),它的意义与普通变压器一样,代表电磁感应作用下,一次侧传递给二次侧的功率,决定了变压器的尺寸、材料消耗,是变压器设计的依据;第二部分为传导容量,代表在电路连接的情况下,一次绕组直接传递到负载的容量。

3. 自耦变压器的优缺点

与普通双绕组变压器相比较,自耦变压器有如下优缺点:

(1)计算容量小于额定容量。与相同容量的双绕组变压器相比,自耦变压器的体积小,在铜线、硅钢片等耗材方面用量少,相应的损耗也就小。因此,自耦变压器一般使用在一、二次侧电压相差不大的场合,$K_a \leqslant 2$。

(2)与普通双绕组变压器相比,自耦变压器短路阻抗的标幺值比普通双绕组变压器小,短路电流较大,必须对其机械结构加强。

(3)由于自耦变压器的高、低压绕组之间具有直接的电联系,所以对绝缘水平的要求较高,同时过电压保护变得比较复杂。

学习情境 2　电压互感器

电压互感器又称 PT，工作原理如图 1.47 所示，其中一次侧直接并联在被测高压线路两端，一次绕组匝数较多；二次绕组的匝数较少，一般只有一匝或几匝，与电压表或其他仪表的电压线圈相接。由于电压表或其他仪表的电压线圈内阻抗很大，所以电压互感器工作时，相当于变压器的空载运行。电压互感器实物图如图 1.48 所示。

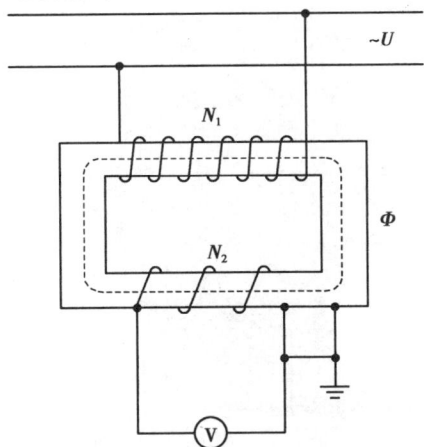

图 1.47　电压互感器原理图

图 1.48　电压互感器实物图

如果忽略漏阻抗压降，则有 $U_1/U_2 = N_1/N_2$，由变压器的运行原理可知，利用一、二次绕组不同的匝数比可将电路上的高电压变为低电压来测量。

在使用电压互感器时应特别注意：

(1)二次绕组不允许短路，否则会产生很大的短路电流，烧坏互感器。

(2)互感器的铁芯和二次绕组的一端必须可靠接地，以保证操作人员的安全。

(3)二次负载的阻抗值不能过小。电压互感器有一定的额定容量，在被测电压一定时，二次电压也一定。如果二次负载的阻抗值过小，则负载上的电流过大，因此使用时，二次回路不宜接入过多的仪表，以免影响电压互感器的测量精度。

(4)电压互感器接线时，必须注意其端子的极性。在接线时，若其中的一相绕组接反，二次回路中的线电压将会发生变化，会造成测量误差和保护误动作，甚至可能对仪表造成伤害。

一般电压互感器二次侧额定电压为 100 V 或 $100/\sqrt{3}$ V。电压互感器的准确度由变比误差和相位误差来衡量。电压互感器有保护用和测量用两类，其中测量用电压互感器准确度等级有 0.1、0.2、0.5、1、3 五个等级，分别表示电压误差 ±(0.1% ~ 3.0%)，供不同场合使用。保护用互感器准确度等级：3P 和 6P 两个等级分别表示电压误差 ±3% 和 ±6%。励磁电流和一、二侧绕组的漏阻抗压降是产生这两种误差的主要原因。因此在设计电压互感器时，应采用高磁导率的硅钢片，以减小磁路中的气隙。

学习情境 3　电流互感器

电流互感器又称CT,其工作原理如图 1.49 所示,其中一次绕组串联在被测线路当中,一次绕组匝数 N 较少,通常为一匝或几匝;二次绕组匝数较多,与电流表或其他仪表的电流线圈相接。由于电流表或其他仪表中电流线圈的阻抗很小,所以电流互感器工作时,相当于普通变压器的短路运行。电流互感器实物图如图 1.50 所示。

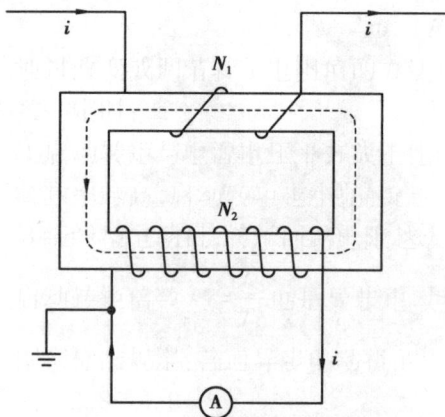

图 1.49　电流互感器原理图

图 1.50　电流互感器实物图

与电压互感器一样,$I_1/I_2 = N_2/N_1$,由变压器的运行原理可知,利用一、二次绕组不同的匝数比可将电路上的大电流变为小电流来测量。

电流互感器二次侧额定电流为 5 A 或 1 A。在使用电流互感器时应特别注意:

(1)二次绕组绝不允许开路,因为二次绕组开路后,互感器变成空载运行,此时一次侧被测电流成为励磁电流,使铁芯内的磁密大幅度增加,它一方面使二次绕组感应高电压,可能使绝缘损坏、击穿,危及人身和仪表安全;另一方面,铁芯内磁密增大以后,铁芯会趋于饱和,铁耗大大增加,使铁芯过热,影响互感器性能,甚至将其烧坏。

(2)电流互感器二次绕组必须可靠接地,以防止由于绝缘损坏后,一次绕组的高电压传到二次侧,危及工作人员和设备的安全。

(3)二次负载的阻抗值不能过大。在被测电流一定时,二次电流也一定,如果二次负载的阻抗值过大,则负载电压过大,二次负载的容量过大,使得电流互感器的测量精度下降。

(4)电流互感器在接线时,必须注意其端子的极性。如果接错端子,二次侧的仪表和继电器流过的电流不是要求的电流,甚至会导致事故的发生。

励磁电流和一、二侧绕组的漏阻抗压降是产生这两种误差的主要原因,励磁电流对两种误差的影响较大。电流互感器的准确度由变比误差和相位误差来衡量,按照误差的大小,测量用电流互感器的准确度分为 0.2、0.5、1.0、3.0 和 10.0 五个等级。这些等级是指在额定频率下,二次负荷为额定负荷值的 100% 时,其电流误差分别不超过各自级别的百分比。这显示了测量用电流互感器在精度要求上更为严格,尤其是用于电能计量和监控系统中,需要极高的测量准确性。保护用电流互感器的精度等级通常标记为 5P 或 10P。例如,5P10 表示当一次电流是额定一次电流的 10 倍时,该绕组的复合误差不超过 ±5% 。这种高精度等级的设定主要是为了满足系统保护的需求,在高电流情况下仍能准确反映电流变化,以保护电力系统安全。

任务实战

绕制小型变压器绕组

1. 目的要求

(1)熟悉变压器的基本结构和原理。

(2)熟悉小型变压器绕组绕制的基本方法及测试过程。

2. 设备、工具和材料

(1)通用硅钢片若干。

(2)符合设计要求的漆包线若干。

(3)绝缘纸、青稞纸若干。

(4)常用电工工具。

(5)万用表、绝缘电阻表各 1 块。

(6)绕线机、木芯、绕线骨架等。

3. 实施步骤

1)绕线前的准备工作

(1)导线、绝缘材料的选择。根据小型变压器计算结果选择相应的漆包线。绝缘材料应从两个方面考虑,一方面是绝缘强度,另一方面是允许厚度。对于层间绝缘应用厚 0.08 mm 的牛皮纸,线包外层绝缘使用厚度为 0.25 mm 的青稞纸。

(2)木芯与绕组骨架的制作。

①木芯的制作。在绕制变压器绕组时,将漆包线绕在预先做好的绕组骨架上,但骨架本身不能直接套在绕线机轴上绕线,它需要一个塞在骨架内腔中的木质芯子,木芯的正中心要钻有供绕线机轴穿过的直径 $\phi = 10$ mm 的孔,孔不能偏斜,以免由于偏心造成绕组不平稳而影响线包的质量。

木芯的尺寸为截面宽度要比硅钢片的舌宽略大 0.2 mm,截面长度比硅钢片叠厚尺寸略大 0.3 mm,高度比硅钢片窗口约高 2 mm。木芯的外表要做得光滑平直。

②骨架的制作。一种是简易骨架,用青稞纸在木芯上绕 1~2 圈,用胶水粘牢,其高度略低于铁芯窗口高度。骨架干燥以后,木芯在骨架中能插得进、抽得出。最后用硅钢片插试,以硅钢片刚好能插入为宜。绕制时要特别注意绕组绕到两端时,在绕制层数较多时容易散塌而造成返工。另一种是积木式骨架,形状如图 1.51 所示,它能方便地绕线和增强线包的对地绝缘性能。材料以厚度为 0.5~1.5 mm 的胶木板、环氧树脂板、塑料板等绝缘板为宜,骨架的内腔与简易骨架尺寸相同。具体下料如图 1.52 所示。

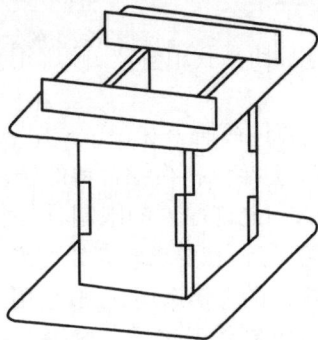

图 1.51　积木式骨架

厚材料下好后,打光切口的毛刺,在要黏合的边缘,特别是榫头上涂好黏合剂进行组合,待黏合剂固化后,再用硅钢片在内腔中插试,如尺寸合适,即可使用。

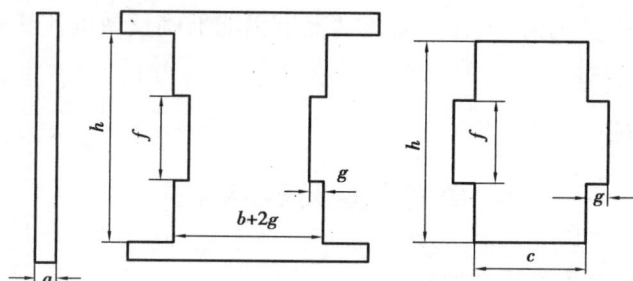

图 1.52　积木式骨架下料图

2）绕制

（1）裁剪好各种绝缘纸。绝缘纸的宽度应稍长于骨架的宽度，而长度应稍大于骨架周长，还应考虑到绕制后所需的余量。

（2）起绕。

①起绕时，在导线引线头上压入一条用青稞纸或牛皮纸做成的长绝缘折条，待绕几匝后抽紧起始头，如图 1.53（a）所示。

②绕线时，通常按照一次绕组→静电屏蔽→二次高压绕组→二次低压绕组的顺序，依次叠绕。当二次绕组的组数较多时，每绕制一组用万用表检查测量一次。

③每绕完一层导线，应安放一层层间绝缘，并处理好中间抽头，导线自左向右排列整齐、紧密，不得有交叉或叠线现象，绕规定数为止。

④当绕组绕至近末端时，先垫入固定出线用的绝缘带折条，待绕至末端时，把线头穿入折图 1.53（a）绕组线头的紧固条内，然后抽紧末端线头，如图 1.53（b）所示。

⑤取下绕组，抽出木芯，包扎绝缘，并用胶水粘牢。

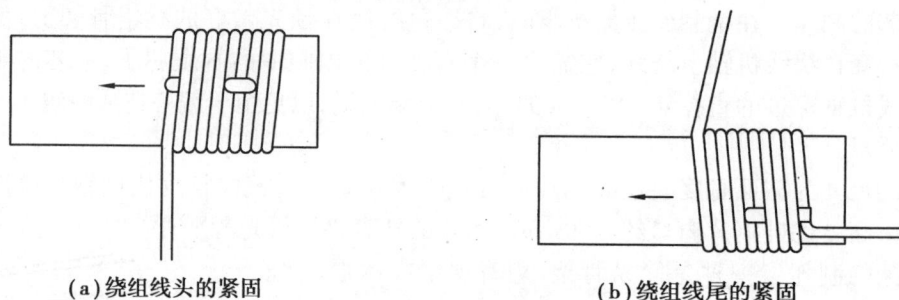

（a）绕组线头的紧固　　　　　　　　　　　（b）绕组线尾的紧固

图 1.53　绕组的绕制

（3）绕制方法。

①导线和绝缘材料的选用。导线选用缩醛或聚酯漆包圆铜线。绝缘材料的选用受耐压要求和允许厚度的限制，层间绝缘按 2 倍层间电压的绝缘强度选用，常采用电话纸、电缆纸、电容纸等，在要求较高处可采用聚酯薄膜、聚四氟乙烯或玻璃漆布；铁芯绝缘及绕组间绝缘按对地电压的 2 倍选用，一般采用绝缘纸板、玻璃漆布等，要求较高的则采用层压板或云母制品。

②制作引出线。变压器每组线圈都有两个或两个以上的引出线，一般用多股软线、较粗的铜线或用铜皮剪成的焊片制成，将其焊在线圈端头，用绝缘材料包扎好后，从骨架端面预先打好的孔中伸出，以备连接外电路。对于绕组线径在 0.35 mm 以上的可以由本线直接引出，线径在 0.35 mm 以下的，要用多股软铜线或者薄铜皮焊片做引出线头，如图 1.54、图 1.55 所示。

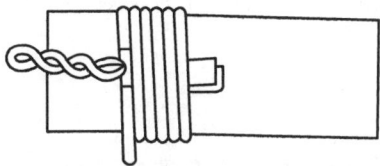

图 1.54   利用本线制作引出线

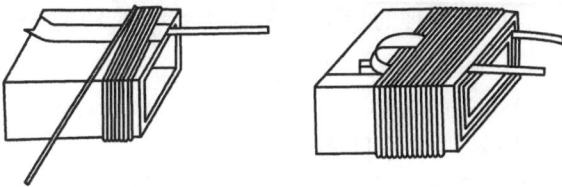

图 1.55   引出线连接方法

（4）线尾的固定。对于无边框的骨架，导线起绕点不可紧靠骨架边缘；对于有边框的骨架，导线一定要紧靠边框板。绕线时，绕线机的转速应与掌握导线的那只手左右摆动的速度相配合，并将导线稍微拉向绕组前进的相反方向约 5°，以便将导线排紧。

（5）层间绝缘的安放。每绕完一层导线，应安放一层绝缘材料（绝缘纸或黄蜡绸等）。注意：安放绝缘纸时必须从骨架对应的铁芯舌宽面开始安放。若绕组所绕层次很多，还应在两个舌宽面分别均匀安放，这样可以控制线包厚度，少占铁芯窗口位置。绝缘纸必须放平、放正和拉紧，两边正好与骨架端面内侧对齐，围绕线包一周，允许起始处有少量重叠。

（6）静电屏蔽层（静电隔离层）的安放。在绕完一次绕组、安放好绝缘层后，还要加一层金属材料的静电屏蔽层，以减弱外来电磁场对电路的干扰。

注意：绝不能让屏蔽层首尾相接，否则将形成短路，变压器通电后发热，以致烧毁绝缘。若没有现成的铜箔，也可用较粗的导线在应安放静电屏蔽层的位置排绕一层，一端开路，另一端接地，同样能起屏蔽外界电磁场的作用。

（7）绕组的抽头。

①在绕组抽头处刮去一小段绝缘漆，焊上引出线并包上绝缘纸即可。

②也可在绕组抽头处不刮绝缘漆，而是将导线拖长，两股绞在一起作为引出线，并套上绝缘套管。

③对于较粗的漆包线，若将漆包线绞在一起，势必使线包中间隆起，影响绕线和线包的平整，这时可将导线平行对折成两股作为引出线。

（8）绕组的中心抽头。绕组的中心抽头，是将一个绕组分成两个完全对称的绕组。若用单股线绕制，绕在内层的线圈漆包线的长度比绕在外层漆包线的长度要短，会引起两部分绕组直流电阻不等。采用双股并绕，绕制方法与单股线绕制相同，绕完后将两股并绕中的一个绕组的头和另一线圈的尾并接，再引出作中心抽头。

（9）绕组的初步检查。绕组制作完成后，要进行初步检查。

①用量具测量各部分尺寸与设计是否相符，以保证铁芯的装配。

②用电桥测量绕组的直流电阻，以保证负载用电的需要。

③用眼睛观察绕组的各部分引线及绝缘是否完好，以保证可靠地使用。

（10）绝缘处理。变压器绕组绕制完成后，为了提高绕组的绝缘强度、耐潮性、耐热性及导热能力，必须对绕组进行浸漆处理。

①绝缘处理用漆。绕组绝缘处理所用的漆，一般采用三聚氰胺醇酸树脂漆。

②绝缘处理所用工艺。变压器的绝缘处理工艺与电机基本相同。所不同的是变压器绕组可采用简易绝缘处理方法，即涂刷法。在绕制过程中，每绕完一层导线，就涂刷一层绝缘漆，然后垫上层间绝缘继续绕线，绕完后通电烘干即可。

③绝缘处理的步骤。变压器绝缘处理的步骤也与电机的步骤一样,分为预烘→浸漆→烘干。

3)铁芯的装配

(1)装配铁芯的要求。

①铁芯要装得紧,不仅可防止铁芯从骨架中脱出,还能保证有足够的有效截面和避免绕组通电后因铁芯松动而产生杂音。

②装配铁芯时不得划破或胀破骨架,误伤导线,造成绕组断路或短路。铁芯磁路中不应有气隙,各片开口处要衔接紧密,以减小铁芯磁阻。

(2)硅钢片的检查及挑选。

①检查硅钢片是否平整,冲压时是否留下毛刺。不平整将影响装配质量,毛刺容易损坏硅钢片间绝缘,导致铁芯涡流增大。

②检查表面是否锈蚀。锈蚀后的斑块会增加硅钢片的厚度,减小铁芯有效截面,同时又容易吸潮,从而降低变压器的绝缘性能。

③检查硅钢片表面绝缘是否良好,如有剥落,应重新涂刷绝缘漆。

④检查硅钢片的含硅量是否满足要求。铁芯的导磁性能主要取决于硅钢片的含硅量,含硅量高的导致性能好,含硅量低的导磁性差,会造成变压器的铁耗损大,但含硅量不能太高,因为含硅量过高的硅钢片容易断裂,器械性能较差,因此一般要求硅钢片的含硅量为3%～4%。

(3)铁芯的插片。小型变压器的铁芯装配通常用交叉插片法,如图1.56所示。先在绕组左右两侧交替对插,直到插满。最后将1形硅钢片(横条)按铁芯剩余空隙厚度叠好插进去即可。片数相同的横条。嵌完铁芯后在铁芯螺孔中穿入螺栓固定即可。

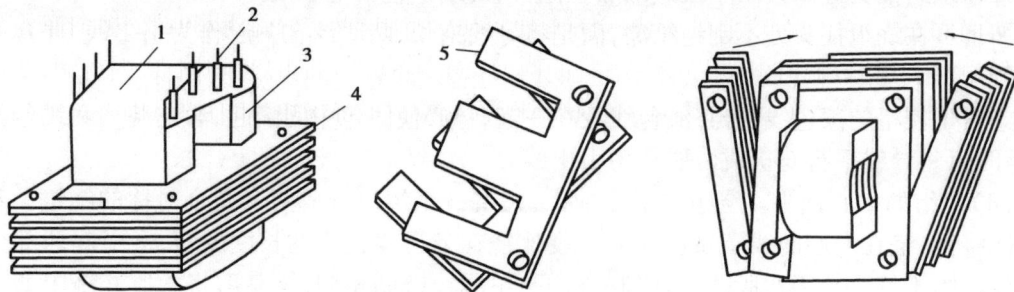

图1.56　交叉插片法
1—线包;2—引出线;3—绝缘衬片;4、5—E形硅钢片

(4)抢片与错位现象。

①抢片现象。抢片是指在双面插片时一层的硅钢片插入另一层中间,如图1.57所示。如出现抢片未及时发现,继续敲打,势必将硅钢片敲坏。因此,一旦发生抢片,应立即停止敲打,将抢片的硅钢片取出,整理平直后重新插片,否则这一侧硅钢片敲不进去,另一侧的横条也插不进来。

②错位现象。错位产生的原因是安放铁芯时,硅钢片的舌片未与线圈骨架空腔对准。这时舌片抵在骨架上,敲打时往往给制作者铁芯已插紧的错觉,这时如果强行将这块硅钢片敲进去,必然会损坏骨架和割断导线,如图1.58所示。

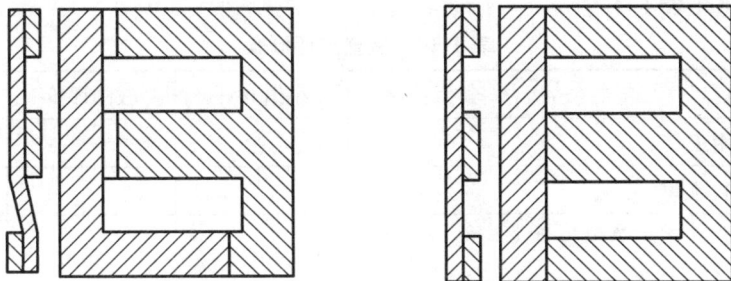

图 1.57 抢片和不抢片

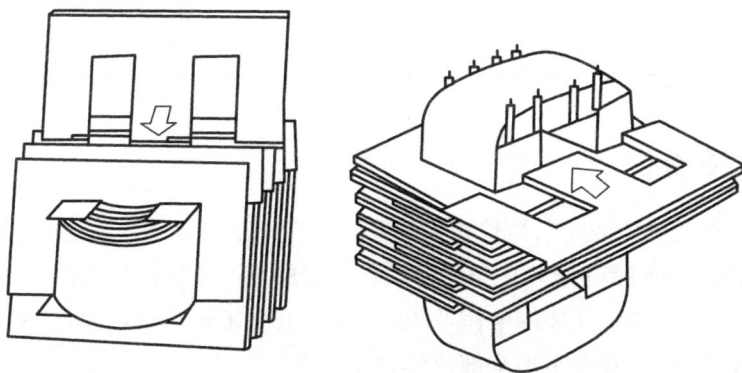

图 1.58 硅钢片错位

4.调整测试

由于小型单相变压器比较简单,制成之后一般只调整外表和进行空载测试。

(1)调整。在不通电的情况下,观察外表,查看铁芯是否紧密、整齐,有无松动等,绕组和绝缘层有无异常。发现问题及时调整处理。空载通电后,观察有无异常噪声,对铁芯不紧、铁片不够所造成的噪声要进行夹紧整理。

(2)测试。

①测量绝缘电阻。用绝缘电阻表测量各绕组对地,各绕组间的绝缘电阻应不低于 50 MΩ。

②测量额定电压。在一次侧加额定电压,测量二次侧各个绕组的开路电压,该开路电压就是二次侧的额定电压,再与设计值相比,是否在允许范围内。二次侧高压绕组允许误差 $\Delta U\% \leqslant \pm 5\%$,二次侧低压绕组允许误差 $\Delta U\% \leqslant \pm 5\%$,中心抽头电压允许误差 $\Delta U\% \leqslant \pm 2\%$。

③测空载损耗功率 P_0。在被测变压器未接入电路时,合上开关,调节调压器 T,使它的输入电压为额定电压,此时在功率表上的读数为电压表、电流表的线圈所损耗的功率 P_1。

④测空载电流。当一次侧接额定电压时,交流电流表的读数即为空载电流。一般变压器的空载电流为满载电流的 10% ~15%。空载电流偏大,变压器损耗也将增大,温升增高。

⑤测实际输出电压。额定负载情况运行时,测得的电压分别为一次侧额定电压和二次侧实际输出电压。

⑥检测温升。加上额定负载,通电数小时后,温升不得超过 50 ℃。

5. 检查与评价（表 1.14）

表 1.14 检查与评价表

内容	学生自评	小组互评	教师评价	总结与改进
能正确、熟练地使用工具				
试验操作顺序正确、流畅				
能正确选用电流表、功率表等仪表且挡位选择正确				
仪表读数正确、误差小				
能准确阐述变压器绕制的流程和注意事项				

知识拓展

"0.4 m，申请等电位！""小王，再检查一下双保护！"2023 年 3 月 1 日，王进和同事在 500 kV 济淄Ⅱ线 44 号铁塔开展带电作业，王进作为工作班成员，在地面时刻提醒着高空作业的同事。王进参加工作 20 多年，开展带电作业 400 余次，每次带电作业时都一丝不苟、毫不松懈，确保作业流程、技术要点、安全事项全部落实到位。

王进是国网山东省电力公司一名线路工人，参加工作 25 年来一直从事超、特高压带电作业。这名从一线班组里走出来的"大国工匠"，是超高压带电作业世界纪录的创造者，曾登上国家科技最高领奖台，被评为国家电网公司特等劳模、全国劳模，是党的十九大代表、全国青联第十二届委员会委员。

大勇无惧攀高峰

从黄河沿岸到沂蒙山区，从鲁冀交界到黄海之滨，每基杆塔上都留下了王进坚实的足迹。30 余本工作日志让他对输电线路的每一项缺陷、每一处变化都了如指掌；年复一年日复一日地勤学苦练，成就了他过人的眼力、非凡的体力和超强的耐受力，从一名普通的线路工人成长为家喻户晓的"大国工匠"。王进相信熟能生巧。多年来，他专心学习理论知识，苦心练习技能本领，潜心练就了"一眼定、一心平、一招准"三大绝活。带电作业最怕冬天和夏天，但往往就是这两个季节作业多，夏天 40 ℃的高温，王进在线上作业嗓子干得直冒烟，一瓶水一口气喝下去，出的汗比那瓶水还多，顺着内衣流到鞋子里，一走就哗啦哗啦响。寒冬腊月，零下十几摄氏度的低温，薄薄的屏蔽服里只能套一件羽绒坎肩，王进在 50 m 高的风口处，感觉像没穿衣服，寒风像刀子割得脸生疼。

20 年来，他经历过的带电作业 100 余次，累计减少停电时间 300 多个小时，多次完成抗冰抢险，奥运、全运保电，线路防舞动治理等重大任务，为社会节省电量 1 000 万度，避免经济损失数以亿元计。

王进的"一战成名"源自 ±660 kV 银东直流带电检修。2011 年 10 月，±660 kV 银东线 2012 号塔导线线夹螺栓处开口销脱落，情况紧急，需要立即开展带电作业。银东直流线路是世界首条 ±660 kV 输电线路工程，输送电力占当时山东电网负荷的近 1/10，相当于整个青岛市的用电负荷,是一条"不能停电的线路"。王进用了不到 1 个小时,成功完成了这次带电作业。王进成为在±660 kV 直流输电线路上带电作业的世界第一人。创新,对于普通岗位来说是再熟悉不过的名词,但对于带电作业来说,却意味着巨大的风险和挑战。从 500 kV 到±660 kV,再到 1 000 kV,每一次电压等级的跃升,都让运维检修的难度呈几何级增长。为了确保操作万无一失,王进和团队对每一类工器具都要进行成百上千次的试验。2014 年,凭借"±660 kV 直流架空输电线路带电作业技术和工器具创新及应用",王进荣获国家科学技术进步奖二等奖,以他名字命名的劳模创新工作室被授予全国示范性劳模和工匠人才创新工作室,多项发明专利填补了我国带电作业领域的技术空白。

薪火相传育新人

"我就是一个普普通通的线路工人。成功源于坚持,只要坚持住,人人都能成为劳模工匠。"王进说。王进认为,"只要立足本职工作、发挥个人学识和能力,在不同岗位上都能突破传统思维局限,为社会带来更多具有可操作性的创新。"在王进的带动下,国网山东电力营造了浓厚的"比、学、赶、帮、超"氛围,通过"班组大讲堂""导师带徒""青年素养提升工程"等一系列切实有效的举措,形成劳模身边再出劳模、能手身边再出能手的良好生态。

思考问题．．．．．．．．．．．．．．

1.电力系统中的自耦变压器的变比有哪些要求? 为什么?

2.与普通双绕组变压器相比,自耦变压器有哪些优点?

3.电压互感器的二次侧为什么不允许短路? 电流互感器的二次侧为什么不允许开路? 请解释说明。

4.产生电压互感器和电流互感器误差的主要原因是什么? 为什么二次侧所接仪表不能过多?

任务七　变压器常见故障检修与维护

内容提要

变压器是输配电系统中一种极其重要的电气设备,在运行过程中,由于受到长期发热、负荷冲击、电磁振动、气体腐蚀等因素影响,总会发生一些部件的变形、紧固件的松动、绝缘介质老化等变化,在初期是可以通过维护保养来发现并达到改善和纠正的目的。本次任务我们来共同学习变压器常见故障检修与维护。

任务目标

1.知识目标

(1)掌握变压器常见故障类别和判定方法。

(2)掌握变压器运维过程中常用设备、仪表的原理。

2.能力目标

(1)掌握变压器运行过程中常见故障的判定方法和处理方法。

(2)掌握变压器运行与维护中常用的设备和仪表的使用,如兆欧表、介质损耗测试仪等。

(3)能根据设备检查检测结果对故障进行判断。

3.素质目标

(1)激发学生主动学习的意愿,培养求知和探索精神,培养学生分析问题、发现问题、解决问题的能力。

(2)培养团队意识、合作意识、规范意识、探索能力、总结能力,提高规范操作和标准作业的水平。

任务导入

2021年8月运维人员对某变压器进行铁芯接地电流测试,发现铁芯接地电流达到5 A,远超标准值(0.1 A),随即通知试验人员对变压器进行取油分析,发现油色谱个别组分含量增长的现象,初步判断为变压器铁芯多点接地故障。那么变压器在日常的运行过程中经常有哪些故障? 作为运维人员应该做哪些检查和维护呢?

学习情境1　变压器运行前检查

(1)检查所有紧固件、连接件是否松动,并重新紧固一次,尤其是对连接线、连接杆以及铜排的连接紧固。但对铜螺母紧固扭矩不能过大,以免造成滑丝。不锈钢螺栓组的螺母与螺栓的材质应不同,以防咬死难以拆卸,如图1.59所示。

(2)检查运输时拆下的零部件是否重新安装妥当,并检查变压器内外(特别是风道内)是否有异物存在,如有过多的灰尘,必须进行清理。同时应检查安装过程中使用过的辅助物件是否彻底清除。

(3)检查温控器控制线是否靠在线圈表面以及带电件上,如靠上,需将控制线绑扎固定在外壳上,远离线圈及带电件,如图1.60所示。

图1.59　变压器紧固程度检查　　　　　　　图1.60　变压器温控器检查

(4)检查风机、温控设备以及其他辅助器件能否正常运行,对三相电源风机,应注意其转向,风机正常转向时风从线圈底部向上吹入线圈,否则就为反转,参照其说明书及时变更电源的相序。对温控(温显)等其他辅助设备,参照其说明书正确可靠的接线,如图1.61所示。

图 1.61 风机等辅助器件检查

学习情境 2 变压器运行前的试验

1)变压器运行前应做如下试验

(由于现场环境的限制一般进行下面 5 项试验)

(1)直流电阻测量,所有分接位置。

(2)电压比测量和联结组标号的判定。

(3)铁芯对夹件绝缘测试。

(4)线圈绝缘电阻的测试。

(5)外施工频耐压试验。

已运行过的变压器,外施工频耐压试验时,试验电压为出厂试验电压的 80%。具体安装如图 1.62 所示。

2)安全注意事项

(1)变压器安装完毕后,应对其接地系统的可靠性进行严格的检查,其接地部分应绝对安全可靠。

(2)变压器安装投入运行前,对于无外壳的变压器,应在变压器的周围安装隔离栏栅,以避免意外事故发生;投入运行以后,禁止触摸变压器主体,以防事故发生。

(3)变压器的试验、安装、维护必须由有资格的专业人员承担。

3)变压器投入运行

(1)变压器配有温度控制器或温度显示仪时,参照温控器或温显仪使用说明书,在温控器或温显仪调试正常后,先将变压器投入运行,后投入温控器或温显仪。

(2)变压器应在空载时合闸投运,合闸涌流峰值最高可达 10~15 倍额定电流,对变压器的电流速动保护设定值应大于涌流峰值。

(3)变压器投入运行后,所带负荷应由轻到重,且检查产品有无异常声音,切忌盲目一次大负载投入。

图 1.62　变压器安装

（4）变压器退出运行后，一般不需要采取其他措施即可重新投入运行。但是，如果是在高湿度下，且变压器已发生凝露现象，那么必须经干燥处理后，变压器才能重新投入运行。

学习情境 3　变压器常见故障及处理

变压器在安装和运行时，因受各种因素的影响，变压器的主体或部件会产生故障，这些故障会直接影响变压器的正常安全运行，准确判定和诊断变压器故障发生的部位及性质，分析故障产生的原因并及时处理，才能确保变压器的安全运行，如图 1.63 所示。

图 1.63　变压器故障检修

1）变压器故障类型（按表现特性）

（1）热故障：局部过热故障和整体温升过高。

（2）电故障：局部放电、电弧放电和火花放电故障。

（3）绝缘性能故障：绝缘击穿和绝缘性能下降。

（4）其他性质故障：噪声异常、保护误动和渗漏油等。

2)检查和检测变压器异常的一般方法

(1)"看"变压器负荷电流的大小及摆动幅度,三相电流是否均匀;油色的变化;外表有无异常情况。

(2)"听"变压器声响有无增长、有无异音和杂音。

(3)"测"测量三相直流电阻值;测试绝缘电阻值。

3)绝缘性能下降问题

一般情况下,在进行绝缘电阻测量时应在(温度:10~40 ℃,湿度≤85%)下进行:

仪表:2 500 V 兆欧表

高压-低压及地≥300 MΩ(10 kV 时)

高压-低压及地≥1 000 MΩ(35 kV 时)

低压-地≥100 MΩ

铁芯-夹件及地≥2 MΩ

穿心螺杆-铁芯及地≥2 MΩ

在比较潮湿的环境条件下,变压器的绝缘电阻值会有所下降,一般地,若每1 000 V 额定电压,其绝缘电阻值不小于2 MΩ(一分钟25 ℃时的读数),就能满足运行要求。但是,如果变压器遭受异常潮湿发生凝露现象,则不论其绝缘电阻如何,在其进行耐压试验或投入运行前,必须进行干燥处理。

对于铁芯而言,只要其阻值≥0.1 MΩ 即可运行。一般可通过干燥处理,使其达到要求。

4)电压过高或过低问题处理

变压器投入运行后,我们会经常遇到低压侧电压过高或过低问题,如何进行调节,

例如,对电压为(10 000±2)×2.5% V 的变压器,其铭牌电压如下:

①10 500 V;②10 250 V;③10 000 V;④9 750 V;⑤9 500 V。若当地电网实际电压为10 kV,则连接片应接第3挡,如图1.64 所示。

图1.64　变压器挡位调节

当输出电压偏高时,在确保高压断电情况下,将分接头的连接片往上接。

当输出电压偏低时,在确保高压断电情况下,将分接头的连接片往下接。

电压过高和偏低,我们知道可以通过挡位进行调节,而且也知道电压过高是往上调节挡位,电压偏低是往下调节挡位。但是,调几个挡位才能使输出的电压刚好符合我们的要求?调完后,如何保证挡位调节是否到位?

①调节挡位前(未断电时)查看或测量二次侧的输出电压。

②查看变压器调压范围。

③查看变压器目前的分接位置。

④利用电压比对高压侧电压进行倒推。

如:目前三相输出电压是 420 V,变压器有 5 个分接,目前挡位是 3,可知目前的网上电压是 $420 \times (10\ 000/400) = 10\ 500$ V,知道变压器的分接挡位需调至一挡才能满足。

⑤将挡位放置在相应的分接位置,对于油变,在调节挡位前将分接开关来回转动 3 至 5 个来回后,再置于相应的分接位置。

⑥利用电阻测试仪对调节后的三相电阻值进行测量,要求三相电阻不平衡率在允许范围内,目的是检查分接开关接触情况。

5) 变压器温度异常升高

干式变压器的不正常运行主要表现在温度和噪声上。如果温度异常过高,具体处理措施和步骤如下:

①检查温控器、温度计是否失灵。

②检查吹风装置和室内通风情况是否正常。

③检查变压器的负载情况和温控器探头插入情况。

温控器探头检查如图 1.65 所示。

图 1.65　温控器探头检查

排除温控器、吹风装置故障,在正常负载条件下,温度不断上升,应确认是变压器内部发生故障,应停止运行,进行检修。引起温度异常升高的原因有:

①变压器绕组局部层间或匝间的短路,内部接点有松动,接触电阻加大,二次线路上有短路情况等。

②变压器铁芯局部短路、夹紧铁芯用的穿芯螺丝绝缘损坏。

③因漏磁或涡流引起油箱、箱盖等发热。

④长期过负荷运行或事故过负荷。

⑤散热条件恶化等。

6)变压器声音异常的处理

变压器声音分正常声音和非正常声音。正常声音是由变压器励磁发出的"嗡嗡"声,它随负载的大小有强弱变化;当变压器出现非正常声,首先分析判断声音是在变压器内部还是外部,如图 1.66 所示。

图 1.66　变压器声音异常检查

如果是内部,可能产生的部位有:

①铁芯夹持不紧发生松动,将会发出"叮当"和"呼呼"声。

②铁芯不接地,将会发出"哗剥""哗剥"的轻微放电声。

③开关接触不良将发生"吱吱""噼啪"声,而且是随负载增加而变大。

④引线或绕组对油箱放电会发出"啪啪"声。

⑤套管表面油污严重时会发出"嘶嘶"声。

如果是外部,可能产生的部位有:

①超载运行会发出沉重的"嗡嗡"声。

②电压过高,变压器声音大而且较尖锐。

③缺相运行时,变压器声音较平常尖锐。

④电网系统发生磁谐振时,变压器会发出粗细不匀的噪声。

⑤低压侧有短路或接地时,变压器会发出巨大的"轰轰"声。

⑥外部连接有松动时,有弧光或火花。

7)温控故障简单处理

①温控上电不亮:检查温控供电电源、保险管、端子是否插好及开关是否送上。

②温控三相或某相不显示温度,而显示 OP:Pt100 传感器是否插好,用万用表检测 Pt100 传感器的阻值是否正常。

③温控某温度偏差较大:检查用户是否将 Pt100 预埋到位、测量 Pt100 电阻值是否正确、现场是否有空间干扰、工频干扰或其他强电设备干扰、用户使用调零功能造成误差。

④通信不正确:检查线路,如有可能的话可以用笔记本与温控通信,否则当场打电话给供应商的技术部。

绝缘套管检查如图 1.67 所示。

图 1.67 绝缘套管检查

8)三相电压不平衡

接地故障：当线路一相断线并单相接地时，虽引起三相电压不平衡，但接地后电压值不改变。单相接地分为金属性接地和非金属性接地两种。金属性接地，故障相电压为零或接近零，非故障相电压升高 1.732 倍，且持久不变；非金属性接地，接地相电压不为零而是降低为某一数值，其他两相升高不到 1.732 倍。

用户三相负荷不平衡：用户三相负荷不平衡一般不会导致三相电压不平衡，存在如下可能情况。

①低压电网中性线断线，断点之后负荷不平衡时，三相电压偏移。

②低压电网中，如三相负荷不平衡严重，则负荷重的相电压偏低，其他相较正常电压略有升高。

解决三相负荷不平衡的几点措施：

①在低压配电网公用主零线采用多点接地，降低零线电能损耗，避免因为负荷不平衡出现的零线电流产生的电压严重危及人身安全。

②对单相负荷占较大比重的供电地区采取单相变供电。

③开展变压器负荷实际测量和调整工作。

9)油色显著变化和严重漏油

①绝缘油在运行时可能与空气接触，并逐渐吸收空气中的水分，从而降低绝缘性能。发现油内含有碳粒和水分，油色变暗，绝缘强度降低，易引起绕组与外壳击穿，应及时更换变压器油。

②变压器焊缝开裂或密封件失效；运行中受到振动；外力冲撞；油箱锈蚀严重而破损等都会漏油。变压器在运行中渗漏油不严重，油位在规定的范围内，仍可继续运行或安排计划检修。变压器油渗漏严重，或连续从破损处不断外溢，以致油位计已见不到油位，应立即停止运行，补漏和加油。

配网变压器检查如图 1.68 所示。

图1.68 配网变压器检查

任务实战

变压器铁芯多点接地故障的跟踪分析与现场处理

1. 目的要求

(1)掌握变压器铁芯多点接地故障的跟踪分析与现场处理的方法。

(2)熟练使用油色谱分析仪,变压器介质损耗测试仪等仪表,并对数据进行正确分析。

2. 设备、工具和材料

(1)油色谱分析仪、变压器介质损耗测试仪、电动葫芦。

(2)SZ9-100000/110 变压器一台,额定电压为 $(110\pm8)\times1.25\%/10.5$,空载损耗为 12.4 kW,负载损耗为45.7 kW,阻抗电压为9.82%。

3. 实施步骤

(1)接地电流测试。对变压器铁芯进行接地电流测试,初步判断接地故障类别。

(2)油色谱分析。试验人员对变压器油进行取油、分析,进一步明确接地故障类别(表1.15)。

表1.15 油色谱组分含量对比表

测试值	油中组分/$(\mu L \cdot L^{-1})$							
	H_2	CH_4	C_2H_6	C_2H_4	C_2H_2	CO	CO_2	C_1+C_2
历史测试值								
本次测试值								

(3)停电检查。对变压器进行停电试验,测试铁芯对地绝缘电阻(表1.16)。

表 1.16　测试铁芯对地绝缘电阻

参数	R12	R23	R31	测试结果
低频 LF:1 ~ 10 kHz				
中频 MF:10 ~ 100 kHz				
高频:HF:100 ~ 1 000 kHz				
全频:1 ~ 1 000 kHz				

（4）介质损耗及容量检测。对变压器进行绕组介损及电容量试验（表 1.17）。

表 1.17　绕组介损及电容量试验数据

绕组介损及电容（双绕组）	高压对低压及地	低压对高压及地
介损 tan δ/%		
电容量/pF		
电容量初值/pF		
电容量变化率/%		

（5）变压器现场铁芯多点接地缺陷的处理。

①试用电容充放电法消除接地点。

考虑到处理流程的合理性和高效性，先采取电容充放电法将可能存在的悬浮物在电场作用下形成的导电小桥或尖端毛刺消除。在对铁芯进行冲击试验后，接地现象仍未消除，铁芯对地的绝缘电阻值仍为 0，说明该方法不适用于该变压器铁芯多点接地的消除。

②现场吊罩处理。

为了彻底解决主变铁芯多点接地问题，在负荷较小时对该主变进行吊罩检查。检查发现 A 相线圈处夹件变形碰到铁芯硅钢片，造成铁芯多点接地。

③故障处理方法。

（6）对故障点进行分析后，采取了如下消除措施：

①将夹件调平，消除铁芯多点接地。

②垫块恢复，固定 A、B 相绕组。

③对有裂纹的层压木进行更换。

故障消除后进行交接试验，检测各项试验数据是否在合格范围内。

（7）一般处理方法和步骤。

①带电检测发现铁芯多点接地故障时，可采用气相色谱法和监视接地电流、电压来跟踪监测，数据明显增大时，要立即申请停电试验，通过电容量变化率、绕组变形、局放试验等多种手段判断故障严重程度。

②对变压器铁芯多点接地，可采取安装限流电阻的方式作为临时过渡措施，对接地电流抑制效果理想，可有效避免短时无法停电检修而导致故障范围扩大。

③为提高检修效率，处理变压器铁芯多点接地故障应采取先易后难的措施，即先不吊罩通过电容冲击法等方法消除故障，若故障仍未消除，则再安排吊罩检修。

④变压器受冲击后,要注意及时对变压器取油做色谱分析,并监视铁芯接地电流,防止变压器夹件受冲击产生变形造成铁芯多点接地。对于金属异物造成的铁芯接地故障,进行吊罩检查,可以发现问题。

4.检查与评价(表1.18)

表1.18　检查与评价表

内容	学生自评	小组互评	教师评价	总结与改进
能正确选择和使用拆卸工具				
试验操作步骤正确、流畅				
能阐述装拆注意事项				
铁芯装拆完好				

知识拓展

"全国最美职工""大国工匠"黄金娟

2 000多个日夜,她咬定青山不放松,持续改进、精益求精,成功研发世界首套大规模电能表自动化检定系统,将人均检定效率提高了58倍,检定数据信息准确率100%,人员精减90%以上,推广应用创造的经济效益显著……

她就是"全国最美职工""大国工匠"黄金娟,同时她还是全国五一劳动奖章获得者、荣获国家科学技术进步奖的首位女工人、国家电网公司特等劳模。

黄金娟曾任国网浙江省电力有限公司电力科学研究院高级技师、高级工程师。她扎根电能表计量检定一线,牵头开展技术攻关,实现了电能表检定从人工操作向智能化作业的变革,创造了巨大的经济社会效益,被誉为"醉心钻研的老黄牛""细节之美的追逐者""一项创新取得一百多项专利的大国工匠"。

"在密密麻麻的各种接线前,我眼睛一刻不停地盯着各种刻度与报表,快速校验比对……"黄金娟回忆说,以前电能表计量检定完全由人工操作,工作量大耗时费力、容易产生人为误差、工作环境带电存在安全隐患。

面对电能表更新换代带来的计量检定数量井喷式增长,2006年她提出了"机器换人"的设想:利用自动化控制技术实现电表智能化检定。同事们都在说这是不可能的,很难实现,黄金娟却没有打退堂鼓。为了找到研发合作企业,黄金娟奔走在电表制造商之间,她的执拗终于感动了一家企业负责人。

2007年,黄金娟提出了总体思路,并带领团队开始了持续6年的研发之路,凭借永不放弃的韧劲攻克关键技术,将设想转化为生产实践;

2009年,研制出我国首台全自动计量检定工程样机;

2010年,进行试点应用;

2012年,建成世界首套大规模全自动电能表智能化计量检定系统,检定能力由人均80只/日提升至4 700只/日,检定可靠性从98%提升至100%……

这一成果以技术标准的形式在全国26个省(自治区、直辖市)广泛应用,还被推广到水表、燃气表等检定检测领域,以及丹麦、韩国、马来西亚等9个国家,为我国计量检定技术走向世界奠定了基础。

"醉心钻研的老黄牛"

1992年,举办首届全国电力技术比武大赛。技校毕业,没有正规专业基础的黄金娟,卯着一股子劲儿,恶补知识,狠抓技术,白天上班、晚上看书,常常学到凌晨,枕着计量检定规程入睡。她凭借扎实的功底、稳定的发挥,取得全国第二名的好成绩,荣获"全国技术能手"称号。

2018年,黄金娟作为首位获得国家科学技术进步奖的女性工人登上人民大会堂领奖台,其完成的"电能表智能化计量检定技术与应用"被授予国家科技进步奖二等奖。这一年,中央电视台在系列专题片《大国工匠》中报道了黄金娟事迹,向全国人民展示她在电能计量领域的坚守与创新。

"大国工匠"的国际情怀

2019年以来,黄金娟又带领团队向着另一个更高的目标出发:争取将电能表智能检定中国标准转化为IEC(国际电工委员会)标准,实现国际化应用,在更大范围创造经济和社会效益。

思考问题............

1. 变压器运行前的试验有哪些?

2. 变压器运行前的检查有哪些?

3. 变压器常见故障有哪些? 如何处理?

4. 如何解决系统中三相负荷不平衡问题?

项目二
异步电动机的运行与检修维护

任务一　异步电动机的拆装

📚 内容提要

异步电动机是一种交流电机,也称感应电机,广泛应用于生产、生活中,如水泵、机床、空调、风扇、洗衣机等,作原动机;在少数场合下,也用作发电机机,如风力发电机。异步电动机具有结构简单、制造方便、价格便宜、运行安全可靠等优点。

📚 任务目标

1. 知识目标
(1)了解异步电动机的基本类型和结构。
(2)了解异步电动机的额定值。
2. 能力目标
(1)掌握异步电动机的工作原理。
(2)掌握异步电动机的三种运行状态。
3. 素质目标
(1)激发学生主动学习的意愿,培养求知和探索精神,培养学生的实践操作能力。
(2)培养团队意识、合作意识、规范意识,提高规范操作和标准作业的能力,提高理论和实践相结合解决问题的能力。

📖 任务导入

张某在一家公司的焊接车间工作,2019年12月1日,张某使用一台折弯机对薄板进行折弯作业时,折弯机的主轴电机出现了机体冒烟、跳闸等现象,经过维修人员的现场观察,初步判断,该电机定子绕组出现了相间短路致使线路跳闸,于是张某请维修人员将电机带回去进行拆卸和维修。经过询问张某得知,这是一台三相鼠笼型异步电动机,那么三相异步电动机有哪些种类呢? 它的结构是什么样子的? 它又是如何工作的呢?

学习情境 1　认识三相异步电动机的铭牌

每台三相异步电动机的机座上都会贴有一个铭牌,标明了电动机的型号、额定值及其他有关技术参数。正确理解铭牌上各项内容的含义,对正确使用、安装、运行、维护、修理电机是十分必要的。

异步电动机
铭牌参数

1. 分类和型号

异步电动机的定子相数有单相、三相两类。三相异步电动机的转子结构有鼠笼型和绕线型两种,如图 2.1、图 2.2 所示。单相异步电动机转子都是笼型。

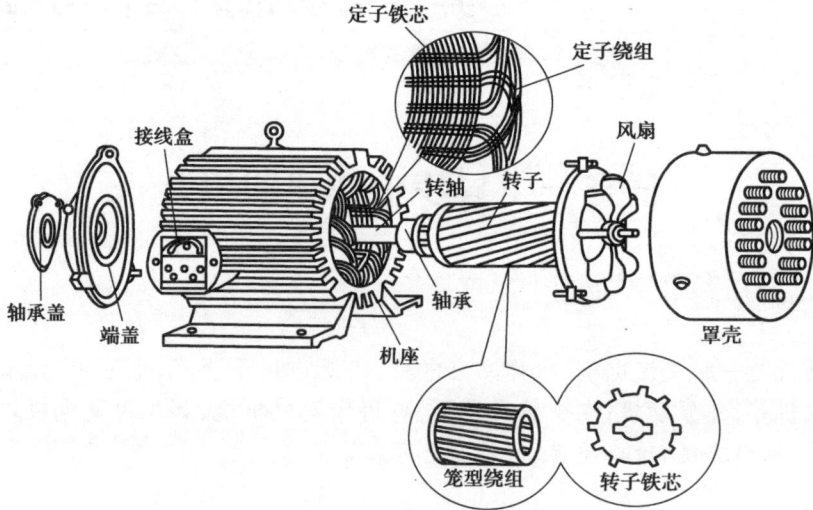

图 2.1　鼠笼型异步电动机主要部件

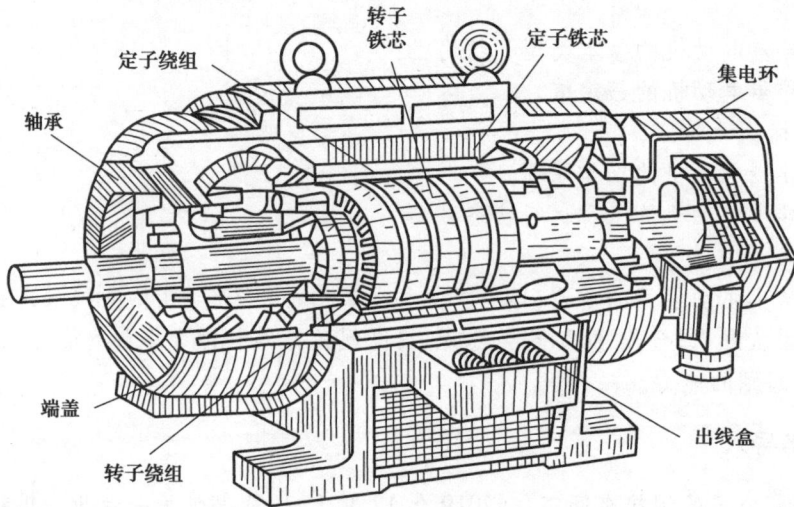

图 2.2　绕线型异步电动机主要部件

电动机的型号由字母与阿拉伯数字组成,字母用来代表电动机类型、用途、特殊环境等,阿拉伯数字代表基座高度尺寸和电动机磁极数等。根据不同的用途制成的异步电动机类型繁多,其用途代号和特殊环境代号也很多,如图 2.3 所示。

类型代号表征电动机的各种类型,采用汉语拼音表示,如异步电动机用 Y 表示,同步电动机用 T 表示。

特点代号表征电动机的性能、结构或用途,也采用汉语拼音字母表示(YR 表示绕线型异步电动机;YD 表示防爆型异步电动机;YQ 表示高启动转角的异步电动机)。

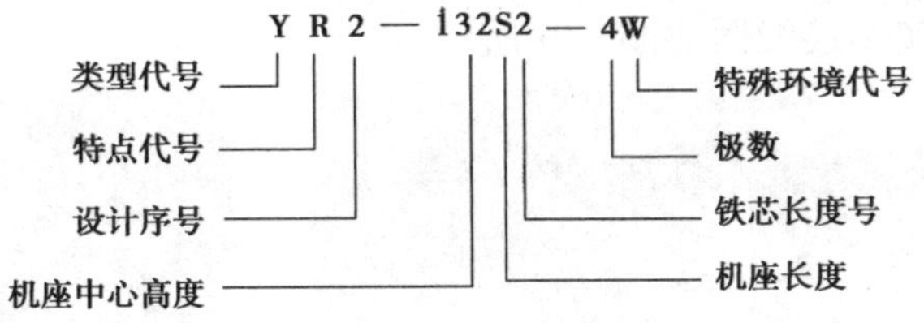

图2.3　异步电动机铭牌上型号的含义

机座中心高度是指电机轴心到机座底角面的高度,单位为 mm。

机座长度:M 代表中机座;L 表示长机座;S 表示短机座。

铁芯长度号用阿拉伯数字 1、2、3、4 等由长至短分别表示。

极数是指电动机的磁极数,一般为 2 级、4 级、6 级、8 级电机。

特殊环境代号表示使用环境,如:W—户外;F—化工防腐。

2. 接法

接法是指异步电动机定子绕组接线方式,有星形接法和三角形接法两种,使用时应按铭牌规定连接。国产 Y 系列的异步电动机,额定功率在 4 kW 以上,均采用三角形接法,以便于进行 Y-△降压启动。

电动机有 U、V、W 三个绕组,共 6 个首尾端都引入电动机的接线盒当中,首端用 U1、V1、W1 标志,尾端用 U2、V2、W2 标志。要注意的是三个绕组的引出线以错位方式连接到接线端,便于采用连接板进行星形和三角形连接,如图 2.4 所示,U1、V1、W1 分别接到三相电源的 A、B、C 端即可,为了便于讨论用 A、B、C 表示三相绕组,即三相绕组首端为 A、B、C 标志,绕组尾端用 a、b、c 标志。

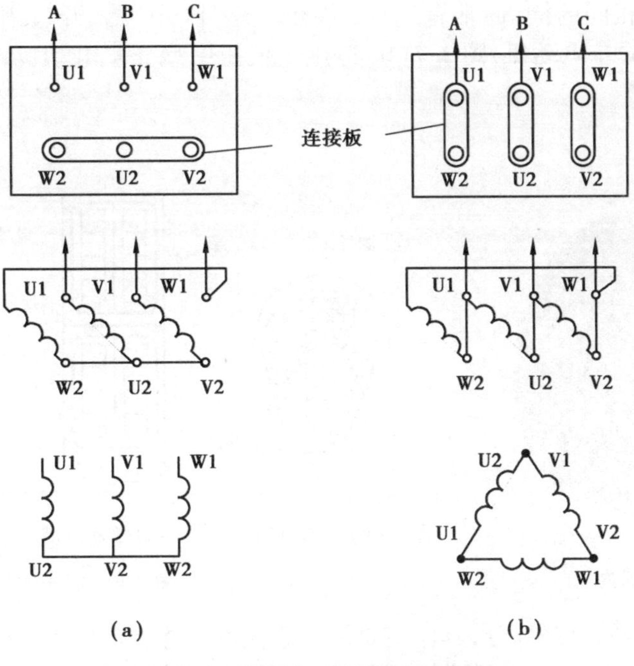

图2.4　星形-三角形接法示意图

星形-三角形接法实物接线图如图2.5所示。

W2 U2 V2

U1 V1 W1

图2.5 星形-三角形接法实物接线图

3. 异步电动机基本结构

异步电动机主要由固定不动的定子、旋转的转子、定子和转子间的气隙构成,此外还有端盖、机座和轴承等部件。

1)定子

定子是电机固定不动的部分,由定子铁芯、定子绕组和机座三部分构成。定子铁芯的作用是嵌放定子绕组并作为电机磁路的一部分。定子铁芯装在机座内部,通常由导磁性能较好的厚0.5 mm的硅钢片叠成,如图2.6所示,对这一部分的运行要求是具有良好的导磁性能、剩磁小、涡流损耗小。为了嵌放定子绕组,在定子铁芯内圆上均匀地冲制若干形状相同的槽,通常有三种:半闭口槽、半开口槽、开口槽,如图2.7所示。图2.7(a)适用于小型异步电动机;图2.7(b)适用于低压中型异步电动机;图2.7(c)适用于大中型异步电动机。

异步电动机结构

图2.6 定子铁芯

圆导体 槽绝缘 扁导体 层间绝缘 槽楔

(a)半闭口槽 (b)半开口槽 (c)开口槽

图2.7 定子槽型

定子绕组是电机的电路部分,其作用是产生感应电动势并形成闭合的回路。小型电动机定子绕组一般采用高强度漆包圆铜线绕制;大中型异步电动机则用漆包扁铜线或玻璃丝包扁铜线绕制。定子绕组在定子槽内部分和铁芯间必须保持可靠的绝缘,因此,三相定子绕组之间及绕组与定子铁芯之间均垫有绝缘材料。常用的薄膜类绝缘材料有聚酯薄膜青稞纸、聚酯薄膜、聚酯薄膜玻璃漆布箔及四氟乙烯薄膜。

　　机座是电机的外壳,主要作用是固定定子绕组和支撑定子铁芯。通常小型电机的机座用铸铁铸成,大中型电机的机座用钢板拼焊而成。

　　2)转子

　　异步电动机的转子包括铁芯、绕组和转轴等几部分。转子铁芯是电机磁路的一部分,一般也用厚0.5 mm的硅钢片叠成,其与定子铁芯和气隙一同构成闭合的磁路,完成机电能量的转换过程。一般在转子铁芯外圆冲槽,槽内嵌放转子绕组,转子绕组有笼型和绕线型两种结构。转子绕组的作用是感应电动势并形成闭合回路、产生电磁转矩。一般小型异步电动机的转子铁芯直接压装在转轴上,而大中型异步电动机的转子铁芯则借助转子支架压在转轴上,为了改善异步电动机的启动和运行性能,减少谐波,常见的鼠笼型异步电动机的转子铁芯一般都采用斜槽结构。

　　(1)笼型转子。

　　在转子铁芯各槽中插入导条,并用端环将导条短路,即构成笼型绕组,如图2.8所示。导条可以用铜条,也可以由铸铝制成。导条中感应电动势很小,故转子导条与铁芯叠片间不需要绝缘,这样做虽然使电机的损耗略有增加,但可大大简化结构,节约材料,所以笼型转子的导体都是不带绝缘的。

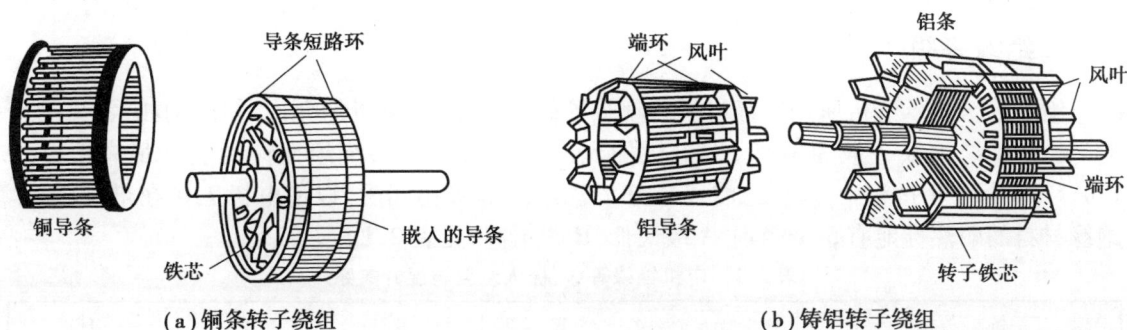

(a)铜条转子绕组　　　　　　　　　　　　(b)铸铝转子绕组

图2.8　铜条转子绕组和铝条转子绕组

　　中、小型异步电动机还常采用铸铝型转子。为提高电动机的启动转矩,在容量较大的异步电动机中,有的转子采用双笼型或深槽结构,双笼型转子有内外两个笼,外笼用电阻率较大的黄铜条制成,内笼用电阻率较小的紫铜制成,而深槽转子则采用狭长的导体组成。

　　(2)绕线型转子。

　　绕线型转子是在转子槽中嵌放三相对称绕组,绕组与转子铁芯绝缘,通常接成星形。三相绕组的出线端分别接到转轴上的三个集电环上,再通过三个电刷将转子绕组与外电路相连,如图2.9所示。

　　绕线型转子绕组通过集电环与外电路相接外部变阻器的参数可调节,从而达到调节转子参数,改善异步电动机的启动和调速性能的目的。绕线型转子造价高,制造工艺和维修较复杂,因此,仅用于要求启动转矩大、启动电流小和需要调速的场合。为了减小电刷磨损和摩擦损耗,绕线型异步电动机一般还装有提刷短路装置,在电动机启动完毕而不需调速时,可将电刷提起并同时将3个滑环短接。

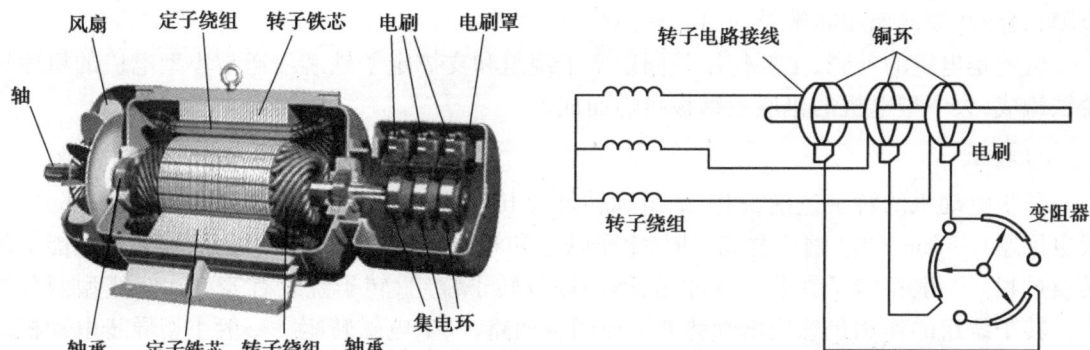

图2.9 绕线型转子绕组及其外部连接

3)气隙

异步电动机定子和转子之间的间隙即为气隙。气隙的大小对异步电动机的性能影响较大,为了减少励磁电流,提高功率因数,定子、转子之间的气隙应尽可能小,但也应防止运行时由于轴的变形和振动使定子、转子之间发生摩擦或碰撞(通常称为扫膛),所以气隙的长度应为定子和转子在运行过程中不发生机械摩擦情况的最小值。一般小型电机间隙为 0.2~1.0 mm,大中型电机间隙为 1.0~1.5 mm。

4.绝缘等级

绝缘等级表示电机所用绝缘材料的耐热等级,它决定了电机的允许温升,例如,常见的普通电机的绝缘等级一般为 B 级,即电机的允许温升为 80 ℃,绕组允许的实际最高温度为 120 ℃;实际使用过程中,应注意将工作环境和绝缘等级相匹配,以使电机工作在最佳状态。绝缘材料的耐热性能有 5 个级别,A 级最低,H 级最高,见表 2.1。

表 2.1 电机绝缘等级、极限温度与温升关系

绝缘等级		A	E	B	F	H
极限工作温度/℃		105	120	130	155	180
热点温差/℃		5	5	10	15	15
温升/K	电阻法	60	75	80	100	125
	温度计法	55	65	70	85	105

注:环境温度规定为 40 ℃。

学习情境 2 异步电动机的额定值

一般在异步电动机机身的铭牌上均标明其额定值和一些与运行有关的技术数据,我国国家标准规定,异步电动机的额定值有:

(1)额定功率 P_N:电动机在额定状态下运行时,轴上输出的机械功率,单位为 W 或 kW。

(2)额定电压 U_N:电动机在额定状态下运行时,定子绕组上施加的线电压,单位为 V。

(3)额定电流 I_N:电动机在额定电压下运行,输出功率达到额定功率时,流入定子绕组的线电流,单位为 A。

（4）额定频率 f_N：加于定子侧的电源频率，我国规定工业用电频率为 50 Hz。

（5）额定转速 n_N：电动机在额定状态下运行时转子的转速，单位为 r/min（转/分）。

此外，铭牌上还标有功率因数、效率、温升（或绝缘等级）及其他一些使用条件等。对绕线型电动机，还常标出转子额定电压、额定电流等数据。

学习情境 3　异步电动机的基本工作原理

1. 旋转磁场的产生

本书以 2 极电机为例来叙述三相异步电动机旋转磁场的产生机理。

在异步电动机中，无论是鼠笼型还是绕线型，当通以三相对称交流电时，三相对称绕组中将产生旋转磁动势，这个磁动势所产生的磁场也是旋转磁场。其产生的过程如下：设三相对称交流电为

$$\begin{cases} i_A = I_m \sin \omega t \\ i_B = I_m \sin(\omega t - 120°) \\ i_C = I_m \sin(\omega t + 120°) \end{cases}$$

假定三相电流从绕组首端流入、尾端流出为正，用符号"$\otimes$"表示；当三相绕组电流从首端流出、尾端流入为负，用符号"$\odot$"表示，如图 2.10 所示。（其中，$\omega t = \dfrac{\pi}{2}$、$\omega t = \pi$、$\omega t = 2\pi$ 时的电流方向和旋转磁场图请同学们自行画出）

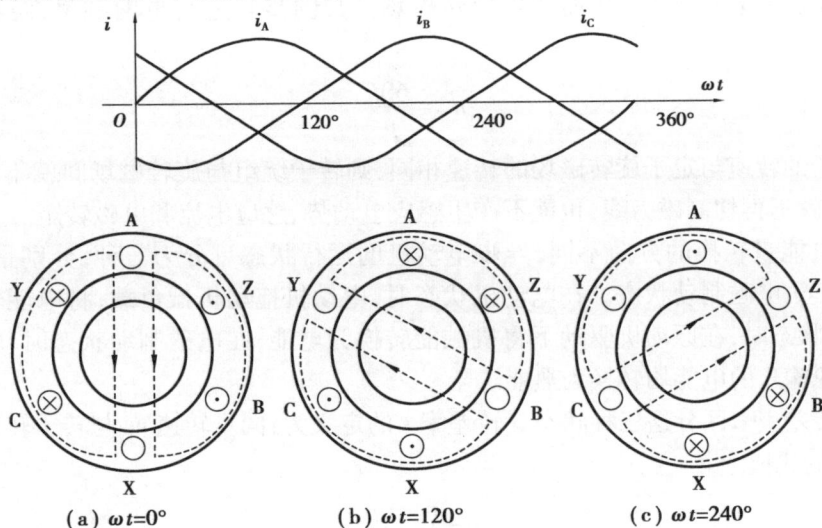

图 2.10　旋转磁场的形成

（1）当 $\omega t = 0°$ 时，AX 绕组中无电流，$i_A = 0$；BY 绕组中的电流从 Y 端流入，B 端流出，i_B 为负；CZ 绕组中的电流从 C 端流入，Z 端流出，i_C 为正；由右手螺旋定则可得合成磁场的方向。

（2）当 $\omega t = \dfrac{\pi}{2}$ 时，AX 绕组中的电流从 A 端流入，X 端流出，i_A 为正值；BY 绕组中的电流从 B 端流出，Y 端流进，i_B 为负；CZ 绕组中的电流从 C 端流出，Z 端流入，i_C 为负。

（3）当 $\omega t = \dfrac{2\pi}{3}$ 时，BY 绕组中无电流，$i_B = 0$；AX 绕组中的电流从 A 端流入，X 端流出，i_A 为正；CZ 绕组中的电流从 Z 端流入，C 端流出，i_C 为负；由右手螺旋定则可得合成磁场的方向。

（4）当 $\omega t = \pi$ 时，AX 绕组中无电流，$i_A = 0$；BY 绕组中的电流从 B 端流入，Y 端流出，i_B 为正；CZ 绕组中的电流从 C 端流出，Z 端流入，i_C 为负。

（5）当 $\omega t = \dfrac{4\pi}{3}$ 时，CZ 绕组中无电流，$i_C = 0$；AX 绕组中的电流从 X 端流入，A 端流出，i_A 为负；BY 绕组中的电流从 B 端流入，Y 端流出，i_B 为正；由右手螺旋定则可得合成磁场的方向。

（6）当 $\omega t = 2\pi$ 时，AX 绕组中无电流，$i_A = 0$；BY 绕组中的电流从 Y 端流入，B 端流出，i_B 为负；CZ 绕组中的电流从 C 端流入，Z 端流出，i_C 为正；与 $\omega t = 0°$ 时相比，合成磁场方向顺时针旋转了 360°。

2. 工作原理

可见，当定子绕组中的电流变化一个周期时，合成磁场也按电流的相序方向在空间旋转一周。随着定子绕组中的三相电流不断地作周期性变化，产生的合成磁场也不断地旋转，因此称为旋转磁场。旋转磁场将切割转子绕组产生感应电动势，转子绕组有感应电流后，又与旋转磁场相互作用而产生电磁力，电磁力的方向由左手定则确定，于是形成电磁转矩，由于转子磁动势产生于定子磁动势，所以定子和转子绕组的极对数 p 相同。

当异步电动机的定子绕组外接三相电源时，定子绕组中将产生对称三相电流，进而在气隙中建立其基波旋转磁动势，从而产生旋转磁场。其同步转速与电网频率、绕组极对数相关，即

$$n_s = \frac{60f}{p} \qquad\qquad (2.1)$$

如果转子的转速与定子旋转磁场的转速相同，则转子绕组与旋转磁场间就不存在相对运动，转子绕组就不再切割磁力线，也就不产生感应电动势、感应电流和电磁转矩。

根据机电能量转换的方向不同，异步电动机的运行状态可分为三种，分别是：电动机状态、发电机状态、电磁制动状态。在电动机状态时，电动机拖动机械负载，将电能转换为机械能；在发电机状态时，在原动机驱动下将机械能转换为电能；在电磁制动状态时，转子输入的机械能和电源输入的电能均转换为热能。

通常用转差率来区分这三种状态。转差率 s 的定义为：同步转速 n_s 与转子转速 n 之差对同步转速 n_s 的比值。

$$s = \frac{n_s - n}{n_s} \qquad\qquad (2.2)$$

式中，$n_s - n$ 是旋转磁场相对于转子的转速，也就是转子导体切割磁场的转速。

1）电动机状态

假设三相定子电流产生的旋转磁场以同步转速 n_s 逆时针方向旋转。

当 $0 < n < n_s$，即 $0 < s < 1$ 时，转子导体以转速 n 逆时针方向旋转，旋转磁场相对于转子导体的相对速度为 $n_s - n$，导体中将产生感应电动势和感应电流。由右手螺旋定则可知：该电流在磁场 N 极下方的方向为 $\oplus$；由左手定则可知，转子导体电流与磁场相互作用产生一个与转子旋

转方向相同的电磁转矩。由于该力矩克服了负载制动性质的力矩并拖动转子旋转,所以电磁转矩为驱动性质转矩。此时,异步电动机经由定子吸收电源的电能,输出机械能,作电动机运行。

2) 发电机运行状态

若用原动机拖动转子,则作用在转子转轴上的外施机械转矩将由制动性质变为驱动性质,转子将被加速。当转子转速大于旋转磁场的同步转速时,即 $n>n_s$、$s<0$,转子导体切割旋转磁场的方向与电动机状态下的方向相反,从而导体上的感应电动势和感应电流的方向与电动机状态下相反,磁场 N 极下方的方向为 $\odot$,电磁转矩由驱动性质变为制动性质。为保持转子能以高于同步转速 n 旋转,原动机必须克服电磁转矩,不断输入机械能,同时在电磁感应的作用下,实现机械能向电能的转换,故称为发电机运行状态。

3) 电磁制动状态

如果外施制动转矩足够大,则转子会逆着旋转磁场的方向旋转,即 $n<0$、$s>1$,则转子导体中的感应电动势、电流与电动机状态下相同,转子转向与旋转磁场方向相反,故在电磁制动状态下电磁转矩为制动转矩。处于电磁制动状态时,转轴从原动机输入机械功率的同时也从电网吸收功率,电能和机械能两部分都转变为电机内部的消耗。

通过理论分析可知,异步电动机可以在电动机、发电机和电磁制动三种状态下运行,如图 2.11 所示。但一般异步电动机作电动机运行,仅在某些特殊场合作发电机运行,如风力发电机等;电磁制动状态大多应用于吊车起吊重物等情况。异步电动机三种运行状态与转差率关系见表 2.2。

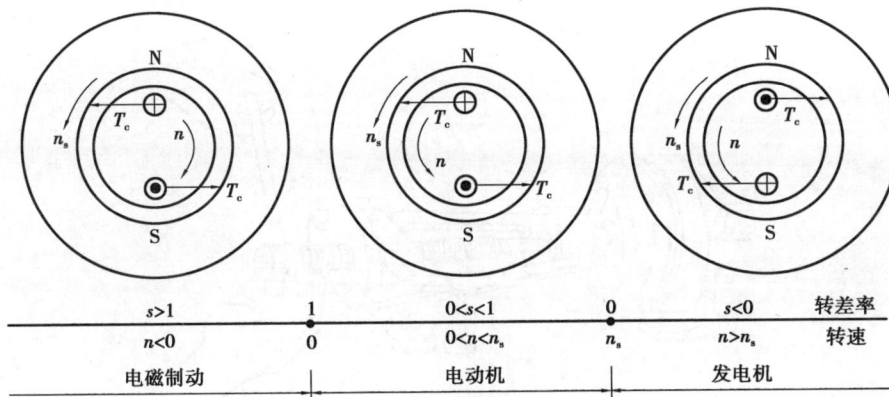

图 2.11 异步电动机三种运行状态

表 2.2 异步电动机三种运行状态与转差率关系

运行状态	发电机状态	电动机状态	电磁制动状态
转差率	$s<0$	$0<s<1$	$s>1$
转速	$n>n_s$	$0<n<n_s$	$n<0$
电磁转矩	制动	驱动	制动

任务实战

三相异步电动机的拆装

1. 目的要求

(1)掌握三相异步电动机的结构。

(2)掌握小型三相异步电动机的拆装步骤及方法。

(3)能够完成对三相异步电动机的检查、零部件清洗、换装轴承等基本操作。

2. 设备、工具和材料

(1)10 kW 三相异步电动机。

(2)500 V 绝缘电阻表。

(3)活动扳手、开口扳手、套筒扳手、手锤、铜棒、油盒、拉具、温度计、刷子、钙钠基润滑油脂、验电笔等。

3. 实施步骤

1)小型三相异步电动机的拆卸

①拆卸前应先断开电源,拆除电机与外部电源的连接线,并做好电源线和接线盒的相序标记和绝缘处理,同时便于恢复后的装配,以免在装配时出错。

②脱开皮带轮或联轴器,拆掉地脚螺栓和接地线螺栓。先在皮带轮或联轴器的轴承端上做好尺寸标记,再把皮带轮上的定位螺钉或销子松脱取下,使用两爪或三爪拉具把皮带轮或联轴器慢慢拉出,注意在拉动的过程中要保证受力均匀,若拉不出来,切忌硬拆,如图 2.12 所示。

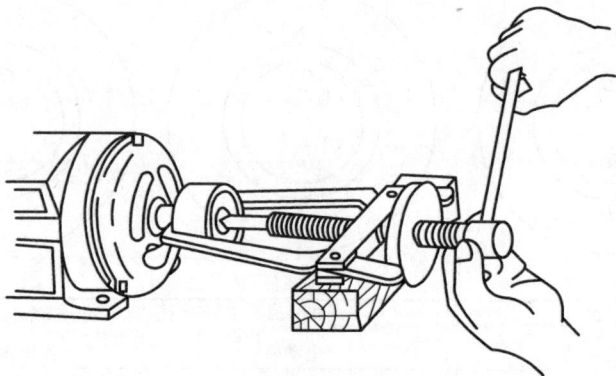

图 2.12　用拉具拆卸皮带轮或联轴器

③风扇叶的拆卸。封闭式电动机在拆卸皮带轮或联轴器后就可以把外风罩的螺栓松脱,把风罩取下,然后把转轴尾端的风叶上的定位螺栓或销子松脱,用金属棒和手锤在风扇四周均匀地轻敲风扇叶即可松脱下来。

④轴承盖和端盖的拆卸。先把轴承的外盖螺栓松下,拆开轴承端盖,然后松开端盖的紧固螺栓。在端盖与机座的接缝处做好标记,以便后续装配,然后用锤子均匀敲打端盖四周,把端盖取下,对于小型电动机可先把轴伸端的轴承外盖取下,再松开后端盖的紧固螺栓。拆卸的过程当中一定要注意动作缓慢,保证水平度,切不可因为歪斜而碰上定子绕组。

⑤轴承的拆卸。小型电动机上的轴承一般为滚动轴承,拆卸滚动轴承一般有两种方法,分别为拉具拆卸和铜棒拆卸。拆卸时应根据轴承大小选择合适的拉具。拆卸时拉具的脚爪

应扣在轴承的内圈上,不能放在外圈上,否则会拉坏轴承,如图 2.13 所示。拉杆的丝杆顶点应该对准轴中心,旋转要慢,用力要均匀。用铜棒拆卸轴承时内圈需要垫上铜棒,用手锤敲打铜棒把轴承敲出,敲打时要在轴承内圈四周相对的两侧轮流均匀敲打,不能敲打一边也不能用力过猛,如图 2.14 所示。

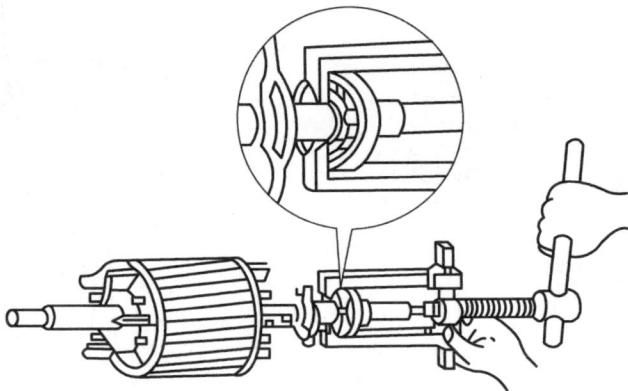

图 2.13　使用拉具拆卸轴承

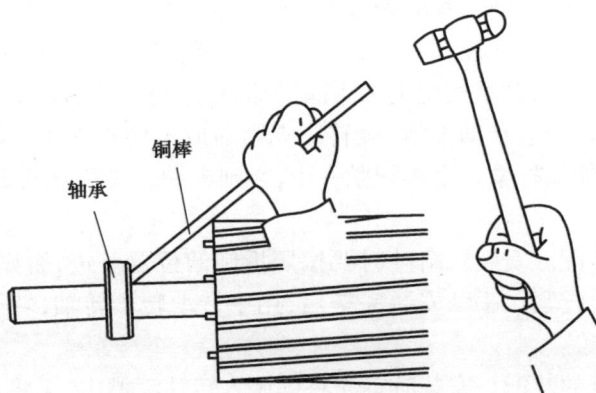

图 2.14　使用铜棒拆卸轴承

2)小型三相异步电动机的装配

电动机的装配工序按拆卸时的逆序进行,装配前各配合处要先清理除锈。装配时,应将各部件按拆卸时所做的标记复位。

①装配前清洗零部件。将转子用汽油或煤油清洗干净油污后,再用清洁的干布擦干待装。定子铁芯表面也要用清洁干布擦干净油污并用压缩空气吹净定子绕组上的灰尘及污垢。拆下的轴承用汽油或煤油去除油污并擦干,再检查有无锈蚀,内外轴承圈有无裂痕,用手转动内圈时应灵活无阻滞或无松动现象且无明显的异常噪声。如不正常,应更换同牌号的轴承,切忌勉强使用。如果确需更换轴承,应将其放置在 70 ~ 80 ℃ 的变压器油中,加热 5 min 左右,在全部防锈油熔去后再用汽油洗净,用洁净的布擦干待装。

②定子绕组绝缘电阻测量。将电动机的三相定子绕组头尾并头拆开,用万用表测量三相绕组的电阻值,三相阻值应相等。使用 500 V 的绝缘电阻表测量各绕组间和绕组对铁芯的绝缘电阻,绝缘电阻应不大于 0.5 MΩ。

③轴承的装配。在套装前,应将轴颈部分擦干净,把经过清洗并上好润滑油脂的内轴承

盖套在轴颈上,然后再将轴承套装在转子轴颈上。轴承套的套装有冷套法和热套法**两种方法**,如图 2.15、图 2.16 所示。

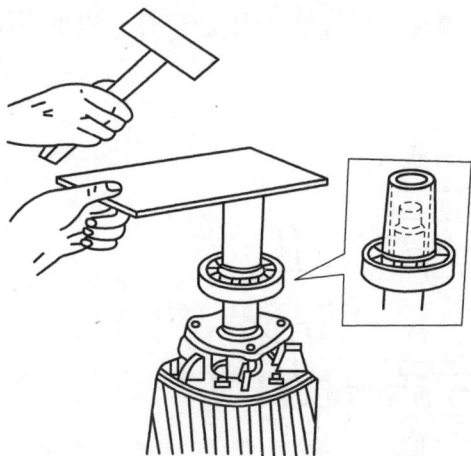

图 2.15　冷套轴承　　　　　　　　　　　　　　图 2.16　热套轴承

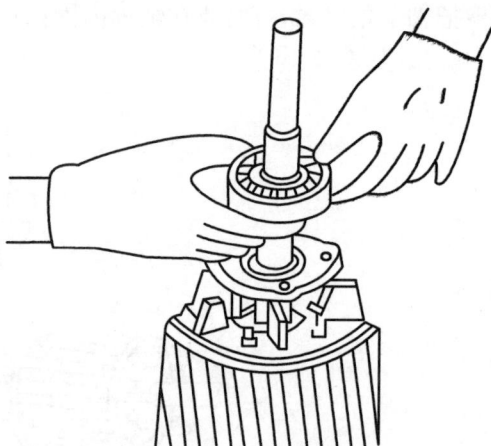

④后端盖的安装。用手锤将后端盖轻轻敲入轴颈,使轴承装入端盖,要装平,不能歪斜,并用旋具将轴承盖装上,将后盖连同转子装入基座时,要按原来的标记定位安装。

⑤前端盖的装配。将前轴承按规定加入润滑油脂,用与安装后端盖相同的方法装入前端盖。装好后,用手转动转子应转动灵活,旋转应无阻滞或无偏重现象。螺栓要按对角线上下左右对称逐步拧紧,不能先拧紧一个再拧紧一个,否则容易造成凸耳断裂、转子同心度不良等现象。

⑥扇叶和风罩的装配。安装风扇叶时要按照拆卸的位置装进,否则会造成碰撞摩擦,最后安装风叶罩并将螺栓拧紧。手动安装完毕后,用手转动转子转轴,转子应转动灵活、均匀、无停滞、摩擦和偏重现象。

⑦皮带轮或联轴器的装配。安装时首先将键装入转轴键槽中,再将皮带轮上的键槽对准键后,用手锤均匀地轻轻敲打皮带轮或联轴器。当键进入键槽后,再在皮带轮或联轴器的端面上垫上木板,用手锤敲打,直到皮带轮或联轴器进入原定的位置。

⑧装配后的检验。检查所有的紧固螺栓是否拧紧,转子转动是否灵活,有无摩擦现象及声音异常,轴承端颈有无偏摆等情况。

4. 检查与评价(表 2.3)

表 2.3　检查与评价表

内容	学生自评	小组互评	教师评价	总结与改进
能正确、熟练地使用相关工具				
试验操作顺序正确、流畅,设备无损伤				
设备、器材摆放整齐,使用正确				
能对任务结果进行总结、分析,正确判定连接组别				

知识拓展

"动力心脏"专家李伟业：领跑高铁"永磁时代"

从醉心电机学习到潜心电机研究，他用不服输的精神，攻克了高铁永磁电机的多项"卡脖子"难题，填补了国内此项技术的空白；从双轨动车到单轨列车，他用不言弃的创新，研制出国内首列跨座式单轨车用永磁电机，打破了国外技术垄断，实现了我国运载装备动力技术从"落后"到"追赶"再到"领跑"的战略升级。

从技术到管理，他用不止步的奋斗，搭建起上百人的科技创新团队，承担起国家级、省部级及市级多项重点科技研发计划项目，为新能源、轨道交通、特种装备等领域驱动电机设计及智能制造装备技术，建立了"研制一代、应用一代、储备一代、探索一代"的创新能力。

而他本人也被聘为"湖北省科学技术厅科技专家库高端专家""襄阳市首席技术专家"，并以第一完成人荣获2021年"湖北省科学技术进步一等奖"1项。

他，就是襄阳中车电机技术有限公司副总经理、总工程师李伟业。

不服输研发永磁式"动力心脏"

2005年参加高考的李伟业，以优异成绩考入西安理工大学，选报了当时较为热门的计算机系。大一时，大学校长一次"电机发展史"的演讲，让他对机车"动力心脏"——电机学产生了浓厚兴趣。自此，李伟业开始醉心于电机学，并决定从大二转到自动化专业（电机控制）学习。本科毕业后，他又以优异的成绩考入了西安交通大学电气工程（电机）专业并取得了硕士学位。

"同学们都去了福利待遇好的电力系统相关的单位就业，但我不愿稳定，我要做有挑战性的工作！"业内知名的中车株洲电力机车研究所，成了李伟业的首选。当时，我国的轨道交通牵引传动技术水平还处于追赶状态，中车株洲电力机车研究所凭借对行业前瞻性的考虑，立项了"高速动车组永磁同步牵引系统研制项目"，期望抢占永磁牵引技术高地，实现"弯道超越"。

刚步入社会的李伟业，幸运地加入了项目组，从永磁电机部件设计、产品试制到跟踪试验，他都全程参与。永磁电机的总体结构如何设计？电机中的永磁体如何布局？绕组采用何种形式？项目开启之初，一个又一个难题摆在眼前。

"遇到困难，总有办法解决！"不服输的李伟业和项目团队，对设想的问题逐一进行技术攻关，历时两年，终于完成了装车电机的方案定稿。接下来的样机研制，更是至关重要，从理论图纸到现实产品，每一个零部件的加工、生产和装配，都需要跟现场操作者进行详尽的多次沟通，以确保试制过程符合每一项设计要求。

李伟业作为研发代表，连续两个多月坚守在生产一线，他经常凌晨3点才回宿舍休息，早晨8点又赶去现场指导。为充分验证产品的性能和运行的安全，样机出产后，李伟业又泡在环境温度高达45℃的试验现场，从早到晚，连续好几个月不停歇，只为尽可能详细记录下试验过程的每一个细节和数据，留下完整的第一手资料。最终，项目组经过几轮方案迭代，成功攻克了永磁电机绕组高温、失磁、轴承温升超温等系列难题，通过了所有指标的考核试验及30万km整车载客运营考核及评审。

顺利研发出的高铁永磁电机，功率密度达1.1 kW/kg，相比国际行业纪录提升10%；额定效率达97.9%，高于国外标准的97.0%；实现了永磁高速列车350 km/h的世界最高商业运营速度,填补了国内外此项技术的空白,也标志着我国成为全球少数几个掌握高铁永磁牵引电机技术的国家。

高铁永磁电机的成功研发意义非凡,运用在普通列车上,能节能 30%,而运用到 300 ~ 350 km/h 的高速列车上,能节能 10%,对国家实现"双碳"目标起到了重要的推动作用。而更为重要的是,常规普通电机无法驱动 400 km/h 以上高铁,高铁永磁电机对我国着眼建设 400 km/h 以上高铁奠定了极为关键的基础。

不言弃 摘取原创性"科技成果"

2013 年以前,轨道交通跨座式单轨列车动力牵引技术完全由国外垄断。单轨列车所占空间小,如何在有限的区域内,实现牵引电机功率的最大化,是打破国外技术垄断的关键。初生牛犊不怕虎的李伟业毛遂自荐,主动向公司请缨主持该课题的攻关。

永磁牵引电机凭借高效节能的天然优势,正逐步成为新一代轨道交通动力源的发展方向。李伟业以此为基础,对永磁电机的材质选取、磁体布局、线圈绕数、散热指数等数据一一进行调整,力求找到永磁电机体积最小、质量最轻且功率最大的最优状态。

材质的密度、散热的温度,磁体的大小、磁力、布局……每一项数据,只要有轻微变动,都会影响最后的测算结果,每一个理论上合理的方案,采用常规方法都需要项目团队近半个月的计算和验证。面对无数个纷繁的数据和无数次不满意的结果,项目团队陷入了僵局。

遇到任何困难,都不要放弃。李伟业日思夜想,琢磨着如何能够提高验算效率。曾学过计算机的他偶发灵感:开发一个测算软件! 只需调整每个项目的基础数值,测算结果就会自动显示。而一次验算方案,也从过去的半个月缩短到了 2 h。

就这样,经过一年多日夜奋战,项目团队攻克了一个又一个的技术难题。经过几轮方案研讨和优化,项目组终于研制出了国内首列跨座式单轨车用永磁电机,并顺利通过各项考核,打破了多年来国外技术的垄断,也标志着我国成为世界首个掌握跨座式单轨列车永磁牵引电机技术的国家。

2019 年,李伟业又带领研发团队成功研制出全球首款 400 km/h 高速动车组永磁同步牵引电机,实现电机功率密度达 1.33 kW/kg,额定效率超 98%,打破并远超阿尔斯通 AGV 动车组永磁电机保持的 1 kW/kg 的行业纪录,各项技术指标达到国际领先,为我国轨道交通牵引电机技术实现从"跟随"到"领跑"做出了重要贡献。

不止步 打造高效能"创新团队"

中车株洲电力机车研究所的电机研究成果产业化落地,一直由其全资子公司——襄阳中车电机技术有限公司承担。2020 年,为推动科技成果产业化发展,研发成绩突出的李伟业被任命为襄阳中车电机技术有限公司副总经理、总工程师。对于职位的调整,李伟业一开始还有些犹豫。他既舍不得离开极具挑战的研发岗位,也舍不得离开生活了几十年的湖南老家和亲朋好友。"从技术到管理,也是一种传承!"公司领导的一席话,打开了李伟业的心结。

刚到襄阳中车电机技术有限公司时,研发团队成员不足 20 人。在"创新驱动、人才为本"的战略主导下,李伟业将更多的精力转向构建产品核心竞争力、推动电机产业的发展上。他多方觅才,先后邀请材料学、电学、磁学、热学、机械学等多学科的高级工程师、博士人才 100余人,构建起面向轨道交通、新能源汽车、高端运载装备等领域的人才梯队。

同时,在李伟业的推动下,襄阳中车电机技术有限公司积极与清华大学、华中科技大学、武汉理工大学等多所知名高校建立合作关系,以全球化视野布局科技研发和创新工作。公司还通过构建以市场为导向的开放式科技创新管理体系,推动公司在轨道列车永磁电机的市场占有率达90%,在全国十多个城市的轨道列车上批量装车应用,实现了公司产业发展和推动了地区经济发展。

近年来,李伟业带领团队先后承担了多项国家级和省、市级的科研重点研发计划项目,主持和构建了公司完整的电机标准体系和知识产权体系,实现了从方法、技术、零件、部件到整机的完整产业布局。目前,李伟业主持研发的永磁电机产品已批量应用于轨道交通、新能源汽车、航空航天等特种装备领域,有效推动了我国核心装备的战略转型升级。

创新无止境,追求不停步。李伟业将继续在自主创新的道路上奋力前行,致力于服务科技强国、交通强国的国家战略,为我国运载装备动力技术持续突破贡献更多积极力量。

思考问题

1.什么是转差率?如何根据转差率来判断异步电动机的运行状态?

2.异步电动机作发电机和电磁制动运行时,电磁转矩的方向和转子转向是否一致?怎样区分?

3.三相异步电动机在一定负载下运行,当电源电压因故降低时,电动机的转矩、电流、转速将如何变化?

4.如何改变单相异步电动机的转向?试解释说明。

任务二　异步电动机的参数测定

内容提要

异步电动机的定子、转子、气隙通过电磁感应构成闭合磁路。它们之间没有电的直接联系,而是通过电磁感应实现电磁能量、机电能量的转化,这一点和变压器完全相似。异步电动机的定子绕组相当于变压器的一次绕组,转子绕组则相当于变压器的二次绕组,因此对异步电动机的分析,可以仿照分析变压器的方式进行。

任务目标

1.知识目标

(1)掌握异步电动机空载、负载运行时的电磁关系。

(2)掌握异步电动机空载、负载运行时定子、转子的电压方程和等效电路。

2.能力目标

(1)掌握异步电动机空载试验方法及注意事项。

(2)掌握异步电动机短路试验方法及注意事项。

3.素质目标

(1)激发学生主动学习的意愿,培养求知和探索精神,培养理论与实践结合能力。

(2)培养团队意识、合作意识、规范意识,提高规范操作和标准作业的能力,培养精益求精的工匠精神。

任务导入

转子静止时的异步电动机是利用电磁感应原理将能量从定子侧传递到转子侧,从工作原理讲,与变压器的运行状态类似。分析时应先从转子静止时的空载电流、空载磁势入手,进而得出空载时的等效电路。

学习情境1　异步电动机空载运行时的电磁关系

异步电动机的定转子之间没有电的直接联系,它们之间的联系是通过电磁感应关系实现的。这一点和变压器的运行原理相似,所以在进行分析时,可以仿照变压器的方式进行。异步电动机的定子绕组相当于变压器的一次绕组,转子绕组相当于变压器的二次绕组。

当电动机空载,定子三相绕组接对称的三相电源时,在定子绕组中流过的电流称为空载电流,用 $\dot{I}_0$ 表示。空载时的电磁关系可以表示为

$$\text{定子电流}\dot{I}_0 \longrightarrow \dot{F}_0 \longrightarrow B_m \longrightarrow \dot{\Phi}_m \longrightarrow \begin{bmatrix} \dot{E}_1 \\[2mm] \dot{E}_2 \end{bmatrix}$$
$$\longrightarrow \dot{\Phi}_{1\sigma} \longrightarrow \dot{E}_{1\sigma}$$

异步电动机空载运行(即转子绕组开路)时,空载电流 $\dot{I}_0$ 的有功分量用来供给空载损耗,包括空载时的定子铜耗、定子铁耗和机械损耗;空载电流的无功分量用来产生气隙磁场,它是空载电流中的主要部分。由于电机空载,电机轴上没有任何机械负荷,所以电动机的空载转速将非常接近于同步转速,在理想空载(忽略机械损耗)的情况下,可以认为 $n_0 \approx n_s$,即空载转差率 $s=0$。此时的空载磁动势 F_0 与气隙主磁场产生的励磁磁动势 F_m 基本相等:

$$F_0 = \frac{3\sqrt{2}}{\pi} \frac{N_1 k_{N1}}{p} I_0 \tag{2.3}$$

学习情境2　异步电动机空载时的主磁通和漏磁通

1. 空载时的主磁通

励磁磁动势产生的磁通绝大部分同时与定子绕组、转子绕组相交链,这部分基波磁通称为主磁通,用 Φ_m 表示。主磁通是通过气隙并同时与定子绕组、转子绕组相交链的磁通,它经过磁路(称为主磁路)参与机电能量转换,在电机中产生有用的电磁转矩。气隙中的主磁场以同步转速旋转时,主磁通将在定子每相绕组中产生感应电动势,即

$$\dot{E}_1 = - \mathrm{j}4.44 f_1 N_1 k_{N1} \dot{\Phi}_m \tag{2.4}$$

式中,k_{N1} 称为绕组系数,线圈有整距绕组、短距绕组、分布绕组等几种形式,当选用短距绕组和分布绕组时,基波电动势应按比例折算。同时感应电动势 $\dot{E}_1$ 的方向与主磁通 $\dot{\Phi}_m$ 之

间的关系符合右手螺旋定则。

受铁磁材料的饱和影响,主磁路为非线性磁路,在一定范围内,可以用线性磁化曲线来表示。

$$\dot{E}_1 = -\dot{I}_0 Z_m$$

2. 空载时的漏磁通

除主磁通外,还有一小部分磁通仅与定子绕组相交链,称为定子漏磁通。根据经过路径的不同,定子漏磁通又可分为槽漏磁、端部漏磁和谐波漏磁。

定子漏磁通正比于 $\dot{I}_0$,并且同相位,在定子绕组中感应电动势 $\dot{E}_{1\sigma}$ 落后于漏磁通 $90°$,即

$$\dot{E}_{1\sigma} = -j\dot{I}_0 X_{1\sigma} \tag{2.5}$$

学习情境3　异步电动机空载运行时的等效电路

设定子绕组相电压为 $\dot{U}_1$,相电流为 $\dot{I}_0$,主磁通在定子每相绕组中产生的感应电动势为 $\dot{E}_1$,定子漏磁通在每相绕组中产生的感应电动势为 $\dot{E}_{1\sigma}$,定子绕组每相电阻为 R_1,则根据基尔霍夫第二定律,仿照变压器空载运行进行分析,对于定子绕组(一相)可得电压平衡方程

$$\dot{U}_1 = -\dot{E}_1 + \dot{I}_0 R_1 + \dot{I}_0 X_{1\sigma} = -\dot{E}_1 + \dot{I}_0 Z_{1\sigma} \tag{2.6}$$

$$\dot{E}_1 = -\dot{I}_0 Z_m = -\dot{I}_0(R_m + jX_m) \tag{2.7}$$

式(2.7)中,R_m 为励磁电阻,表征铁耗;X_m 为励磁电抗,表征主磁路等效电抗。与变压器的分析一样,励磁电抗与主磁路的磁导成正比,气隙越小,励磁电抗越大,励磁电流也就越小。

异步电动机空载运行时,空载电流 $\dot{I}_0 \leqslant 60\% \dot{I}_N$,且 $X_m \gg R_m$,所以 R_m 对 $\dot{E}_1$ 的影响很小,同时 $\dot{I}_0 Z_{1\sigma}$ 的值很小,所以 $\dot{U}_1 \approx -\dot{E}_1$。异步电动机空载时的等效电路如图2.17所示。

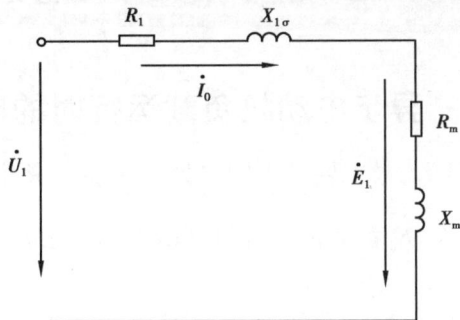

图2.17　异步电动机空载时的等效电路

学习情境4　异步电动机负载运行时的电磁关系

1. 转子磁动势的转向

定子旋转磁动势的转向与定子绕组三相电流相序有关,若定子旋转磁场沿着 A→B→C 相序顺时针方向旋转,因为 $n<n_s$,则转子绕组中感应电动势和电流的相序必然为 a→b→c。

所以,转子电流与定子电流相序一致,转子磁动势 $\dot{F}_2$ 与定子磁动势 $\dot{F}_1$ 同方向旋转。

2. 转子旋转磁动势的转速

当转子旋转时,转子的电动势、电流的频率取决于气隙中旋转磁场和转子的转速。设转子转速为 n,气隙旋转磁场以相对速度 $\Delta n=n_s-n=sn_s$ 切割转子绕组,在转子绕组中感应电动势和电流,其频率为

$$f_2 = \frac{p\Delta n}{60} = sf_1 \tag{2.8}$$

f_2 又称为转差频率;当转子不转时,$n=0$,$s=1$,$f_2=f_1$。

转子绕组的极对数为 p_2,$p_2=p_1$,故转子绕组相对于转子的转速为

$$n_2 = \frac{60f_2}{p_2} = sn_s \tag{2.9}$$

转子本身以转速 n 旋转,故转子磁动势相对于定子的转速为

$$n_2 + n = sn_s + n = n_s \tag{2.10}$$

式(2.10)表明,转子磁动势与定子磁动势在气隙中的转速相同。由此可见,无论异步电动机的转速如何变化,定子磁势 $\dot{F}_1$ 与转子磁势 $\dot{F}_2$ 总是相对静止的。定子磁势和转子磁势相对静止也是一切旋转电机能够正常运行的必要条件,只有这样才能够产生恒定的平均电磁转矩,从而实现机电能量转换。当异步电动机在额定状态运行时,转差率很小,一般为 0.01 ~ 0.04,当 $f_1=50$ Hz 时,$f_2=0.5 \sim 2$ Hz,可见转子铁芯中的主磁通交变的频率很低,转子铁耗很小,可以忽略不计。

学习情境5　异步电动机负载运行时的电动势方程

转子转动后,从电路角度看,最主要的不同之处在于转子频率随转速变化了。它使转子电动势和漏电抗随之变化。令 $\dot{E}_2$ 表示转动后的电动势,$X_{2\sigma}$ 表示转动后的漏电抗,则电动势方程如下。

1. 定子电动势方程

异步电动机负载运行时,定子绕组电动势平衡方程与空载时相同,同时定子电流为 $\dot{I}_1$,即

$$\dot{U}_1 = -\dot{E}_1 + \dot{I}_1 Z_1 \tag{2.11}$$

2. 转子电动势方程

异步电动机负载运行时，气隙主磁场 $\dot{\Phi}_m$ 以同步转速切割定子绕组，同时以 $\Delta n = n_s - n = sn_s$ 的相对速度切割转子绕组，并在转子中产生频率为 f_2 的感应电动势 $\dot{E}_2$，即

$$\dot{E}_2 = -j4.44 f_2 k_{N2} N_2 \dot{\Phi}_m \qquad (2.12)$$

式中，k_{N2} 称为绕组系数，线圈有整距绕组、短距绕组、分布绕组等几种形式，当选用短距绕组和分布绕组时，基波电动势应按比例折算。

同时，转子电流还将产生仅与转子绕组相交链的转子漏磁通 $\dot{\Phi}_{2\sigma}$，并在转子绕组中产生漏电动势 $\dot{E}_{2\sigma}$。与定子侧类似，转子漏电动势可以用转子漏抗压降来表示，即

$$\dot{E}_{2\sigma} = -jI_2 X_{2\sigma} \qquad (2.13)$$

转子绕组回路中，主磁场感应电动势、漏磁场感应电动势、电阻性压降三者相平衡。可得转子回路的电动势平衡方程为

$$\dot{E}_2 + \dot{E}_{2\sigma} - \dot{I}_2 R_{2\sigma} = 0 \qquad (2.14)$$

学习情境6　异步电动机负载运行时转子各物理量与转差率的关系

当异步电动机以转速 n 旋转时，气隙旋转磁场以 $\Delta n = n_s - n = sn_s$ 的相对速度切割转子绕组，转速 n 变化时，转子绕组与气隙磁场的相对速度也随之发生变化，因此感应电动势 E_2、转子频率 f_2、转子电流 I_2、转子电抗 x_2、功率因数 $\cos\varphi_2$ 等都将随着转差率的变化而变化。

1. 转子频率

$$f_2 = \frac{p\Delta n}{60} = sf_1 \qquad (2.15)$$

2. 转子绕组感应电动势

当转子静止时，$n = 0$，$s = 1$，将此时的转子感应电动势大小记为 $\dot{E}_{20}$，则

$$\dot{E}_{20} = -j4.44 f_1 N_2 \dot{\Phi}_m \qquad (2.16)$$

负载情况运行时，有

$$\dot{E}_2 = -j4.44 f_2 k_{N2} N_2 \dot{\Phi}_m = -j4.44 sf_1 k_{N2} N_2 \dot{\Phi}_m = s\dot{E}_{20} \qquad (2.17)$$

3. 转子绕组漏阻抗

当转子静止时，$f_2 = f_1$，转子绕组漏阻抗为 $x_{2\sigma}$，即

$$x_{2\sigma} = 2\pi f_2 L_2 \qquad (2.18)$$

当电机负载情况运行时，有

$$x_2 = 2\pi f_2 L_2 = sx_{2\sigma} \qquad (2.19)$$

4.转子绕组电流 I_2

$$I_2 = \frac{E_2}{\sqrt{R_2^2 + X_2^2}} = \frac{sE_{20}}{\sqrt{R_2^2 + (sX_{20})^2}} = \frac{E_{20}}{\sqrt{\left(\dfrac{R_2}{s}\right)^2 + X_{20}^2}} \tag{2.20}$$

5.转子功率因数

$$\cos \varphi_2 = \frac{R_2}{\sqrt{R_2^2 + X_2^2}} \frac{R_2}{\sqrt{R_2^2 + (sX_{20})^2}} \tag{2.21}$$

以上各式表明,异步电动机转动时,转子各物理量的大小与转差率有关。转子频率 f_2,转子电动抗 x_2,电动势 $\dot{E}_2$ 与转差率成正比。转子电流 I_2 随转差率的增大而增大,转子功率因数随转差率的增大而减小。

6.频率折算及负载时等效电路

异步电动机定子、转子之间无电的联系,转子只是通过其磁动势 $\dot{F}_2$ 对定子起作用。只要保证 $\dot{F}_2$ 不变,就可以用一个静止的转子来代替旋转转子,而定子侧的各物理量不发生任何变化。即

$$\dot{I}_{2s} = \frac{\dot{E}_{2s}}{R_2 + jX_{2\sigma s}} = \frac{s\dot{E}_2}{R_2 + jsX_{2\sigma}} \tag{2.22}$$

将式(2.22)左右同时除以 s,得

$$\dot{I}_2 = \frac{\dot{E}_2}{\dfrac{R_2}{s} + jX_{2\sigma}} = \frac{\dot{E}_2}{R_2 + jX_{2\sigma} + \dfrac{1-s}{s}R_2} \tag{2.23}$$

式(2.22)描述的是转子回路电动势平衡方程,式(2.23)描述的是相应静止的转子回路的电动势平衡方程,$f_2 = f_1$。为了保证不变,应该在转子回路串联一个电阻,进而使得电流保持不变。$\dfrac{1-s}{s}R_2$ 称为附加电阻,其物理意义表示为模拟转轴上总的机械功率,其等效电路图如图 2.18 所示。

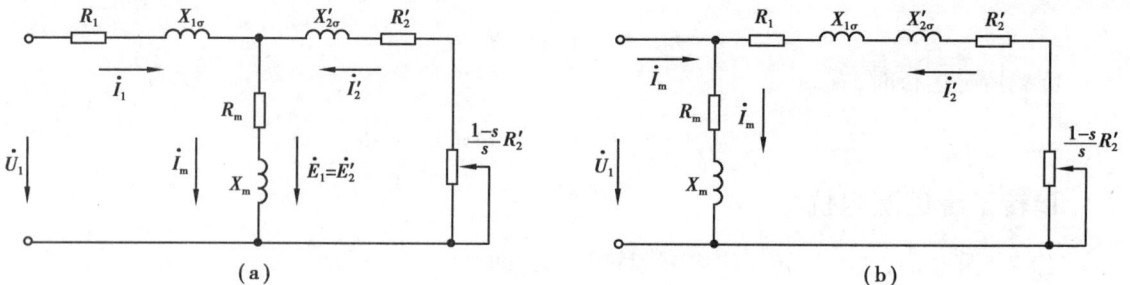

图 2.18　频率折算后的等效电路图

由等效电路可分析以下几种情况:

空载运行时: $n \rightarrow n_1$, $s \rightarrow 0$, $\frac{1-s}{s}R_2 \rightarrow \infty$, $\dot{I}_2' \approx 0$, $\cos \varphi_1$ 很小, P_{mec} 很小。

带额定负载运行时: $s = 0.01 \sim 0.06$, $\frac{1}{s}R_2 \gg X_{2\sigma}$, $\cos \varphi_1$、$\cos \varphi_2$ 较大, 为 $0.8 \sim 0.9$。

转子静止时: $n = 0$, $s = 1$, $\frac{1-s}{s}R_2 = 0$, $P_{mec} = 0$, $\dot{I}_1$、$\dot{I}_2$ 很大。

$\dot{I}_2$ 和 $\cos \varphi_2$ 随 s 变化曲线如图 2.19 所示。

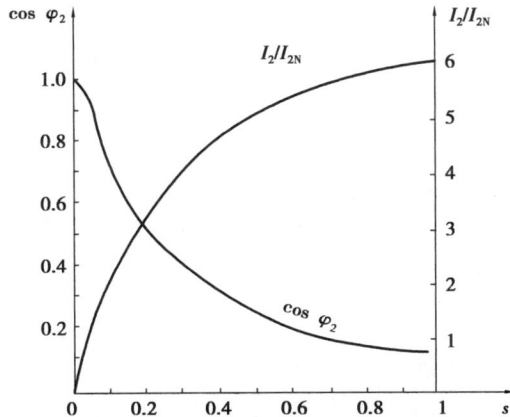

图 2.19　$\dot{I}_2$ 和 $\cos \varphi_2$ 随 s 变化曲线

学习情境 7　异步电动机空载试验

为了利用等效电路去计算异步电动机的运行特性,必须先掌握异步电动机的参数,所以需要进行空载试验和短路试验。

空载试验的目的是测定励磁电阻 R_m、励磁电抗 X_m、铁耗 P_{Fe}、机械损耗 P_{mec}。试验时,电机空载,用三相调压器对电机供电。使定子端电压从 $(1.1 \sim 1.3)U_N$ 开始,然后逐渐缓慢降低电压,使得空载电流逐渐减小,直到电机转速发生明显变化,空载电流明显回升。在这个过程中,记录电动机的端电压 U_1、空载电流 I_0、空载损耗 P_0、转速 n,并绘制空载特性曲线,如图 2.20 所示。

异步电动机空载运行时,转子电流 $\dot{I}_2$ 较小,故转子铜耗可忽略不计。空载损耗 P_0 由定子铜耗 $m_1 I_0^2 R_1$、铁耗 P_{Fe}、机械损耗 P_{mec}、空载附加损耗 P_{ad} 等组成,即

$$P_0 = m_1 I_0^2 R_1 + P_{Fe} + P_{mec} + P_{ad} \tag{2.24}$$

在上述损耗中,机械损耗仅与电机的机械制造工艺水平相关,与电压无关,在电动机转速不大时,可近似认为是常数;铁耗与附加损耗的和可以近似认为与磁通密度的平方成正比,也可近似认为与电压的平方成正比,如图 2.21 所示。

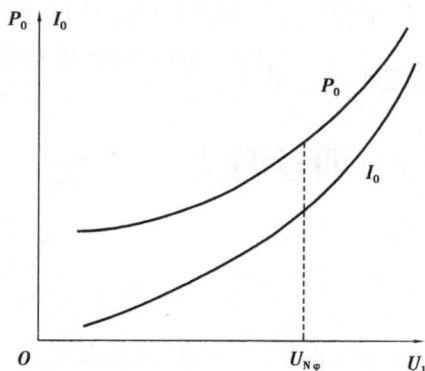

图 2.20　异步电动机空载特性曲线

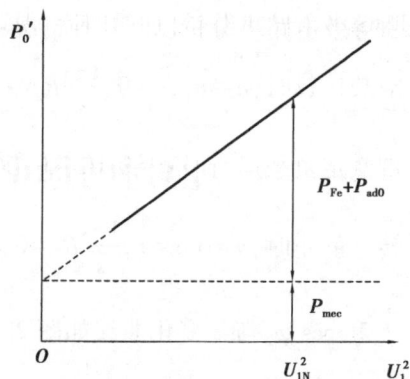

图 2.21　异步电动机机械损耗

空载附加损耗相对较小,可以采用其他试验方法将其与铁耗分离。空载试验时,测得额定相电压和额定相电流,可得

$$Z_0 = \frac{U_{0\varphi}}{I_{0\varphi}} \quad R_0 = \frac{P_0}{m_1 I_{0\varphi}^2} \quad X_0 = \sqrt{Z_0^2 - R_0^2} \tag{2.25}$$

由于电动机空载,转差率 $s \approx 0$,可认为转子回路开路,则

$$X_0 = X_m + X_{1\sigma} \tag{2.26}$$

由于定子漏电抗可由短路试验测得,所以

$$X_m = X_0 - X_{1\sigma} \tag{2.27}$$

$$R_m = \frac{P_{Fe}}{m_1 I_{0\varphi}^2} \tag{2.28}$$

学习情境 8　异步电动机短路试验

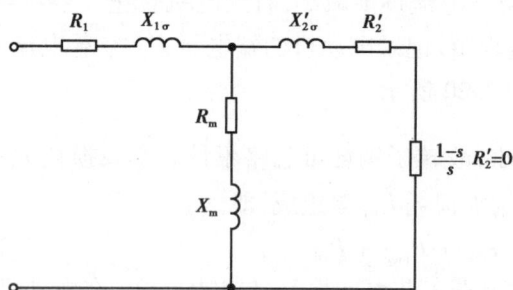

短路试验的目的是测定短路阻抗 Z_k,转子电阻 R_2,以及定子、转子漏抗 $x_{1\sigma}$、$x_{2\sigma}$。试验时,需将转子堵转(堵转试验,如图 2.22 所示),在定子侧施加电压,从 $U_k = 0.4U_{1N}$ 开始,逐渐降低电压,记录定子绕组端电压 U_k、电子电流 I_k、定子端输入功率 P_k,作出异步电动机的短路特性曲线,如图 2.23 所示。

图 2.22　堵转试验电路图

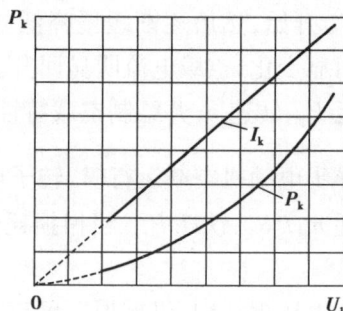

图 2.23　短路特性曲线

根据短路试验数据,可以得出异步电动机短路时的计算式为

$$Z_k = \frac{U_1}{I_k} \quad R_k = \frac{P_k}{3I_k^2} \quad X_k = \sqrt{Z_k^2 - R_k^2} \tag{2.29}$$

与变压器相类似,对于大型异步电动机,转子漏阻抗相对较小,励磁支路忽略不计,

$$R_k = R_1 + R_2'$$
$$X_k = X_{1\sigma} + X_{2\sigma}' \tag{2.30}$$

由于定子漏电抗可由短路试验测得,所以

$$X_m = X_0 - X_{1\sigma} \tag{2.31}$$

$$R_m = \frac{P_{Fe}}{m_1 I_{0\varphi}^2} \tag{2.32}$$

异步电动机在额定工作范围内,定子、转子漏抗基本为常数。但是当转差率较高时,定子和转子电流比额定值大得多,此时,漏磁磁路中将出现磁饱和,从而使得漏磁路磁阻变大,漏抗变小。在进行短路试验时,应测得 $I_L = I_{1N}$、$I_L = (2 \sim 3)I_{1N}$、$U_L = I_{1N}$ 几点数据,然后分别算出不同饱和程度时的漏抗值。

任务实战

异步电动机的参数测定

1. 目的要求

(1)掌握三相异步电动机的空载、堵转和负载试验的方法。

(2)测定三相鼠笼型异步电动机的参数。

2. 设备、工具和材料(表 2.4)

表 2.4　设备、工具和材料表

序号	名称	型号	数量
1	导轨、测速发电机及转速表	DD03	1
2	校正过的直流电机	DJ23	1
3	三相鼠笼型异步电动机	DJ16	1
4	交流电压表	D33	1
5	交流电流表	D32	1
6	单三相智能功率表、功率因数表	D34-3	1
7	直流电压表、毫安表、安培表	D31	1
8	三相可调电阻器	D42	1
9	波形测试及开关板	D51	1

3. 实施步骤

1)空载试验

①按图 2.24 接线。电机绕组为△接法($U_N = 220$ V),直接与测速发电机同轴联接,负载电机 DJ23 不接。

②把交流调压器调至电压最小位置,接通电源,逐渐升高电压,使电机启动旋转,观察电机旋转方向,并使电机旋转方向符合要求(如旋转方向不符合要求需调整相序时,必须切断电源)。

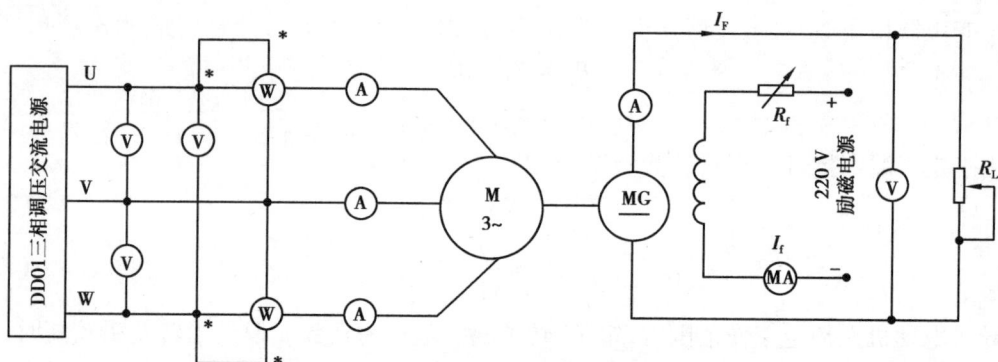

图 2.24　三相鼠笼型异步电动机试验接线图

③保持电动机在额定电压下空载运行数分钟,使机械损耗达到稳定后再进行试验。

④调节电压由 1.2 倍额定电压开始逐渐降低电压,直至电流或功率显著增大为止。在这范围内读取空载电压、空载电流、空载功率。

⑤在测取空载试验数据时,在额定电压附近多测几点,共取数据 7～9 组记录于表 2.5 中。

表 2.5　空载试验记录表

序号	U_{0L}/V				I_{0L}/A				P_0/W			$\cos \varphi_0$
	U_{AB}	U_{BC}	U_{CA}	U_{0L}	I_A	I_B	I_C	I_{0L}	P_I	P	P_0	

2)短路试验

①测量接线图同图 2.24。用制动工具把三相电机堵住。制动工具可用 DD05 上的圆盘固定在电机轴上,螺杆装在圆盘上。

②调压器退至零,合上交流电源,调节调压器使之逐渐升压至短路电流到 1.2 倍额定电流,再逐渐降压至 0.3 倍额定电流为止。

③在这范围内读取短路电压、短路电流、短路功率。

④共取数据 5～6 组记录于表 2.6 中。

表 2.6　短路试验记录表

序号	U_{KL}/V				I_{KL}/A				P_K/W			$\cos\varphi_K$
	U_{AB}	U_{BC}	U_{CA}	U_{KL}	I_A	I_B	I_C	I_{KL}	P_I	P_{II}	P_K	

3) 负载试验

①测量接线图同图 2.24。同轴联接负载电机。图中 R_f 用 D42 上 1 800 Ω 阻值，R_L 用 D42 上 1 800 Ω 阻值加上 900 Ω 并联 900 Ω 共 2 250 Ω 阻值。

②合上交流电源，调节调压器使之逐渐升压至额定电压并保持不变。

③合上校正过的直流电机的励磁电源，调节励磁电流至校正值(50 mA 或 100 mA)并保持不变。

④调节负载电阻 R_L(注:先调节 1 800 Ω 电阻，调至零值后用导线短接再调节 450 Ω 电阻)，使异步电动机的定子电流逐渐上升，直至电流上升到 1.25 倍额定电流。

⑤从这个负载开始，逐渐减小负载直至空载，在这范围内读取异步电动机的定子电流、输入功率、转速，直流电机的负载电流 I_f 等数据。

⑥共取数据 8 ~ 9 组记录于表 2.7 中。

$$U_{1\varphi} = U_{1N} = 220 \text{ V}(\triangle) \qquad I_f = \underline{\qquad} \text{ mA}$$

表 2.7　负载试验记录表

序号	I_{1L}/A				P_1/W			I_f/A	$T_2/(N \cdot m)$	$n/(r \cdot min^{-1})$
	I_A	I_B	I_C	I_{1L}	P_I	P_{II}	P_1			

4）试验报告

由空载试验、短路试验数据求异步电动机的等效电路参数。

（1）由短路试验数据求短路参数。

$$短路阻抗:Z_k = \frac{U_{K\varphi}}{I_{K\varphi}} = \frac{\sqrt{3}\,U_{KL}}{I_{KL}}$$

$$短路电阻:r_k = \frac{P_K}{3I_{K\varphi}^2} = \frac{P_K}{I_{KL}^2}$$

$$短路电抗:X_K = \sqrt{z_K^2 - r_K^2}$$

（2）由空载试验数据求激磁回路参数。

$$空载阻抗:Z_0 = \frac{U_{0\varphi}}{I_{0\varphi}} = \frac{\sqrt{3}\,U_{0L}}{I_{0L}}$$

$$空载电阻:r_0 = \frac{P_0}{3I_{0\varphi}^2} = \frac{P_{K0}}{I_{0L}^2}$$

$$空载电抗:X_0 = \sqrt{Z_0^2 - r_0^2}$$

$$激磁电抗:X_m = X_0 - X_{1\sigma}$$

$$激磁电阻:r_m = \frac{P_{Fe}}{3I_{0\varphi}^2} = \frac{P_{Fe}}{I_{0L}^2}$$

4. 检查与评价（表2.8）

表2.8　检查与评价表

内容	学生自评	小组互评	教师评价	总结与改进
能正确、熟练地完成试验接线				
试验操作顺序正确、流畅				
能正确选用电流表、功率表等仪表且挡位选择正确				
仪表读数正确、误差小				
掌握三相异步电动机的空载、堵转和负载试验的方法				
正确测定三相鼠笼型异步电动机的参数				

知识拓展

技术创新、国际领先

近年来,支持烘干、杀菌功能的设备受到了越来越多消费者的喜爱。当今人们对洗衣机的需求,也已经从"洗得干净"升级为"全面洗护"。2022年1月10日,欧睿国际发布的2021年全球洗衣机零售数据显示,海尔再次拿下全球洗衣机销量第一的好成绩。这已经是海尔洗衣机第13年蝉联全球第一了,它是如何做到的呢?

从海尔的成长历程及海尔战略制定实施过程中我们或许可以找到答案。面对家电市场竞争的白热化,海尔确立了超前的企业发展战略及以创新为核心的海尔企业文化。早在从1984年开始的海尔名牌战略阶段,海尔就按照国际化品牌的质量与标准来生产、制造、营销产品,并较早进行国际化经营,同时启动"创造资源、美誉全球"的企业精神和"人单合一、速决速胜"的工作作风。在技术储备方面,海尔要明显强于其他洗衣机竞争对手,为创出中国人自己的世界名牌而持续创新! 2021年9月,海尔集团入选"2021中国企业500强"榜单,发明专利数量稳居洗衣机技术发明专利第一位。在持续创新的过程中,海尔不仅赢得了全球消费者的认可,更承担了引领行业发展、推动用户向更好生活方式转变的使命,成为中国高端品质洗护品牌的一面旗帜。

海尔的经验告诉我们,超前的国际化战略发展定位和打造以创新为核心的企业竞争力、发展过程中保持坚韧不拔的奋斗精神,才能保证企业在强者如林的世界中占有一席之地并成为翘楚。同学们在学习过程中也要提前做好职业规划,向着目标持续奋斗,提升专业水平与创新能力,才能在以后的职业岗位中做到游刃有余,成为同行中的佼佼者。同时,大学生具有体能、技能和智能优势,也应学习海尔的企业精神和工作作风,做到敢于担当、勇于奋斗,努力做新时代具有责任意识和创新精神的建设者。

思考问题..............

1. 异步电动机的损耗有哪些? 请解释说明。
2. 为什么说堵转试验就是短路试验?
3. 在进行异步电动机的分析时,为什么要进行绕组折算?
4. 试说明旋转磁场对转子绕组的作用。

任务三 三相异步电动机的运行特性和工作特性

内容提要

在额定电压和额定频率下,三相异步电动机有几个重要参数,包含电磁转矩与转差率关系的转矩-转差率特性、最大转矩和过载能力、启动电流和启动转矩等,上述参数是衡量电动机运行性能的主要指标。

任务目标

1. 知识目标
(1)掌握三相异步电动机各功率和转矩的平衡关系。
(2)掌握三相异步电动机最大电磁转矩的影响因素。
(3)掌握启动电流和启动转矩对三相异步电动机运行性能的影响。
2. 能力目标
(1)掌握三相异步电动机工作特性的性能指标。
(2)掌握转子电流、电压和电阻对三相异步电动机机械特性的影响。

（3）能正确使用测功机等设备对三相异步电动机的效率、输出功率、功率因数等进行测量。

3. 素质目标

（1）激发学生主动学习的意愿，培养求知和探索精神，培养学习能力。

（2）培养团队意识、合作意识、规范意识，提高规范操作和标准作业的能力。

任务导入

转矩-转差率特性、最大转矩和过载能力、启动电流和启动转矩等是三相异步电动机的主要性能指标，通过对上述指标的研究，我们可以判断电动机的运行状态等，为三相异步电动机的可靠运行提供必要依据。

学习情境 1 　三相异步电动机的功率和转矩平衡

当采用 T 形等效电路进行等效时，其功率如图 2.25 所示。

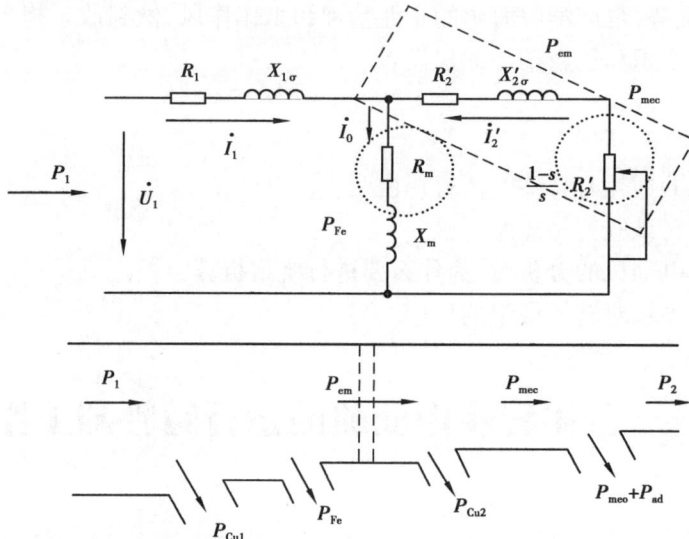

异步电动机的功率和转矩平衡

图 2.25　异步电动机功率流程图

异步电动机从电源输入的电功率：$P_1 = m_1 U_1 I_1 \cos \varphi_1$。

消耗于定子绕组的电阻而变成铜耗：$P_{Cu1} = m_1 I_1^2 R_1$。

消耗于定子铁芯变为铁耗：$P_{Fe} = m_1 I_0^2 R_m$。

借助于气隙旋转磁场的作用，从定子通过气隙传送到转子，这部分功率称为电磁功率：

$$P_{em} = P_1 - P_{Cu1} - P_{Fe} = m_1 I_2'^2 \frac{R_2'}{s} = m_1 E_2' I_2' \cos \varphi_2'。$$

消耗于转子的铜耗为：$P_{Cu2} = m_2 I_2'^2 R_2' = s P_{em}$。正常运行时，转差率很小，转子中磁通的变化频率很低，通常仅为 1～3 Hz，所以转子铁耗一般可略去不计。

因此，从传送到转子的电磁功率中扣除转子铜耗后，可得转换为机械能的总机械功率

$$P_{mec} = P_{em} - P_{Cu2} = m_1 I_2'^2 \frac{1-s}{s} R_2' - (1-s) P_{em}$$

从总机械功率 P_{mec} 中再扣除转子的机械损耗 P_{mec} 和附加损耗 P_{ad}，可得转子轴上输出的机械

功率 P_2，即

$$P_2 = P_{mec} - P_{mec} - P_{ad}$$

由此可以得到关于电磁转矩、输出转矩和空载转矩之间的关系：

$$\frac{P_{mec}}{\Omega} = \frac{P_2}{\Omega} + \frac{P_{mec} + P_{ad}}{\Omega} = \frac{P_{em}}{\Omega_1}$$

即

$$T_{em} = T_2 + T_0$$

其中，Ω 为机械角速度且 $\Omega = \frac{2\pi n}{60} = \frac{2\pi(1-s)n_1}{60}(1-s)\Omega_1$

T_{em}——电磁转矩（驱动性质）；

T_2——输出转矩（制动性质）；

T_0——空载转矩（制动性质）。

学习情境 2　最大电磁转矩和过载能力

异步电动机的电磁转矩与主磁通、转子有功电流的关系为

$$T_{em} = \frac{4.44pm_1f_1N_1k_{N1}}{2\pi f_1}\Phi_m I_2' \cos \varphi_2' = C_M \Phi_m I_2 \cos \varphi_2 \tag{2.33}$$

结合等效电路，可得其表达式为

$$T_{em} = \frac{pm_1}{2\pi f_1} \frac{U_1^2 \dfrac{R_2'}{s}}{\left(R_1 + \dfrac{R_2'}{s}\right)^2 + (X_{1\sigma} + X_{2\sigma}')^2} \tag{2.34}$$

对式（3.29）进行求导，同时考虑电机参数影响的大小，即可得最大转矩（电磁转矩的最大值）和临界转差率 s_m（电磁转矩最大时所对应的转差率）的简化公式。

$$T_{max} = \pm\frac{m_1 p U_1^2}{4\pi f_1(X_{1\sigma} + X_{2\sigma}')} \tag{2.35}$$

$$s_m = \pm\frac{R_2'}{X_{1\sigma} + X_{2\sigma}'} \tag{2.36}$$

通常情况下，当负载转矩超过最大转矩，电动机就会停转，所以最大转矩是衡量电动机极限负载能力的重要指标；为此定义电动机的过载能力 k_T，其值为最大电磁转矩与额定转矩之比。

$$k_T = \frac{T_{max}}{T_N} \tag{2.37}$$

对于一般异步电动机，k_T 值为 1.6～2.5。由式（2.35）、式（2.36）可得，当其他参数一定时：

①最大电磁转矩与电源电压平方成正比；临界转差率与电源电压无关。

②最大电磁转矩与转子电阻无关，转子回路电阻越大，临界转差率越大。

③频率越高，最大电磁转矩和临界转差率越小；漏抗越大，最大电磁转矩和临界转差率越小。

学习情境3　启动电流和启动转矩

异步电动机启动时的定子电流和电磁转矩称为启动电流 I_{st} 和启动转矩 T_{st}，也是异步电动机的重要性能指标。

$$I_{st} = \frac{U_1}{\sqrt{(R_1 + R_2')^2 + (X_{1\sigma} + X_{2\sigma}')^2}}$$ (2.38)

$$T_{st} = \frac{pm_1}{2\pi f_1} \frac{U_1^2 R_2'}{(R_1 + R_2')^2 + (X_{1\sigma} + X_{2\sigma}')^2}$$ (2.39)

通过改变或调节转子电阻值的方法可以改善其运行性能。由启动转矩表达式可知,当其他参数一定时:

①启动转矩与电源电压平方成正比。

②频率越高,启动转矩越小;漏抗越大,启动转矩越小。

③绕线型电动机,转子回路电阻越大,启动转矩先增后减。

启动转矩倍数 $k_{st} = \dfrac{T_{st}}{T_N}$ 也是异步电动机的重要性能指标,它反映了电动机启动能力的大小。国家标准规定:普通异步电动机的 $k_{st} = 0.9 \sim 1.3$;对起重、冶金等特殊用途的电动机,则要求 $k_{st} = 2.8 \sim 4.0$。

学习情境4　三相异步电动机的机械特性

三相异步电动机的机械特性是指定子电压、频率及绕组参数都一定时,转速与电磁转矩之间的关系式,即 $n = f(T_{em})$。由于转差率与转速之间存在线性关系,故也可以用 $s = f(T_{em})$ 表示三相异步电动机的机械特性。

1. 机械特性的物理表达形式

$$T_{em} = \frac{P_{mec}}{\Omega} = \frac{(1-s)P_{em}}{\frac{2\pi n}{60}} = \frac{(1-s)P_{em}}{\frac{2\pi n_1}{60}(1-s)} = \frac{P_{em}}{\Omega_1} \frac{P_{em}}{\frac{2\pi f_1}{p}}$$

同时折算后的电磁功率和感应电动势可分别表示为:

$$P_{em} = m_1 E_2' I_2' \cos \varphi_2'$$

$$E_2' = 4.44 f_1 N_1 k_{N1} \Phi_m$$

所以

$$T_{em} = \frac{4.44 pm_1 f_1 N_1 k_{N1}}{2\pi f_1} \Phi_m I_2' \cos \varphi_2' = C_M \Phi_m I_2 \cos \varphi_2$$

上式反映了三相异步电动机的电磁转矩与主磁通和转子电流有功分量的乘积成正比的物理本质。

2. 机械特性的参数表达形式

三相异步电动机的简化等效电路如图 2.26 所示。

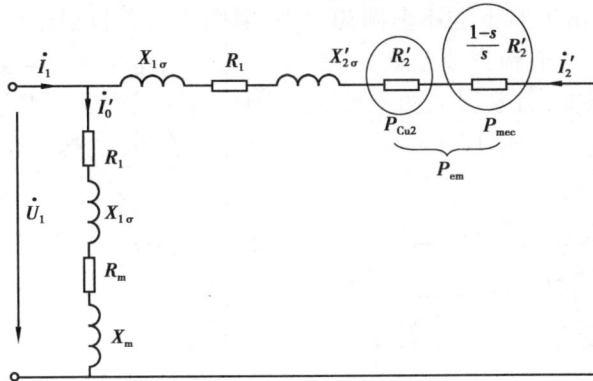

图 2.26　三相异步电动机的简化等效电路

由图 2.26 可得：

$$I_2' = \frac{U_1}{\sqrt{\left(R_1 + \dfrac{R_2'}{s}\right)^2 + (X_{1\sigma} + X_{2\sigma})^2}}$$

三相异步电动机的电磁转矩参数表达式描述了电磁转矩与参数的关系，具体如下：

$$T_{em} = \frac{pm_1}{2\pi f_1} \cdot \frac{U_1^2 \dfrac{R_2'}{s}}{\left(R_1 + \dfrac{R_2'}{s}\right)^2 + (X_{1\sigma} + X_{2\sigma}')^2} \tag{2.40}$$

当三相异步电动机 U_1、f_1、电机的参数及极对数 p 不变时，电磁转矩 T_{em} 仅与转差率 s（或转速 n）有关。

当 $s<0$ 时，电机处于发电机运行状态，转子正转，电磁转矩的性质为制动性质；

当 $0<s<1$ 时，电机处于电动机运行状态，转子转速在 $0 \sim n_s$ 变化，电磁转矩的性质为驱动性质；

当 $s>1$ 时，电机处于电磁制动运行状态，转子反转，电磁转矩的性质为制动性质。

3. 三相异步电动机的机械特性与电压的关系

三相异步电动机的机械特性与电压的关系如图 2.27 所示。

由图 2.27 可知：①最大电磁转矩 T_{max} 与启动转矩 T_{st} 均受电压影响，当电压升高时，电磁转矩与启动转矩均增大，与前述结论一致。

②如果输出转矩 T_2 不变，降低电源电压 U_1，则转速 n 降低，转差率 s 上升，进而导致转子电流 I_2 上升，转子铜耗 P_{Cu2} 增加。在实际运行过程中会体现为转子绕组温度升高，严重者会出现绕组绝缘烧坏的情况。

4. 三相异步电动机机械特性与电阻的关系

三相异步电动机的机械特性与电阻的关系如图 2.28 所示。

结论：①最大电磁转矩 T_{max} 与转子电阻 R_2' 无关。

②临界转差率正比于转子电阻 R_2'。

③启动转矩 T_{st} 受转子电阻 R_2' 影响，转子电阻增加，启动转矩增加。

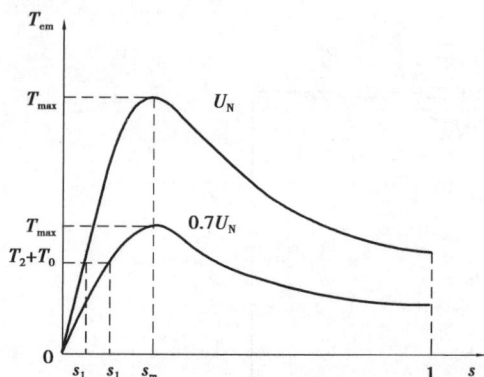

图 2.27　三相异步电动机的机械特性与电压的关系

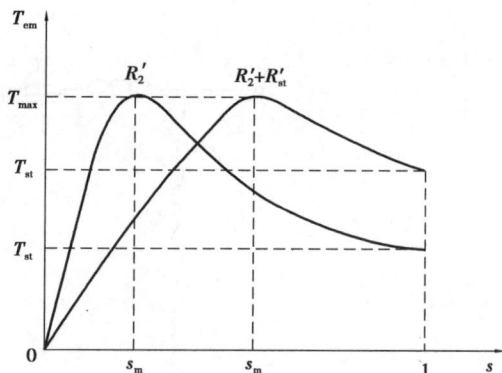

图 2.28　三相异步电动机的机械特性与电阻的关系

5. 三相异步电动机的转矩转速特性

三相异步电动机的转矩和转速的关系如图 2.29 所示。电动机的电磁转矩可以随负载的变化而自动调整，这种能力称为自适应负载能力。自适应负载能力是电动机区别于其他动力机械的重要特点。（例如，柴油机当负载增加时，必须由操作者加大油门，才能带动新的负载。）

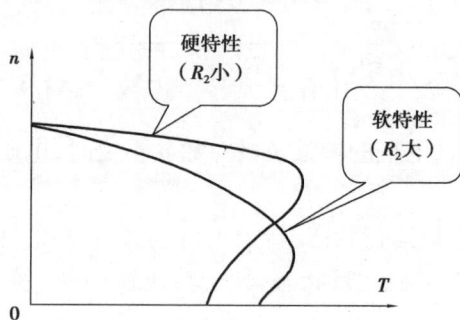

图 2.29　三相异步电动机的转矩和转速的关系

硬特性：负载变化时，转速变化不大，运行特性好。

软特性：负载增加转速下降较快，但启动转矩大，启动特性好。

不同场合应选用不同的电机。如金属切削，选硬特性电机；重载启动则选软特性电机。

学习情境 5　三相异步电动机的工作特性

除过载能力、启动转矩和启动电流等几个性能指标外，异步电动机的转差率特性、效率 η、输出转矩 T_2、定子电流 I_1 及定子功率因数 $\cos \varphi_1$ 等也是在运行过程中需要重点关注的几个性能指标。其相互关系如图 2.30 所示。

异步电动机的
工作特性

1. 转差率特性

当三相异步电动机空载运行时，$s \approx 0$，$n \approx n_1$，此时随着负载 P_2 增大，转差率 s 也随之增大，转速 n 下降。P_2 增加，负载转矩 T_2 增大，由 $T_{em} = f(s)$ 曲线可知，T_2 增加会使电动机转差率 s 增大，转速 n 下降。

2. 效率特性

三相异步电动机的损耗主要分为不变损耗(包含铁损耗和机械损耗)和可变损耗(包含定子铜耗、转子铜耗、附加损耗)。在端电压不变时,铁芯内磁通基本保持不变,所以铁耗基本不变;同时因为转速变化较小,所以认为机械损耗基本不变。可变损耗与定子电流和转子电流的平方成正比。当 P_2 从 0 开始增加时,总损耗中不变损耗占主要,增加缓慢,效率 η 上升很快。当可变损耗和不变损耗相等时,效率 η 达到最大值。当 P_2 继续增加时,可变损耗中的定子铜耗和转子铜耗增加较快,效率 η 下降。对于中小型异步电动机,效率在 $0.7 \sim 1.0 P_N$ 时,电机达到最高效率。

3. 功率因数特性

三相异步电动机空载运行时,定子电流基本上是励磁电流 I_0,功率因数很低,通常在 0.2 以下。随着负载 P_2 增加,定子电流的有功分量增加,且在额定负载附近 $\cos \varphi_1$ 达到最大值。当负载 P_2 继续增加时,转差率增大,转子回路阻抗角增大,转子侧功率因数 $\cos \varphi_2$ 下降,从而使得 $\cos \varphi_1$ 下降。

4. 转矩特性

由三相异步电动机的输出转矩 $T_2 = \dfrac{P_2}{\Omega}$ 可知:空载时,$P_2 = 0$,$T_2 = 0$;随着输出功率 P_2 的增大,在额定负载范围内,n 变化很小,随着输出功率的增大,$T_2 = f(P_2)$ 近似为一条稍微上翘的直线。

5. 定子电流特性

用磁势平衡方程式 $\dot{I}_1 + \dot{I}_2' = \dot{I}_0$ 可以说明定子电流变化的规律:空载时转子电流 $\dot{I}_2' \approx 0$,此时 $\dot{I}_1 \approx \dot{I}_0$,随着负载的增大,转子转速下降,转子电流增大,为了补偿转子电流的去磁作用,定子电流也相应增大,故定子电流几乎随负载 P_2 成正比增加。随着输出功率的增大,定子电流将增大,即 $I_1 = f(P_2)$ 是一条上升并上翘的曲线。

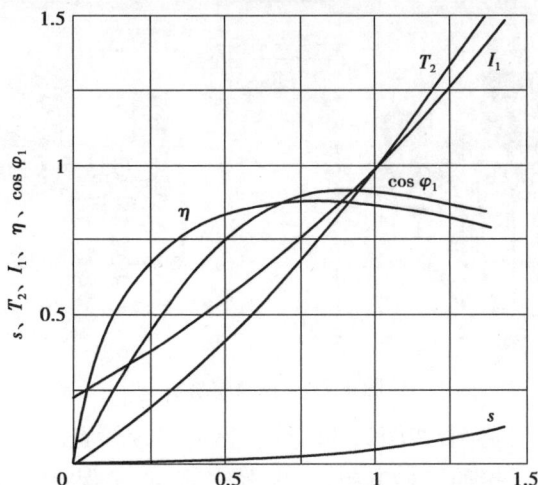

图 2.30　三相异步电动机工作特性曲线

📁 任务实战

测定三相异步电动机工作特性

1. 目的要求

（1）熟悉并掌握测功机的原理和使用方法。

（2）掌握负载法测取三相异步电动机工作特性的方法。

2. 设备、工具和材料

（1）三相异步电动机 1 台。

（2）功率表 2 台。

（3）调压表 1 只。

（4）电流表 2 只。

（5）电压表 1 只。

（6）涡流测功机 1 台。

（7）电动工具 1 套。

3. 实施步骤

三相异步电动机的工作特性是指在额定电压和额定频率下，电动机的转速、电磁转矩、定子电流、效率和功率因数与输出功率之间的关系曲线。工作特性可以由电动机负载试验测得。

涡流测功机主要用于测量电动机的功率，是利用涡流产生制动转矩来测量机械转矩的装置，其由电磁滑差离合器、测力计等组成，如图 2.31 所示。被测动力机械与电磁滑差离合器的输入轴连接，带动电枢旋转，磁极则被安装在其上的测力臂掣住，只能在一定范围内摆动一个角度，配合测力计就可以由此摆动角度读取出电枢与磁极间作用的电磁转矩。忽略风扇与空气的摩擦等附加损耗时，电磁转矩就等于被测动力机械的输出转矩。

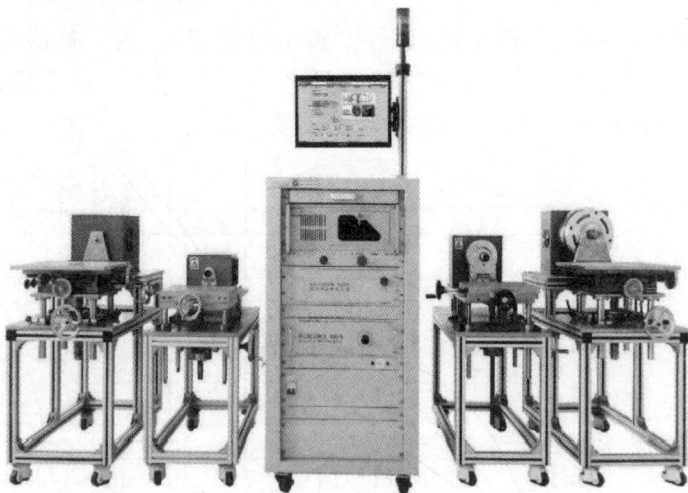

图 2.31　涡流测功机

（1）设计并画出实验线路图，按图 2.32 接线，然后仔细检查。

（2）自耦调压器调零后接通三相电源（合电源之前，必须保证调压器手柄处于零位，变阻器 R 处于最大位置），逐步增加电压，启动电动机，且保持端电压 380 V 不变。

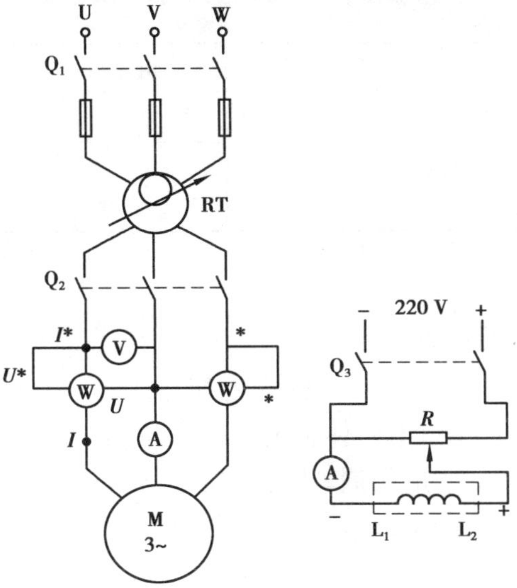

图 2.32　三相异步电动机负载试验接线

（3）电磁电阻 R，使涡流测功机电流为 0，合上负载开关 Q_3，逐渐增加负载，使得 $I_1 = I_N$，读取三相电流功率转速和转矩逐渐减小负载直至空载测取 7～9 点的数据并记入表 2.9 中。

表 2.9　试验记录表

序号	试验值				计算值		
	I_1	P_1	T_2	n	P_2	η	$\cos \varphi_1$
1							
2							
3							
4							
5							
6							
7							

（表中 $U=380$ V）

（4）拉断开关 Q_1，使电动机切断电源开始停转，然后再拉断开关 Q_3（试验完毕时，变阻器的位置未处于最大值时，应按照先拉断 Q_2，再拉断 Q_3 的顺序进行，其操作时间间隔 3～5 s，以保证设备和试验安全）。

4. 检查与评价（表 2.10）

表 2.10　检查与评价表

内容	学生自评	小组互评	教师评价	总结与改进
能正确、熟练地完成试验接线				
试验操作顺序正确、流畅				
能正确选用电流表、功率表等仪表且挡位选择正确				

续表

内容	学生自评	小组互评	教师评价	总结与改进
仪表读数正确、误差小				
能根据读取的数据正确计算电动机输出功率、效率和功率因数				

知识拓展

步进电机

步进电机作为执行元件,是机电一体化的关键产品之一,广泛应用在各种自动化控制系统中。随着微电子和计算机技术的发展,步进电机的需求量与日俱增,在各个国民经济领域都有应用。本文将从步进电机的定义、结构、原理、类型、特点、控制方法、应用等几个方面带大家认识步进电机。

步进电机是将电脉冲信号转变为角位移或线位移的开环控制电机,又称为脉冲电机。在非超载的情况下,电机的转速、停止的位置只取决于脉冲信号的频率和脉冲数,而不受负载变化的影响。当步进驱动器接收到一个脉冲信号时,它就可以驱动步进电机按设定的方向转动一个固定的角度,称为"步距角"。

在不借助带位置感应的闭环反馈控制系统的情况下,使用步进电机与其配套的驱动器共同组成的控制简便、低成本的开环控制系统,就可以实现精确的位置和速度控制。

步进电机的旋转是以固定的角度一步一步运行的,可以通过控制脉冲个数来控制角位移量,从而达到准确定位的目的,同时可以通过控制脉冲频率,来控制电机转动的速度和加速度,从而达到调速的目的。步进电机多用于数字式计算机的外部设备,以及打印机、绘图机和磁盘等装置。

步进电机一般由前后端盖、轴承、中心轴、转子铁芯、定子铁芯、定子组件、波纹垫圈、螺钉等部分构成,如图2.33所示,步进电机也叫步进器,它利用电磁学原理,将电能转换为机械能,是由缠绕在电机定子齿槽上的线圈驱动的。通常情况下,一根绕成圈状的金属丝叫做螺线管,而在电机中,绕在定子齿槽上的金属丝则叫做绕组、线圈或相。

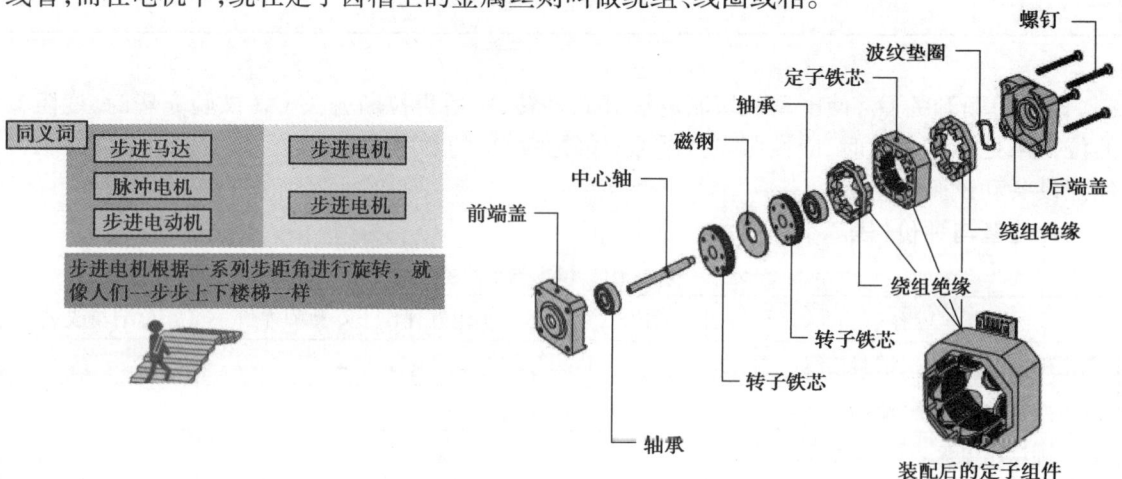

图2.33　步进电机结构

与所有电机一样,步进电机也包括固定部分(定子)和活动部分(转子)。定子上有缠绕了线圈的齿轮状凸起,而转子为永磁体或可变磁阻铁芯。如图2.33中显示的电机截面图,其转子为可变磁阻铁芯。

当给一个或多个定子相位通电,线圈中通过的电流会产生磁场,而转子会与该磁场对齐;依次给不同的相位施加电压,转子将旋转特定的角度并最终到达需要的位置。

总之,步进电机是一种特殊的同步电动机,它通过给驱动线圈通以脉冲电流,使转子按照一定的步长角度移动。步进电机的转子由残余极对组成,每个极对的极角称为步角。输入一个脉冲信号,转子就转动一个步角;输入多个脉冲信号,转子按脉冲数旋转一个固定的角度。

步进电机的总极数越大,加工精度的要求就会越高。通常工业用混合型步进电机的步距角是1.8°,就是200极。步进电机的相电流及磁场遵循安培右手螺旋定则,由电能产生磁场能量,控制电机相电流,就能使电机定子的磁极方向发生反转,二相磁场的变化相配合,进而产生电机的旋转。

如果电流方向发生变化,磁极的方向也会发生变化,步进电机的电流流过定子产生磁场的过程叫做励磁。其励磁变化关系如图2.34所示。

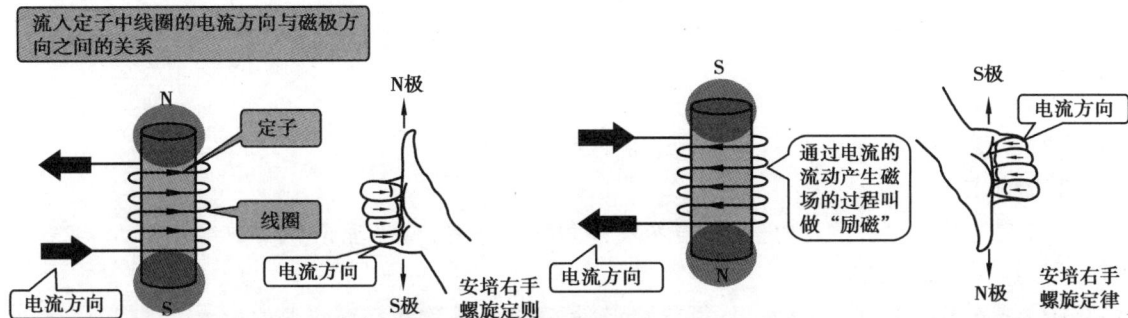

图2.34 步进电机磁场变化关系

步进电机内部材料不是完全统一的,它也包含多种型号,按定子相数进行分类有单相、二相、三相、四相、五相等。

按照转子结构进行分类包括反应式步进电机(VR)、永磁式步进电机(PM)、混合式步进电机(HB)。

步进电机是一种重要的电动机类型,在现代工业和科技领域具有广泛的应用前景。步进电机的永磁铁通常由多极永磁体组成,磁场的密度比较大。高性能的磁铁材料可以提供更强的磁场驱动力,使步进电机的转速更快,机身更稳定。但磁场驱动力到了一定值后,其多出的磁场对步进电机的影响会越来越小,因此选择一个合适磁力的磁铁,能尽可能地提高步进电机的效率,并减少浪费。

思考问题

1. 试简述临界转差率与哪些因素有关。

2. 试简述最大转矩与哪些因素有关。从转子侧看,电磁转矩与电机内部的哪些参数有关? 当电机定子绕组外施加电压和转差率不变时,电磁转矩是否改变?

3. 试简述启动转矩与哪些因素有关。当转子电阻增加或电抗增加时,启动转矩如何变化?

4. 试分别阐述当转子电阻增加、漏抗电阻增大、电源频率增加时，绕线型异步电动机的最大转矩和动转矩如何变化。

任务四　三相异步电动机的启动

内容提要

在三相异步电动机接通电源后，从静止状态到稳定状态的过程称为启动过程。此时流过的电流称为启动电流。在电动机的启动过程中需充分考量自身启动和对电网其他设备的影响，通常对启动电流和启动转矩等因素进行分析。

任务目标

1. 知识目标

掌握三相异步电动机的几种启动方式及其适用范围。

2. 能力目标

(1) 掌握异步电动机的几种降压启动的方式。

(2) 掌握不同启动方式下，异步电动机性能的比较。

3. 素质目标

(1) 激发学生主动学习的意愿，培养求知和探索精神，培养理论和实践结合能力，培养分析问题、解决问题的能力。

(2) 培养团队意识、合作意识、规范意识，提高规范操作和标准作业的能力。

任务导入

对三相异步电动机的启动性能主要有以下要求：①启动转矩足够大，以便缩短启动时间、加快启动进程；②启动电流小，尽可能减小线路和电机内部的损耗和发热情况，减小对其他设备正常工作的影响；③启动设备简单、可靠、工作和维护方便。

学习情境 1　三相异步电动机的直接启动

启动是指电动机在接通电源后从静止状态到稳定运行状态的过渡过程。启动瞬间由于转子尚未加速，此时 $n=0,s=1$。旋转磁场以最大的相对速度切割转子导体，此时转子感应电动势的电流最大，致使电子测其中电流 i_e 也很大，尽管启动电流很大，但此时的功率因数很低，所以启动转矩也较小。三相异步电动机的主要驱动问题是启动电流大而启动转矩并不大。

同时过大的启动电流会引起电网电压明显降低，同时影响同一电网的其他用户或用电设备的正常用电。严重时电动机本身也启动不起来，而且如果频繁启动不仅会使电动机热量累积、温度升高，还会产生较大的电磁冲击影响电动机的使用寿命。

所以三相异步电动机启动时，电源侧对于电动机的要求和负载侧对于电动机的要求是相互矛盾的。为减少对电网的冲击，要求三相异步电动机的启动电流尽可能小，但是太小的启动电流无法产生足够大的启动转矩,无法启动负载;而负载要求启动转矩尽可能大些,以缩短启动时间,但是大的启动转矩伴随着大的启动电流,是电网保证运行稳定所必须考量的因素。

直接启动也称全压启动,启动时($n=0$,$s=1$),将定子绕组直接接到额定电压,启动电流即为堵转电流,约为$5\sim 7I_N$,启动转矩为$1\sim 2T_{stN}$。随着转速上升,转差率减小,定子电流降低,待转速达到额定转速,定子电流即为正常工作电流,如图2.35所示。

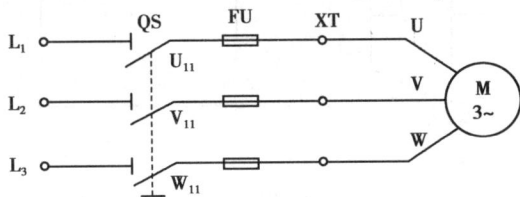

图2.35　直接启动原理图

直接启动适用于小容量电动机带轻载情况。采用此种启动方式时的优点是操作方便、设备简单、启动转矩大;缺点是启动电流较大,需考虑电动机本身容量、电网容量、负载性质、供电线路距离等因素。一般要求对于频繁启动的电动机,引起母线压降不得大于10%。

能否采用直接启动要考虑的因素:电动机容量与供电变压器的比值;启动是否频繁;供电线路距离;同一台变压器其他用户的要求。

一般要求采用直接启动的电动机容量不超过供电变压器容量的20%,这样,启动电流引起的电网压降不超过电网额定电压的10%。当启动电流不符合要求时,就必须采用降压启动。在发电厂中,由于供电变压器的容量足够大,所以三相异步电动机大都采用直接启动。

学习情境2　三相异步电动机的降压启动

降压启动适用于容量大于或等于20 kW并带轻载的工况。由于轻载,电动机启动时电磁转矩很容易满足负载要求,但启动时对电网的冲击电流较大,因此必须降低启动电流。电动机的启动电流与端电压成正比,而启动转矩与电动机端电压的平方成正比,这就是说启动转矩比启动电流降得更快。因此,降压之后在启动电流满足要求的情况下,还要校核启动转矩是否满足要求。

当电网容量、启动电流和启动转矩不满足直接启动要求时,需要采用降压启动方式。常用的启动方法有定子回路串电抗降压启动、Y-△降压启动、自耦变压器降压启动。

1.定子回路串电抗降压启动

在定子绕组中串联电抗或电阻都能降低启动电流,但串联电阻启动能耗较大,只用于小容量电机中。一般都采用定子串电抗降压启动,如图2.36所示为定子串电抗X_0降压启动的等效电路,启动时K_1合上,K_2断开,电抗器串入回路中,起到分压作用。当启动结束时,K_2合上,使电动机在全压下运行。

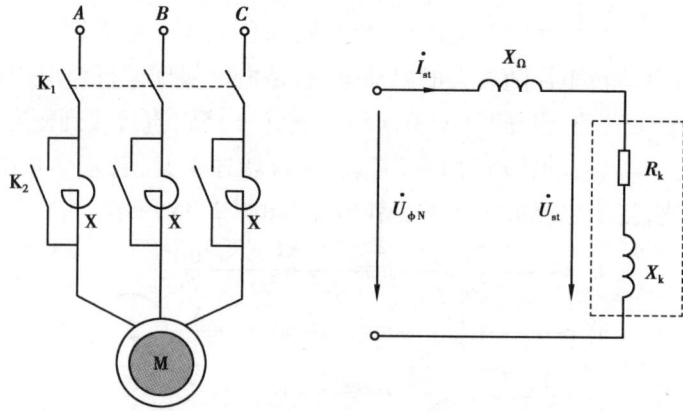

图 2.36　异步电动机串电抗启动电路

设定子串电抗后电机绕组上的电压减为直接启动时的 $1/a$ 倍,则

$$U_{st} = \frac{1}{a} U_N$$

$$I_{st} = \frac{1}{a} I_N$$

$$T_{st} = \frac{1}{a^2} T_N$$

由此可见,启动电流虽然减小了,但启动转矩下降更多,所以这种启动方法仅适用于轻载或空载启动。

2. Y-△ 降压启动

该方法适用于正常运行情况下为 △ 形连接的电动机。开始启动时,S_1 在启动位置,这时定子绕组为 Y 形接法,相电压为线电压的 $\frac{1}{\sqrt{3}}$,待转子转速接近额定转速时,转换开关至运行位,此时定子绕组为 △ 形接法,相电压等于线电压,从而达到降压启动的目的,如图 2.37 所示。

Y 形启动时,相电压为线电压的 $\frac{1}{\sqrt{3}}$,所以

$$I_{st(Y)} = \frac{U_{1N}}{\sqrt{3} Z_K}。$$

△ 形启动时,线电流为相电流的 $\sqrt{3}$ 倍,所以 $I_{st(\triangle)} = \sqrt{3} \frac{U_{1N}}{Z_K}$。

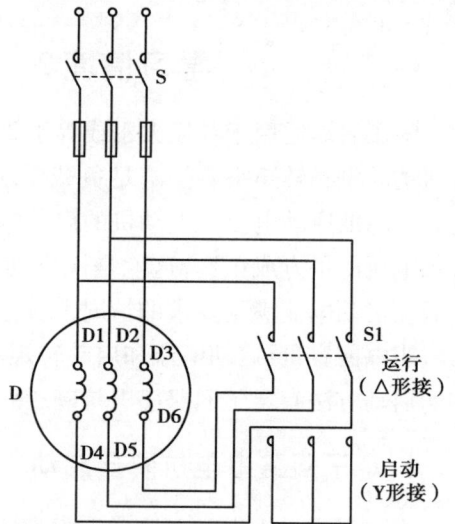

图 2.37　Y-△ 降压启动

所以 $I_{st(Y)} = \frac{1}{3} I_{st(\triangle)}$,即 Y 形接法启动时,启动电流为 △ 形接法的 $\frac{1}{3}$。

由于启动转矩与电压的平方近似成正比,所以

$$\frac{T_{st(Y)}}{T_{st(\triangle)}} = \frac{\left(\frac{1}{\sqrt{3}} U_{1N} \right)^2}{(U_{1N})^2} = \frac{1}{3}。$$

综上所述,当采用 Y-△降压启动时,启动电流和启动转矩均降为原来的 $\frac{1}{3}$。以上说明,启动转矩降低倍数与电流降低的倍数相同。由于高电压电动机引出 6 个出线端子有困难,所以一般仅用于 500 V 以下的低压电动机,且正常运转时定子绕组做△形连接。常见的额定电压为 380 V/220 V 的电动机,是当电源线电压为 380 V 时,做 Y 形连接;当电源线电压为 220 V 时,做△形连接;显然当电源线电压为 380 V 时,就不能采用 Y-△降压启动。Y-△降压启动的优点是启动设备简单、成本低、运行可靠、维护方便,所以其应用较为广泛。

3. 自耦变压器降压启动

自耦变压器降压启动是利用自耦变压器将电网电压降低后再加到定子绕组上,待转速接近稳定值时,再将电动机直接接到电网上。启动时,自耦变压器的高压侧接电源,低压侧接电动机,以达到降低电压、减小启动电流的目的。启动完毕后,将自耦变压器切除,电动机直接与电网相接,如图 2.38 所示。

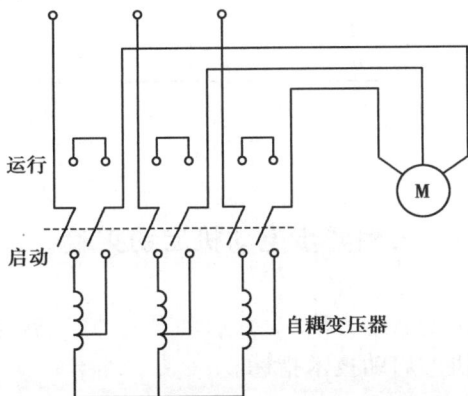

图 2.38　自耦变压器降压启动

设自耦变压器的变比为 k_a,电源电压为 U_1,电动机的启动电流为自耦变压器二次侧电流,即

$$I_{st2} = \frac{1}{k_a}\frac{U_{1N}}{Z_K}$$

自耦变压器一次侧电流,即

$$I_{st1} = \frac{1}{k_a}I_{st2} = k_a^2\frac{U_{1N}}{Z_K}$$

由于启动转矩与电压的平方近似成正比,所以

$$\frac{T_{st}}{T_{st(N)}} = \frac{1}{k_a^2}$$

与直接启动相比较,自耦变压器降压启动可以使电网供给的电流降低 $\frac{1}{k_a^2}$,启动转矩降低 $\frac{1}{k_a^2}$。

自耦变压器的二次侧上备有几个不同的电压抽头,以供用户选择电压。例如,QJ 型有 3 个抽头,其输出电压分别是电源电压的 55%、64%、73%,相应的电压比 k_a 分别为 1.82、1.56、

1.37;QJ3 型也有 3 个抽头,分别为 40% 、60% 、80% ,电压比 k_a 分别为 2.5、1.67、1.25。

在电动机容量较大或正常运行时连成星形,并带一定负载启动时,宜采用自耦降压启动,并根据负载的情况,选用合适的变压器抽头,以获得需要的启动电压和启动转矩。此时,启动转矩仍然削弱,但不至降低到 1/3(与 Y-△ 降压启动相比较)。

自耦变压器的体积大,质量重,价格较高,维修麻烦,且不允许频繁移动。自耦变压器容量的选取,一般等于电动机的容量;每小时内允许连续启动的次数和每次启动的时间,在产品说明书上都有明确的规定,选配时应注意。异步电动机不同启动方式性能比较见表 2.11。

表 2.11　异步电动机不同启动方式性能比较

降压方法	$U_X/U_{\varphi N}$	I_{st}/I_{stN}	T_{st}/T_{stN}	启动设备
串电抗(电阻)启动	$\dfrac{1}{a}$	$\dfrac{1}{a}$	$\dfrac{1}{a^2}$	较贵
Y-△启动	$\dfrac{1}{\sqrt{3}}$	$\dfrac{1}{3}$	$\dfrac{1}{3}$	最便宜,只限于定子△接的电机
自耦变压器启动	$\dfrac{1}{a}$可调	$\dfrac{1}{a^2}$	$\dfrac{1}{a^2}$	最贵,有 3 个抽头可调

🔲 任务实战

三相异步电动机启动实验

1. 目的要求

(1)掌握三相异步电动机的启动方法(直接启动、Y-△降压启动、自耦变压器降压启动)。

(2)掌握三相异步电动机的启动技术指标。

2. 设备、工具和材料

(1)BMEL-Ⅱ型大功率电机系统教学实验台。

(2)指针式交流电流表。

(3)电机导轨及测功机、转矩转速测量仪。

(4)电机启动箱。

(5)三相鼠笼型异步电动机。

(6)三相交流接触器。

3. 实施步骤

(1)三相鼠笼型异步电动机直接启动。

①实验接线如图 2.39 所示,三相鼠笼型异步电动机采用 △ 形接法。启动前,把转矩转速测量仪中"转矩设定"电位器旋钮逆时针调到底,"转速控制""转矩控制"选择开关扳向"转矩控制",检查三相鼠笼型异步电动机的外部接线与转矩转速测量仪的连接是否正确。

②把调压器的调节旋钮调至 0 V 位置,按下实验台上的绿色"闭合"按钮,合上三相交流接触器 S。调节调压器,使输出电压达到电机额定电压 380 V,使三相鼠笼型异步电动机以直接启动方式进行启动。三相鼠笼型异步电动机启动后,注意观察三相鼠笼型异步电动机的额定转速和旋转方向是否符合要求。

③断开三相交流接触器,待三相鼠笼型电动机完全停车后,直接闭合三相交流接触器,使电动机以全压方式启动,观察电动机启动瞬间电流值。注意观察按指针式交流电流表偏转的

最大位置所对应的读数值(电流表受启动电流冲击所显示的最大值虽不能完全代表启动电流的读数,但可和其他几种启动方式的启动电流大小作定性的比较)。

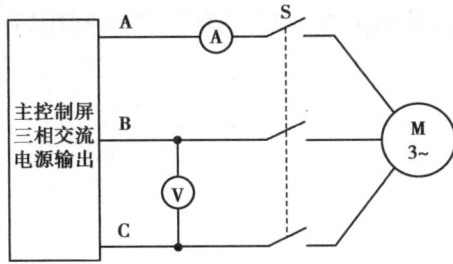

图 2.39　三相鼠笼型异步电动机直接启动实验接线图

④断开三相交流接触器,将调压器旋钮调到 0 V 位置。将制动螺栓插入测功机堵孔中,将测功机的转子堵住使其无法旋转。

⑤按下实验台上的绿色"闭合"按钮,合上三相交流接触器,逐渐增加调压器输出电压,观察电流表的数值,使三相鼠笼型异步电动机的短路电流 I 达到 $2\sim3$ 倍 I_N(额定电流),读取并记录电压值 U_K、电流值 I_K 和转矩值 T_K,注意实验通电时间不应超过 10 s,以免绕组过热。

(2)三相鼠笼型异步电动机 Y-△ 降压启动。

①按图 2.40 完成电机启动接线。

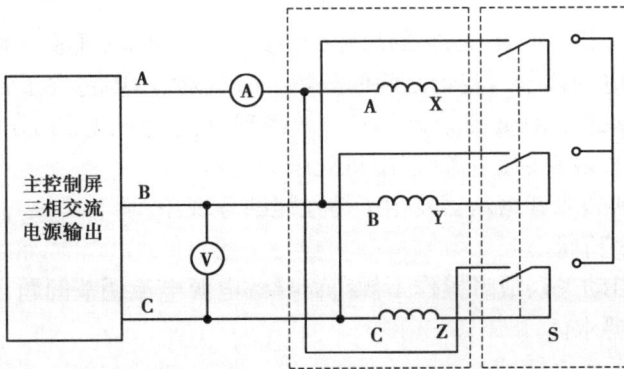

图 2.40　三相鼠笼型异步电动机 Y-△ 降压启动实验接线原理图

②启动前,把调压器旋钮调至 0 V 位置,三刀双掷开关合向右边(Y 形接法)。按下实验台上的绿色"闭合"按钮,逐渐增加调压器输出电压,使输出电压达到三相鼠笼型异步电动机的额定电压 $U=220$ V,直接按下实验台上的红色"断开"按钮,使得三相鼠笼型异步电动机停车。

③待三相鼠笼型异步电动机完全停车后,再次按下实验台上的绿色"闭合"按钮,观察启动瞬间的电流,然后迅速把转换开关 S 拨向左边(△形接法),使三相鼠笼型异步电动机进入正常运行状态整个启动过程结束。观察并记录启动瞬间电流表的显示值,并与其他启动方法作定性比较。

(3)三相鼠笼型异步电动机自耦变压器降压启动。

①按图 2.40 进行接线,三相鼠笼型异步电动机采用△形接法。把调压器旋钮调至 0 V 位置。

②按下实验台上的绿色"闭合"按钮,调节调压器旋钮,使输出电压达到 $U=110$ V 直接按下实验台上的红色"断开"按钮,使三相鼠笼型异步电动机停车。

③待三相鼠笼型异步电动机完全停车后,再次按下实验台上的绿色"闭合"按钮,使三相

鼠笼型异步电动机根据当前自耦变压器的输出电压值进行降压启动,观察并记录上述过程中电流表读数的最大值。待三相鼠笼型异步电动机稳定运行一段时间后,再调节调压器使三相鼠笼型异步电动机输出电压达到额定电压 $U=220$ V,整个降压启动过程结束。

4. 检查与评价(表 2.12)

表 2.12　检查与评价表

内容	学生自评	小组互评	教师评价	总结与改进
能正确熟练地完成实验接线				
实验操作顺序正确、流畅				
电流表、转矩转速测量仪使用正确				
能对不同启动方式对电机启动电流、启动转矩的影响作总结				

知识拓展

三相异步电动机常见故障分析

1. 三相异步电动机无法正常启动的表现形式

对于三相异步电动机运行来说,它的故障产生原因无非是电气故障和机械故障两种。电气故障的产生主要是电子绕子与定子之间的故障,而机械故障则包含了各种机械元件故障的发生。而三相交流电动机无法正常启动的具体故障现象包含了以下几方面:

(1)在启动之初并没有接通电源线,电机处于无电状态。

(2)电源线出现断裂或者熔断器发生了熔丝烧断等现象。

(3)设备处于超负荷状态。

(4)电动机由于启动失误或者操作不规范而导致电源电流调节问题,电源电流值、电压值达不到电机正常运行要求。

2. 故障维修方法

(1)在维修工作中提前检查电源开关、电源线路、电源电压和电流、熔断器等硬件设施是否正常,对这些方面存在的故障问题及时处理并且修复。

(2)检查熔断器、电压是否与电动机运行需求相适应,在无法保证的情况下甚至可以直接采用更换熔断器的方法进行检查,而电压值与电流值方面则可以采用万能表、电压表和电流表进行检查。对电动机所处设备的运行负荷进行详细、深入的计算,按照电动机、设备的运行效率做出合理的选择。

(3)检查电动机内部是否发生了机械传动故障,主要是针对风扇、定子线圈以及转子线圈等设备进行分析。

3. 异步电动机启动后的异响

1)故障检查

电动机在正常通电之后如果出现嗡嗡的响声。

(1)需要检查的环节便是电动机的电源电压和电流值。如果电动机电源电压和电流过低,那么电动机内部的一些元件得不到有效的运行便会出现嗡嗡的声响。

(2)检查电动机内部的线圈连接是否合理,绕组连接是否正确。

（3）检查定子、转子以及绕组之间的运行是否正常。

2）排除方法

（1）要检查电源电压和电流现状，查找出电源电流和电压短路情况并且科学处理相关问题。

（2）利用其他手段降低机械设备的具体运行负荷，甚至在特殊情况下可以采用更换电动机的方法进行维修。

（3）对设备进行重新装配，从而及时地解决设备内部出现的各种故障，且合理地调整绕组、定子以及转子之间的距离，并对绕组的参数重新进行计算和分配，确保这一系统的运行稳定。

4. 电动机运行过程中温度剧烈升高

1）故障发生原因

三相异步电动机在运行的过程中，一旦出现电源电压偏高、电流偏高等现象，必然会导致内部温度上升，进而引发一定的故障。同时，电动机在运行的时候如果启动和终止过于频繁，由于启动环节电流的迅速上升也会造成电动机运行故障的产生。

在电动机的正常运行中，绕组与定子之间发生短路、接地等故障，电流在运行中必然会迅速地经过铜线圈，这个时候一方面会提高铜线圈中的电流运行损失，另一方面也会让电动机风扇发生故障，最终导致电动机散热功能无法发挥，引发机械烧坏等故障。

2）故障处理方法

（1）提前检查设备是否处于过载运行状态，合理地控制电源电流与电压，尽可能地选择一些粗大的供电导线，从而提高供电电流与电压。

（2）要及时对定子、转子以及绕组线圈的装配情况进行检查，及时清洗电动机内部的灰尘和杂物，保证送风系统和降温系统的正常运行。

5. 电动机运行过程中严重振动

电动机在正常运行的过程中，必然会受到外界各种因素的影响，其中常见的包括绝缘体损坏、电源电压和电流出现变化以及接地等问题，这些问题一旦出现，必然会给电动机运行带来影响，最终产生振动等现象。

1）故障发生原因

如果设备的轴承发生损坏，就会造成振动超标问题；电动机自身的各个零部件、尺寸等缺陷；定子或者转子的气隙不均匀、转子不平衡；端盖或者风扇安装不平衡；联轴器装配不正确，发生松动问题；机壳或者其基础强度不足；电动机地脚的螺丝松动，运行过程中出现不稳定现象等都是引发振动问题的主要原因。

2）解决措施

针对这一问题，需要查看轴承滚珠是否出现损坏现象，需及时更换发生问题的轴承；对电动机进行拆卸检查，及时采取处理措施；查看气隙状况，保持均匀性；调节转子的平衡度；对基础进行加固或者重新制作，确保与电动机运行的规定数值保持一致；对地脚螺丝进行加固；重新安装电动机，修复转子绕组。

总之，为了保证电动机的正常运行，应采取正确、科学、合理的维修方法对电机运行中出现的各种故障及时加以处理。但要想做好这些方面的工作，就必须深入了解电动机各种常见故障产生的原因以及特征，只有这样才能及时、准确地判断出电动机故障发生原因和部位，从而迅速采取维修措施，让电动机恢复正常状态。

思考问题 ....

1. 试述 Y-△降压启动的原理。
2. 试述三相异步电动机启动要求有哪些。
3. 三相异步电动机有哪些启动方式？分别适合于什么情况？
4. 试述采用降压启动时，启动电流、启动转矩等的变化规律。

任务五　三相异步电动机的调速

内容提要

三相异步电动机具有结构简单、价格便宜、运行可靠、维护方便等优点，但在调速性能上与直流电机相比还存在很多不足，本任务内容主要探讨异步电动机转速的调节方法。

任务目标

1. 知识目标
(1) 掌握异步电动机调速方法。
(2) 掌握异步电动机调速方法适用范围和优劣。
2. 能力目标
(1) 掌握变极调速的接线方式。
(2) 掌握变频调速和变转差率调速的调节方法。
3. 素质目标
(1) 激发学生主动学习的意愿，在任务的实施过程中培养求知和探索精神，培养学习能力。
(2) 培养团队意识、合作意识，培养处理问题、分析问题的能力。

任务导入

某玻璃生产厂商计划引进 3 条新生产线，进行生产线升级，新引进的生产线可以依据成品玻璃的厚度不同采用不同的传输速度，从而解决了原有生产线传输类型单一，生产效率低下的问题。新生产线的核心部分是异步电动机的调速，其主要目的是控制电机的输出转矩和速度，那么异步电动机是如何实现调速，服务生产的呢？

学习情境 1　三相异步电动机变极调速

提高不同类型的三相异步电动机有不同的调速方式和应用。三相异步电动机调速的主要目的是控制电机的输出转矩和速度。根据三相异步电动机的转速公式 $n = n_s(1-s) = \dfrac{60f_1}{p}(1-s)$，所以三相异步电动机调速的主要方法有变极调速、变频调速、变转差率调速等几种方法。

三相异步电动机变极调速

对于三相异步电动机的定子而言，改变绕组的极对数就可以改变电机的定子三相旋转磁

场转速和转子转速。由于极对数 p 为整数,故变极调速不能实现平滑调速,只适用于笼型异步电动机,一般通过改变定子绕组极对数的方式来实现。变极调速常用的方法是单绕组变极调速,即在定子铁芯中装一套绕组,通过改变定子绕组的连接方式,使部分绕组中电流的方向改变,以实现电动机的磁极对数和转速的改变,具体如图 2.41 所示。

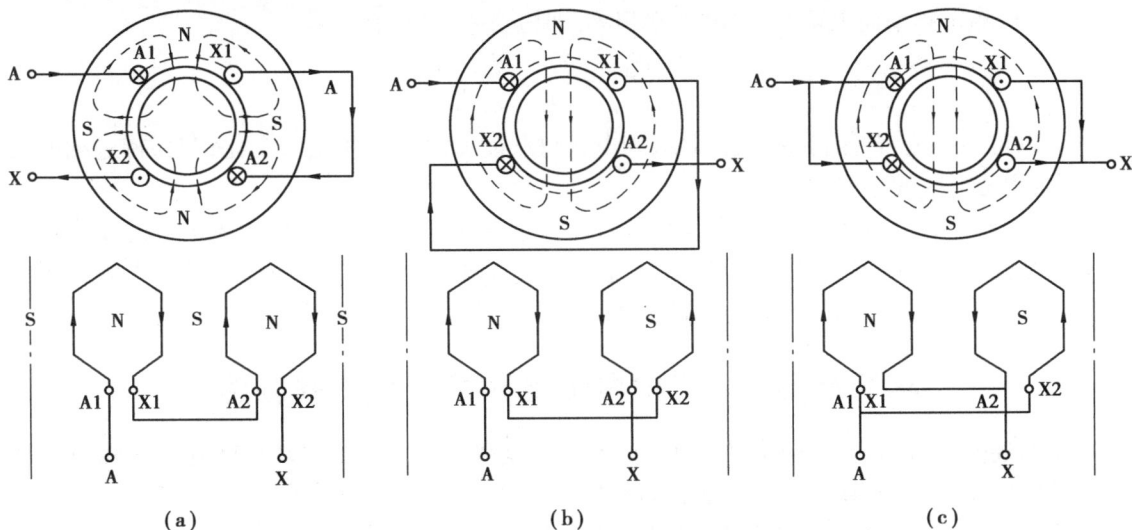

图 2.41　异步电动机变极调速

由图 2.41(a)可知,两个线圈串联,首末端电流流进流出的方向相同,此时极对数 $p=2$,电机转速 $n=1\,500$ r/min;由图 2.41(b)可知,两个线圈串联,首末端电流流进流出的方向相反(即 A1X1 与 A2X2 反接),此时极对数 $p=1$,电机转速 $n=3\,000$ r/min;由图 2.41(c)可知,两个线圈并联,首末端电流流进流出的方向相反(即 A1X1 与 A2X2 反接),此时极对数 $p=1$,电机转速 $n=3\,000$ r/min;由此可见,通过改变定子绕组的连接方式,使部分绕组中电流的方向改变,可以实现电动机的磁极对数和转速的改变。

学习情境 2　三相异步电动机变频调速

当转差率变化不大时,转速近似正比于频率 f,因此改变电源频率就可以改变电动机的转速。采用变频调速时,通常保持主磁通 $\varPhi_{\mathrm{m}}$ 不变。这是因为如果 $\varPhi_{\mathrm{m}}$ 偏大,就会出现磁饱和现象,励磁电流增加,功率因数降低;如果 $\varPhi_{\mathrm{m}}$ 偏小,则电机转速下降,转子电流增加,损耗增加,电磁转矩和效率降低。忽略定子绕组漏抗压降的情况下

$$U_1 \approx E_1 = 4.44fN_1k_{\mathrm{N1}}\varPhi_{\mathrm{m}}$$

因此,为了使电动机能保持较好的运行性能,要求在调节 f 的同时改变定子电压 U_1,以维持 $\varPhi_{\mathrm{m}}$ 保持不变或者保持电动机的过载能力不变。一般认为,在任何类型负载下变频调速时,若能保持电动机过载能力不变,则电动机的运行性能较为理想。在调频时既可以从额定频率向下调节,也可以从额定频率向上调节。

(1)从额定频率向下调节,保持 $\dfrac{U_1}{f_1}$ 恒定,即恒转矩调速。

当电机变频前后额定电磁转矩保持不变,即恒转矩调速时有

$$T_{\mathrm{emN}} = T'_{\mathrm{emN}}$$

$$\frac{T'_{emN}}{T_{emN}} = \left(\frac{U'_{X}}{U_{X}}\right) \left(\frac{f_1}{f'_1}\right) \left(\frac{k_m}{k'_m}\right) = 1$$

则主磁通不变,电机饱和程度不变,电机过载能力也不变,电机在恒转矩变频调速前后性能都保持不变。

（2）从额定频率向上调节,电磁功率相等,即恒功率调速,有

$$\frac{T'_{emN}}{T_{emN}} = \frac{\Omega_1}{\Omega'_1} = \frac{f_1}{f'_1}$$

可以得出结论:若保持主磁通不变,则电机过载能力随频率变化而变化;若保持过载能力不变,则主磁通要发生变化。

变频调速的优点是调速范围大,启动转矩大,平滑性好,可适应不同负载的调速要求。缺点是必须配套变频电源,价格略显昂贵。近几年随着电力电子技术的不断发展,变频电源的价格越来越合理,这种调速方法的应用也越来越多地应用于中小型感应电动机上。

学习情境3　三相异步电动机变转差率调速

由前述分析可知,保持同步转速不变,改变转差率 s 可以改变电动机转速。三相异步电动机的电磁功率可分为两部分:一部分为机械功率,另一部分则为转差功率。变极调速、变频调速都是设法改变同步转速以达到调速目的。它们的共同特点是,无论调到高速或低速,转差功率仅由转子铜损耗构成,基本不变,故又称为转差功率不变型,其效率最高。变转差率调速则不同,转差功率与转差率成正比地改变,根据转差功率是全部消耗掉了,还是能够回馈到电网,又可将其分成转差功率消耗型和转差功率回馈型。转差功率消耗型有定子调压调速、绕线转子串电阻调速,由于全部转差功率都转换为热能消耗掉,故而效率最低;转差功率回馈型有串级调速与双馈调速,由于转差功率大部分能够回馈到电网,效率介于消耗型与不变型之间。

1. 定子调压调速

在其他参数不变时,电动机的电磁转矩与定子电压平方成正比,故改变电压时,异步电动机的转矩-转差率特性曲线中,转速将发生改变,从而实现调速,如图2.42所示。

这种调速方法适用于转子电阻比较大的笼型感应电动机,调速范围比较小,效率也比较低,但调压设备比变频设备便宜得多,因而调压调速在小功率的风机、水泵负载下也有应用。

2. 转子串电阻调速

当转子串入电阻时,绕线型异步电动机的转矩-转差率特性曲线将发生偏移,外串电阻的阻值越大,转矩-转差率特性曲线越向左移,转速越低,如图2.43所示。

这种调速方法的缺点是转子回路串入电阻后转差损耗增大,效率下降。但这种调速法设备简单,可以平滑调速,而且转子电流可保持基本不变,因此在中小型绕线电动机中仍有应用。

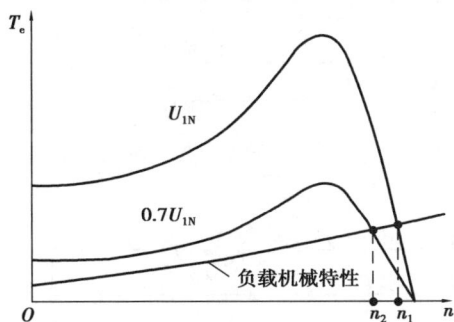

图 2.42　三相异步电动机定子调压调速

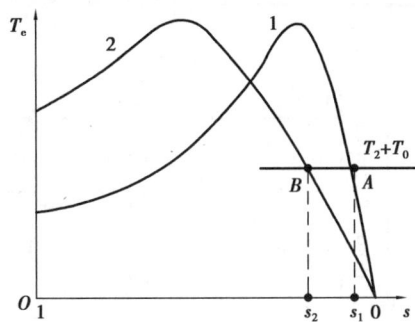

图 2.43　三相异步电动机转子串电阻调速

任务实战

三相异步电动机变极调速

1. 目的要求

(1)理解三相鼠笼型异步电动机变极调速的原理。

(2)掌握三相鼠笼型异步电动机变极调速方法。

(3)掌握绕线型异步电动机变极调速方法。

2. 设备、工具和材料(表 2.13)

表 2.13　设备、工具和材料表

序号	名称	型号	数量
1	导轨、测速发电机及转速表	DD03	1
2	三相鼠笼型异步电动机	DJ06	1
3	三相绕线型异步电动机	DJ17	1
4	直流测功机	DJ23	1
5	直流电压表、安培表、毫安表	D31	1
6	数/模交流电流表	D32	1
7	数/模交流电压表	D33	1
8	三相可调电抗器	D43	1
9	波形测试及开关板	D51	1
10	启动与调速电阻箱	DJ17-1	1
11	测功支架	DD05	1

3. 实施步骤

(1)三相鼠笼型异步电动机变极调速(4 极电机运行工作特性测试)。

①接线如图 2.44 所示,电机和测功机同轴联接。负载电阻选用 D42 上 900 Ω 串联 900 Ω 加上 900Ω 并联 900 Ω 共 2 250 Ω 阻值。

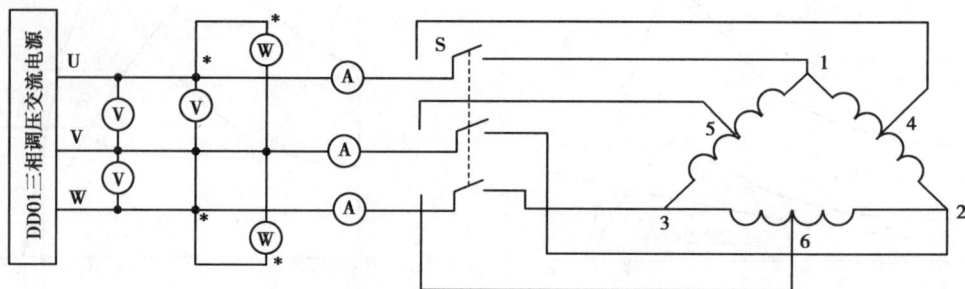

图 2.44　双速异步电动机(2/4 极)接线图

②把电流表短接,功率表电流线圈短接。把开关 S 合向图 2.44 所示的右边,使电动机为△接法(4 极电机)。

③接通交流电源,调节调压器使输出电压为电动机的额定电压并保持不变。

④把电流表、功率表的短接线拆掉,给电机施加负载,使异步电动机定子电流逐渐上升到 1.25 倍额定电流。从这负载开始,逐渐减小负载直至空载,在这范围内读取异步电动机的定子电流、输入功率、转速、转矩等数据共 7~9 组并记录于表 2.14 中。

表 2.14　变极调速实验记录表

序号	I_1/A	P_1/W	I_f/A	n/(r·min^{-1})	T_2/(N·m)	P_2/W	η/%	$\cos\varphi$
1								
2								
3								
4								
5								
6								
7								
8								
9								

(2)2 极电机工作特性测试。

①先将电流表短接,功率表电流线圈短接,再将 S 合向左边并把右边三端点用导线短接,使电动机为 YY 接法(2 极电机)。

②电机空载启动,保持输入电压为额定值,拆掉电流表、功率表等短接线。给电机施加负载,使异步电动机定子电流为 1.25 倍额定电流,然后逐次减小负载,直至空载。

③测取异步电动机的定子电流、输入功率、转速、测功机的电枢电流等数据共 7~9 组记录于表 2.15 中。

表 2.15　2 极电机工作特性测试记录表

序号	I_1/A	P_1/W	I_f/A	$n/(r \cdot min^{-1})$	$T_2/(N \cdot m)$	P_2/W	$\eta/\%$	$\cos \varphi$
1								
2								
3								
4								
5								
6								
7								
8								
9								

（3）三相绕线型异步电动机转子串联电阻启动。

①如图 2.45 所示，三相异步电动机定子绕组 Y 接法，同轴连接校正直流电机 MG 作为绕线型异步电动机 M 的负载，电路接好后，将 M 的转子附加电阻调至最大。

②合上电源开关，电机空载启动，保持调压器的输出电压为电机额定电压 220 V，转子附加电阻调至零。

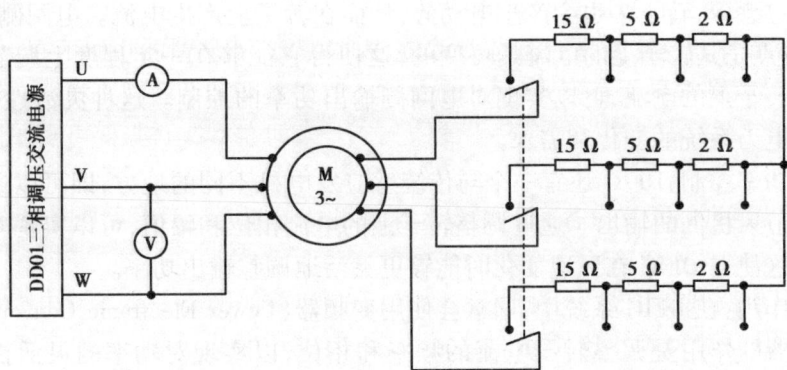

图 2.45　绕线型异步电动机转子回路串联电阻启动

③合上励磁电源开关，调节校正直流测功机的励磁电流 I_f 为校正值（100 mA），再调节校正直流测功机负载电流，使电动机输出功率接近额定功率并保持输出转矩 T_2 不变，改变转子附加电阻（每相附加电阻分别为 0 Ω、2 Ω、5 Ω、15 Ω），测相应的转速记录于表 2.16 中。

表 2.16　转速记录表

R	0 Ω	2 Ω	5 Ω	15 Ω
$n/(r \cdot min^{-1})$				

4. 检查与评价(表 2.17)

表 2.17　检查与评价表

内容	学生自评	小组互评	教师评价	总结与改进
能正确、熟练地完成试验接线				
试验操作顺序正确、流畅				
电流表和转速表使用正确				
功率表和转速表读数正确				
能对三相异步电动机不同启动方式优缺点进行总结				

知识拓展

双馈异步发电机

1. 双馈异步发电机简介

风电机组中的双馈风力发电机(Doubly Fed Induction Generator, DFIG)是一种常见的发电机类型,其工作原理涉及感应电机的运行和电力系统的互动。以下是 DFIG 的主要工作原理。

感应电机基础原理:DFIG 是一种感应电机,其基本原理是根据电磁感应产生电动势。它由两部分组成:固定的定子和旋转的转子。在定子中,由电网提供的三相交流电产生一个旋转的磁场。通过感应,转子中也会产生电动势,从而在转子上产生电流。电网侧的功率调节:DFIG 的一个特点是其转子上的电流是可变的,这使得它能够在一定程度上调节电网侧的功率。通过调节转子上的电流,可以实现对电网侧输出功率的控制。这种灵活性使得 DFIG 能够更好地适应电力系统的变化和需求。

转子侧的功率控制:DFIG 还有一个与传统感应发电机不同的地方,即可以通过控制转子上的功率来调节风机侧的输出。通过调整转子上的电流相位和幅值,可以实现对转子侧输出功率的控制。这使得 DFIG 在风速变化时能够更灵活地调整输出功率。

变频器的作用:在 DFIG 系统中,通常会使用变频器(Power Electronic Converter)连接转子和电网。变频器的作用是调整转子电流的频率和相位,以实现对功率的灵活控制。这使得 DFIG 能够在变化的风速和电网条件下保持稳定运行。

电力系统互动:DFIG 通过变频器与电网连接,与电力系统交互。在电网电压或频率发生变化时,DFIG 能够通过调整电流来保持系统稳定性。此外,DFIG 也能够参与电网的无功功率调节,提高电力系统的稳定性。

2. DFIG 常见的故障现象

DFIG 常见的故障现象包括发电机过热、轴承振动、电压波动、功率输出下降、绕组匝间短路、断路、滑环磨损、转速编码器故障、绕组温度传感器故障等。

3. DFIG 故障检查和维修方法

1)发电机过热

检查冷却系统是否工作正常;检查风道是否畅通。维修方法:清理发电机内部的灰尘和污垢。

2)轴承振动

检查轴承是否损坏;检查润滑油是否充足。维修方法:更换损坏的轴承。

3)电压波动

检查变流器是否工作正常;检查电网是否稳定。维修方法:调整变流器的参数。

4)功率输出下降

检查风力是否充足;检查发电机是否过热;检查转子绕组是否损坏。维修方法:调整风力,采取散热措施,更换转子绕组。

5)绕组匝间短路

使用兆欧表测量绕组的绝缘电阻;使用匝间短路测试仪进行测试。维修方法:更换发电机。

6)断路

检查绕组的连接是否牢固;使用兆欧表测量绕组的绝缘电阻。维修方法:更换发电机。

7)滑环磨损

检查滑环的磨损情况。维修方法:更换磨损严重的滑环碳刷。

8)转速编码器故障

检查转速编码器的连接是否牢固。维修方法:更换损坏的转速编码器。

9)绕组温度传感器故障

检查绕组温度传感器的连接是否牢固。维修方法:更换损坏的绕组温度传感器并接线到备用传感器。

思考问题...............

1.为什么降压启动不适用于重载启动?

2.试分析绕线型异步电动机转子回路串电阻调速时,电动机内所发生的物理过程。如果负载转矩不变,调速前后转子电流如何变化?

3.三相异步电动机有哪些调速方法?

4.三相绕线型异步电动机一般采用哪些调速方法? 试述其优缺点。

任务六　三相异步电动机的制动

内容提要

电动机在运行的过程中,根据生产生活的实际需要和安全等因素,需要很快停转,或者采用适当方法实现转向和调速的目的,此时就必须采用制动措施。电动机的制动是依靠与转向相反的制动转矩来实现的。

任务目标

1.知识目标

(1)了解异步电动机反接制动时机械功率和电磁功率的关系。

(2)了解能耗和回馈制动时电磁转矩与转子转向的关系。

2. 能力目标

（1）掌握三相异步电动机制动的方法。

（2）掌握三相异步电动机制动方法适用范围和优劣。

3. 素质目标

（1）激发学生主动学习和探索的意愿，培养求知精神，培养探索能力。

（2）培养实践过程中思考、发现、解决问题的能力。

任务导入

所谓电动机的制动就是给电动机一个与其转动方向相反的转矩使它转向改变、转速降低或停转。制动的方法一般有两类：机械制动和电气制动。利用电气控制的方式进行制动的操作方法称为电气制动，一般有三种方式：反接制动、能耗制动、回馈制动。

学习情境 1　三相异步电动机的反接制动

将定子三相电源中任意两相的相序改变，则定子三相旋转磁场转向改变，这时电动机将在电磁制动状态下运行，称为反接制动。如图 2.46 所示，反接制动前，开关工作在正转位，电机正向运转。反接制动时，开关工作在反转位。任意两相的相序改变，定子三相旋转磁场转向改变。但由于机械惯性的存在，电动机的转向尚未改变，而旋转磁场转向改变了，故转差率 $s>1$。在反接制动时，一方面，电动机产生的机械功率 $P_\Omega<0$，即在这种情况下异步电动机吸收机械功率，电磁转矩是制动转矩；另一方面，电网通过定子向转子传送的电磁功率 $P_e>0$。即在反接制动时，电动机的转子既吸收转轴机械功率，又吸收定子方面传递过来的电磁功率，全部变成了转子的铜损耗。

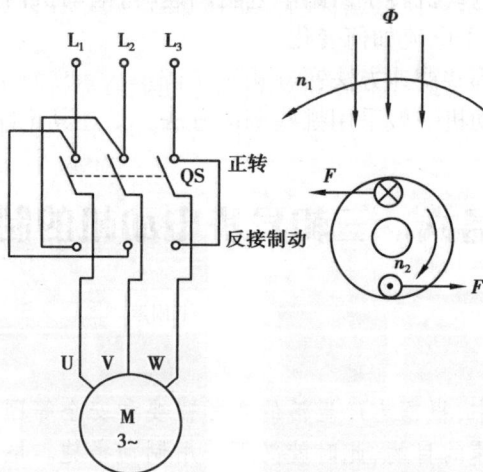

图 2.46　三相异步电动机反接制动

在反接制动时，定、转子电流都很大，因此，绕线型感应电动机反接制动时，应在转子回路中串入电阻，这样既可以减少电流，又可以增加制动转矩，加速制动过程，同时通过调节串入电阻值的大小可以调节制动转矩的大小以适应不同生产机械的性能。需要指出的是，当电动机转速降到零时，必须立即切断定子电源，否则电动机将反向启动。

学习情境 2　三相异步电动机的能耗制动

将正在运行的感应电动机的定子绕组从交流电源断开后,给定子加上一个直流励磁,在气隙中产生一个静止不动的磁场。由于转子和磁场间有相对运动,转子绕组和铁芯中就会产生感应电流和损耗,其原理如图 2.47 所示。

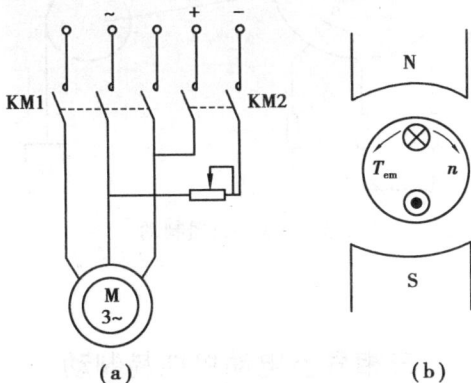

图 2.47　异步电动机的能耗制动

制动前,接触器 KM2 断开、KM1 闭合,制动时 KM1 断开、KM2 闭合,将定子绕组接到直流电源上,进而产生恒定不变的磁场,此时转子仍沿原来的方向旋转。由左手定则和右手定则判定,转子电流和恒定磁场产生的电磁转矩方向与转子转动方向相反。根据能量守恒原理,铜耗和铁耗必然由转子的动能转化而来,转子感应电流与磁场作用产生制动转矩,成为能耗制动。调节直流励磁电流或转子回路电阻(绕线型异步电动机)可以控制制动转矩的大小。

学习情境 3　三相异步电动机的回馈制动

当三相异步电动机因某种外因,如在位能性负载作用下,使转速 n 高于同步转速 n_1 时,$s<0$,转子感应电动势 E_2 反向。此时,U_1 和 I_1 之间的相位差角大于 $90°$,则定子功率 $P_1<0$,说明定子向电网回馈电能。又由于转子电流的有功分量号为负,则电磁转矩 T_{em} 也变负,T_{em} 与 n 反向,故此时异步电动机将机械能转变成电能反送回电网,这种制动称为再生制动,或称为回馈制动,如图 2.48 所示。

在回馈制动时,转子回路中不串联电阻,异步电动机处于发电状态,不过如果定子不接电网,电动机不能从电网吸取无功电流建立磁场,就发不出有功电能。这时,只要在异步电动机三相定子出线端并联上三相电容器提供无功功率,即可发出电来,这便是自励式异步发电机。回馈制动常用于高速且要求匀速下放重物的场合。

在实际运行中经常会遇到这种制动工作状态,如变极异步电动机从少极数变换到多极数的瞬间,旋转磁场转速突然降低,此时转子转速高于同步转速,电机运行在回馈(发电机)制动状态。

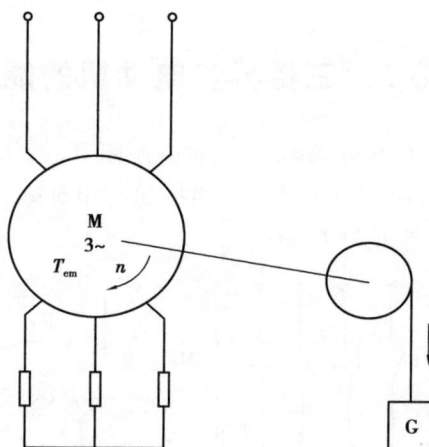

图 2.48　回馈制动

任务实战

三相异步电动机能耗制动

1. 目的要求

（1）掌握三相鼠笼型异步电动机能耗制动的方法。

（2）掌握不同能耗制动方法的优劣和使用范围。

2. 设备、工具和材料（表 2.18）

表 2.18　设备、工具和材料表

序号	名称	型号	数量
1	电源仪表及控制屏	三相四线制	1
2	三相异步电动机	鼠笼型 DJ24	1
3	热继电器	—	1
4	交流继电器	JZC4-40	2
5	时间继电器	ST3PA-B	1
6	按钮开关	—	3
7	电工工具(万用表、螺丝刀等)	—	1
8	导线	—	—
9	整流变压器	D61-2	1
10	制动电阻	10 Ω,5 W	1

3. 实施步骤

（1）首先完成对相关设备的检查,检查设备和工具的完好性。

（2）完成任务接线。鼠笼型异步电动机按星形接法,试验线路的电源端接三相自耦调压器的输出,供电线路电压为 220 V。

（3）整定时间继电器时延,5 ~ 10 s。

（4）开启控制屏电源总开关,按下启动按钮,调节调压器输出,使输出线电压为220 V。按停止按钮切断三相交流电源。

（5）自由停车操作。先断开整流电源,按下 SB1,使电动机启动运转,待电动机运转稳定后,按下 SB2,用秒表记录电动机自由停车时间,记入表2.19中。

表2.19　不同转速下的能耗制动数据

三相异步电动机转速 $n/(\text{r} \cdot \text{min}^{-1})$	制动时间/s	制动量/$(\text{kW} \cdot \text{h})$

（6）制动停车操作。接上整流电源,按下 SB1,使电动机启动运转,待运转稳定后,按下 SB2,观察并记录电动机从按 SB2 起至电动机停止运转的能耗制动时间 t_z 及时间继电器延时释放时间 t_F,一般应使 $t_F > t_z$。重新整定时间,调整继电器的时延,以使 $t_F = t_z$,即电动机一旦停转便自动切断直流电源。

三相鼠笼型异步电动机能耗制动原理图如图2.49所示。

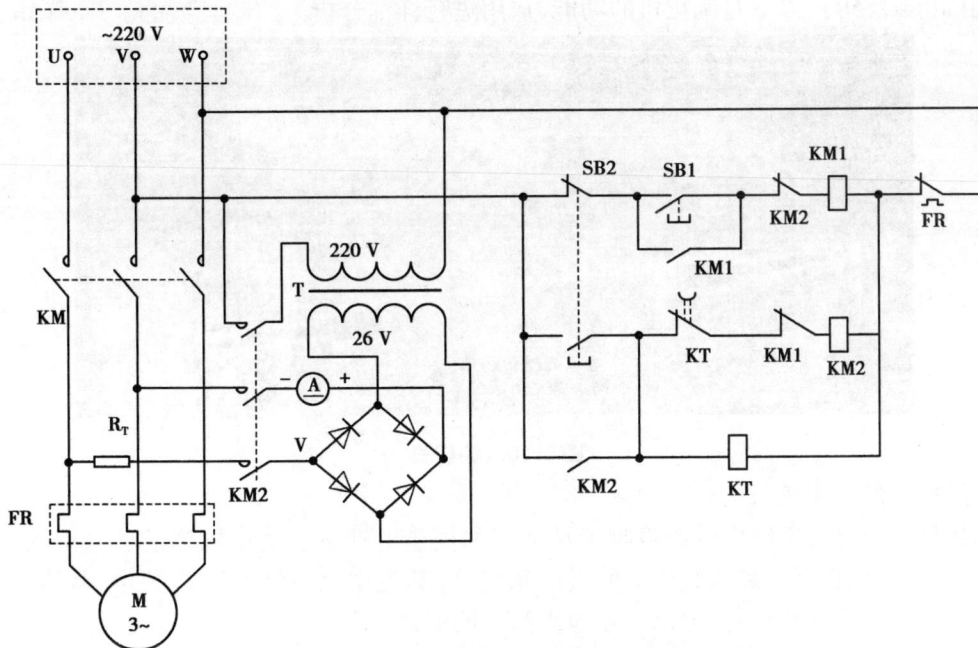

图2.49　三相鼠笼型异步电动机能耗制动原理图

4.检查与评价(表 2.20)

表 2.20　检查与评价表

内容	学生自评	小组互评	教师评价	总结与改进
能正确、熟练地完成试验接线				
试验操作顺序正确、流畅				
能根据实验需求和电机性能选择适当电路和参数				
功率表和转速表读数正确				
能对三相异步电动机不同制动方式优缺点进行总结				

知识拓展

电网"安全卫士"——调相机

随着"双碳"目标的提出,我国新能源高速发展,新能源的不稳定性引起的电网安全运行问题日益突出,主要表现为电网支撑电压不稳,转动惯量不足,目前新能源富集地区通过降低新能源出力来保障电网安全运行。因此,新能源装机规模越大,限制出力现象越严重,阻碍了"双碳"目标的实现,也降低了新能源企业的收益。

造成电网不能安全运行的原因主要为:动态无功储备不足,新能源短路比低,抗系统故障扰动冲击能力差,电网故障后暂态过电压、低电压问题突出。解决以上问题的有效途径为加装调相机(图 2.50),以下对调相机的功能、作用进行详细分析。

图 2.50　调相机

1.历史上的调相机

调相机是向电力系统提供或吸收无功功率的同步电动机。调相机是最早采用的一种无功补偿设备,一般在远距离接收外电的受端系统(枢纽变电站、换流站内)装设,其运行灵活,是传统的动态无功补偿设备,可以有效地支撑电网的运行电压,提高运行稳定性,且短时过负荷能力较强,可提高系统短路电流水平。随着电力设备技术的发展,调相机已逐渐被静止无功补偿器、静止同步补偿器、SVG 等动态无功补偿设备所取代。但对于具有大规模的动态无功需求或需要提高系统短路电流水平的弱系统仍可考虑采用调相机。

2. 调相机在新型电力系统中的作用

随着新能源的高速发展,导致区域系统的短路比降低,系统抗扰能力降低,为满足电网安全稳定运行,调相机重返历史舞台。在新型电力系统中,如果把新能源发出有功功率比作船的动力,那么无功功率就是水的浮力,即电网的稳定性,若浮力不足,船亦无法行驶。因此,调相机作为同步无功机,具有提升新能源场站短路比、故障瞬间电压支撑性能好、过载能力强、可靠性高等特点,为大船提供足够的"浮力",保障大船安全、稳定行驶。

调相机与 SVG 是否可互相替代?

从功能性上看,调相机和 SVG 均为无功补偿装置,在新能源场站中调相机与 SVG 是否可互相替代呢? 根据现阶段电网运行方式来看,调相机与 SVG 是不可以互相替代的,主要有以下原因,详见表 2.21。

表 2.21　调相机与 SVG 的区别

项目	调相机	SVG
作用对象	电网	新能源场站
作用方式	稳电压,提高电力系统可靠性,改善系统供电质量	调节场站功率因数,对谐波电流进行跟踪补偿
运维方式	复杂	简单
单位投资	高	低
有功损耗	较高	低

由表 2.21 可知,虽然 SVG 具有运维简单、单位投资低、有功损耗低等优势,但调相机和 SVG 的作用对象不同,在目前电网运行方式下,两者发挥不同的作用,因此不可互相替代,需同时运行,以满足新能源高出力和高质量的运行。

在我国,特高压电网的建设正在蓬勃发展,特高压的建设为各区域的新能源消纳提供了充足的外送空间。而调相机作为电网的"安全卫士",为特高压的发展保驾护航,同时促进了新能源的高速、高效发展,助力"双碳"目标的实现。

现阶段,调相机与 SVG 不可互相替代,考虑到两者不同的功能,随着技术的发展和电网发展的诉求,未来有望研发一种集调相机和 SVG 优势于一身的无功装置,实现早布局、低损耗、低成本地发展新能源,提高新能源项目的经济性。

思考问题................

1. 什么是制动? 三相异步电动机有哪些制动方法?
2. 电源反接制动如何实现? 有哪些优点和缺点?
3. 为什么在绕线型异步电动机反接制动时,转子回路需要串入大电阻?
4. 试分析三相异步电动机的能耗制动原理和优缺点。

任务七　三相异步电动机常见故障诊断与处理

内容提要

三相异步电动机具有结构简单、价格便宜、运行可靠、维护方便等优点,但在调速性能上与直流电机相比还存在很多不足。本任务主要探讨异步电动机在运行中常见故障诊断与处理。

任务目标

1. 知识目标

(1)掌握异步电动机常见故障。

(2)掌握异步电动机不同故障情况下仪器、仪表的选用方法。

2. 能力目标

(1)掌握三相异步电动机故障类别判定法。

(2)掌握异步电动机不同故障的判别和检测方法。

3. 素质目标

(1)激发主动学习的意愿,在任务实施过程中提高发现问题、分析问题、解决问题的能力。

(2)增强团队合作意识,培养严格遵守安全操作规范能力。

任务导入

在电力生产和工矿企业中大量的使用电动机,如给水泵、磨煤机等。电动机的安全稳定运行对发电厂及整个工业生产的安全、经济运行具有重要意义。那么在运行中电动机常见的故障有哪些? 又该如何诊断和处理呢?

学习情境 1　三相异步电动机绕组通断检测

三相异步电动机内部有三相绕组,在使用时按星形接线或三角形接线,可用万用表电阻挡检测绕组的通断和对称情况。

1. 通过外部电源线检测绕组

通过外部电源线检测绕组是指不用打开接线盒,直接通过三根电源线来检测绕组的通断和对称情况。通过外部电源线检测绕组如图 2.51(a)所示,正常 U、V、W 三根电源线两两间的电阻是相同或相近的。如果内部三相绕组为三角形接法,那么 U、V 电源线之间的电阻实际为 V、W 两相绕组串联再与 U 相绕组并联的总电阻,如图 2.51(b)所示,只有 U、V 两相绕组,U、W 两相绕组,或者 U、V、W 三相绕组同时开路,U、V 电源线之间的电阻才为无穷大;如果内部三相绕组为星形接法,那么 U、V 电源线之间的电阻实际为 U、V 两相绕组串联的总电阻,如图 2.51(c)所示,只要 U、V 任一相绕组开路,U、V 电源线之间的电阻就为无穷大。

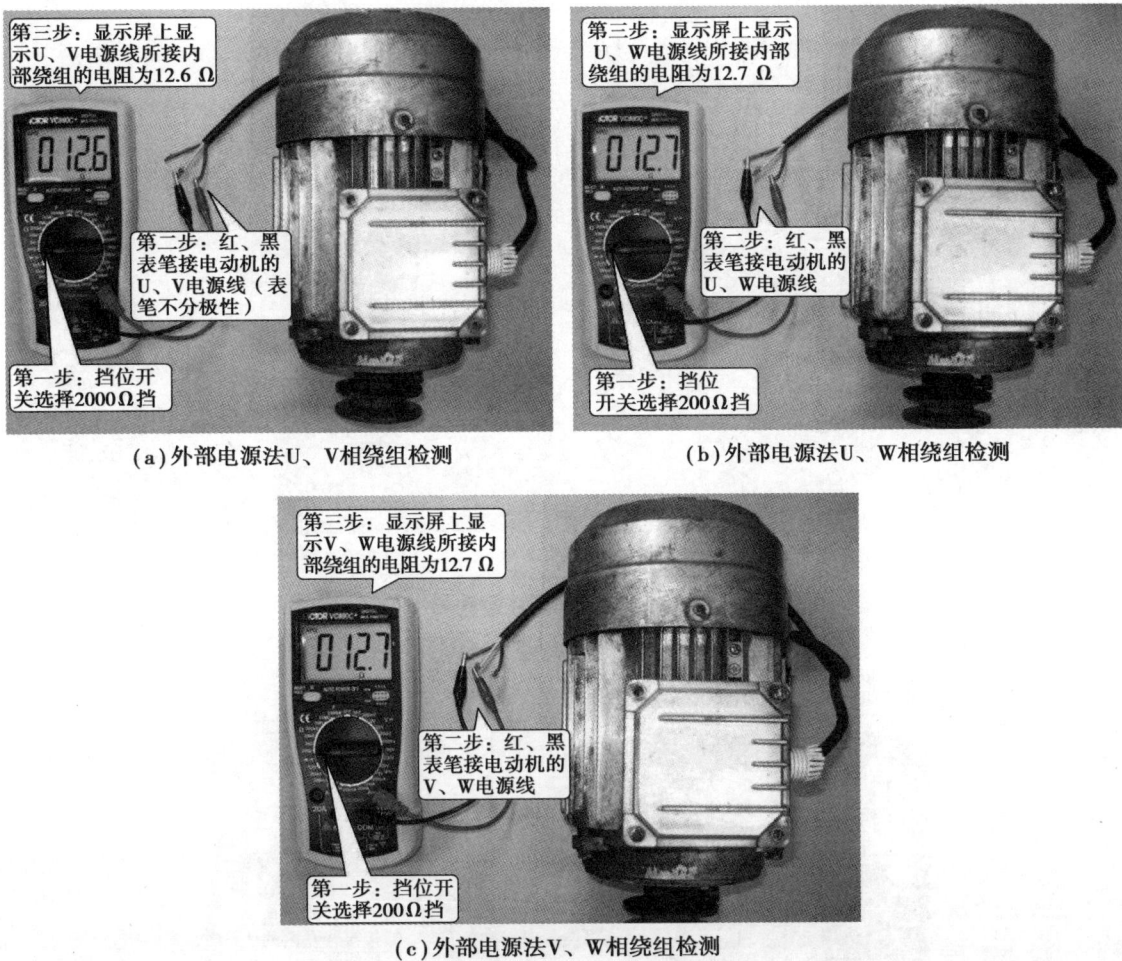

(a) 外部电源法U、V相绕组检测

(b) 外部电源法U、W相绕组检测

(c) 外部电源法V、W相绕组检测

图 2.51　通过外部电源线检测绕组

2. 通过接线端直接检测绕组

利用测量外部电源线来检测内部绕组的方法操作简单，但结果分析比较麻烦，而使用测量接线端来直接检测绕组的方法则简单直观。

1) 拆卸接线盒

在使用测量接线端来直接检测绕组的方法时，先要拆开电动机的接线盒保护盖，如图 2.52(a) 所示，再将电源线和各接线端之间的短路片及紧固螺丝拆下，如图 2.52(b) 所示。

2) 测量接线端来直接检测绕组

用万用表测量接线端来直接检测绕组的操作如图 2.53 所示。若红、黑表笔接的为 U2、U1 接线端，则测得为电动机内部 U 相绕组的电阻；若红、黑表笔接的为 V2、V1 接线端，则测得为电动机内部 V 相绕组的电阻；若红、黑表笔接的为 W2、W1 接线端，则测得为电动机内部 W 相绕组的电阻，正常三相绕组的电阻应相等（略有差距也算正常）。

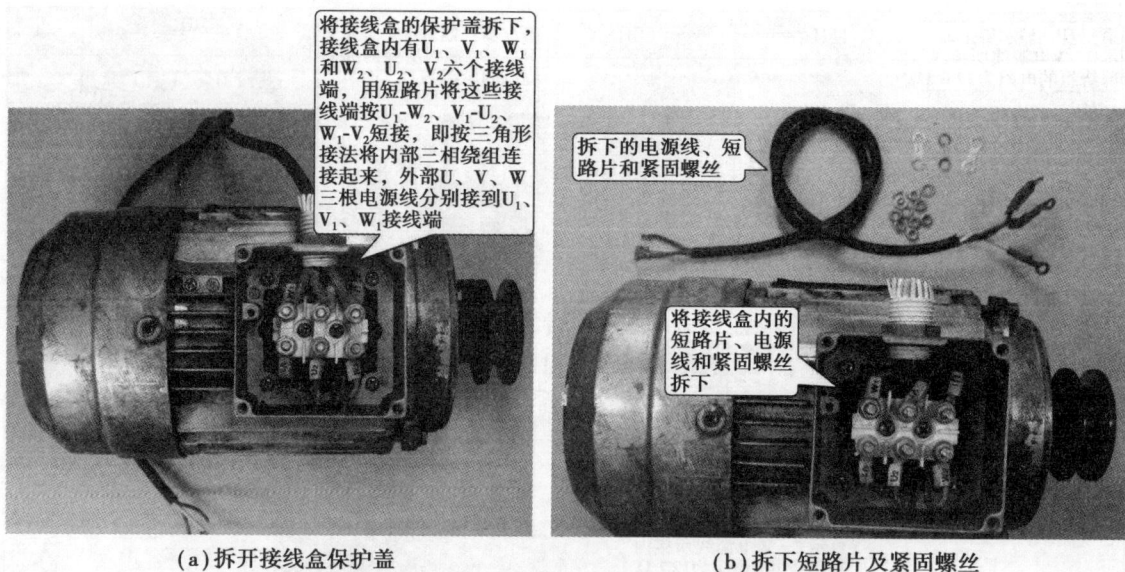

将接线盒的保护盖拆下,接线盒内有U₁、V₁、W₁和W₂、U₂、V₂六个接线端,用短路片将这些接线端按U₁-W₂、V₁-U₂、W₁-V₂短接,即按三角形接法将内部三相绕组连接起来,外部U、V、W三根电源线分别接到U₁、V₁、W₁接线端

拆下的电源线、短路片和紧固螺丝

将接线盒内的短路片、电源线和紧固螺丝拆下

(a)拆开接线盒保护盖　　　　　　　(b)拆下短路片及紧固螺丝

图2.52　拆卸接线盒

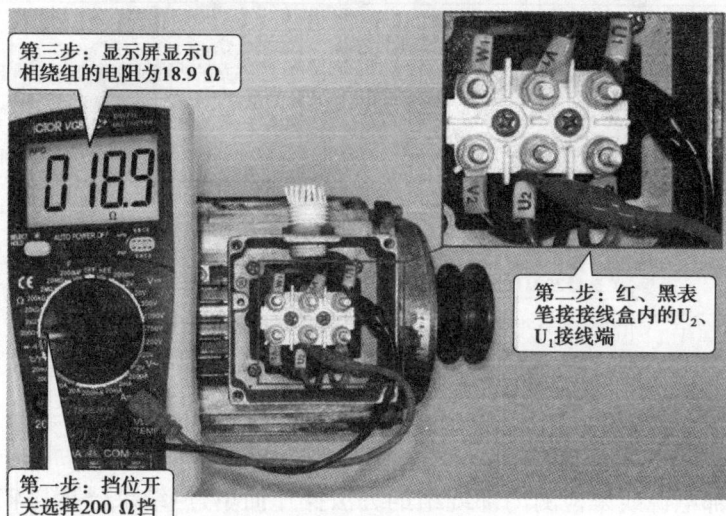

第三步:显示屏显示U相绕组的电阻为18.9 Ω

第二步:红、黑表笔接接线盒内的U₂、U₁接线端

第一步:挡位开关选择200 Ω挡

图2.53　接线端直接检测绕组

学习情境2　绕组间绝缘电阻的检测

1.用万用表检测绕组间的绝缘电阻

电动机三相绕组之间是相互绝缘的,如果绕组间绝缘性能下降导致漏电,轻则电动机运转异常,重则绕组烧坏。电动机绕组间的绝缘电阻可使用万用表电阻挡检测,如图2.54所示,图中为检测W、V相绕组间的绝缘电阻,正常两绕组间的绝缘电阻应大于0.5 MΩ,万用表显示"OL(超出量程)"表示两绕组间的电阻大于20 MΩ,绝缘良好。

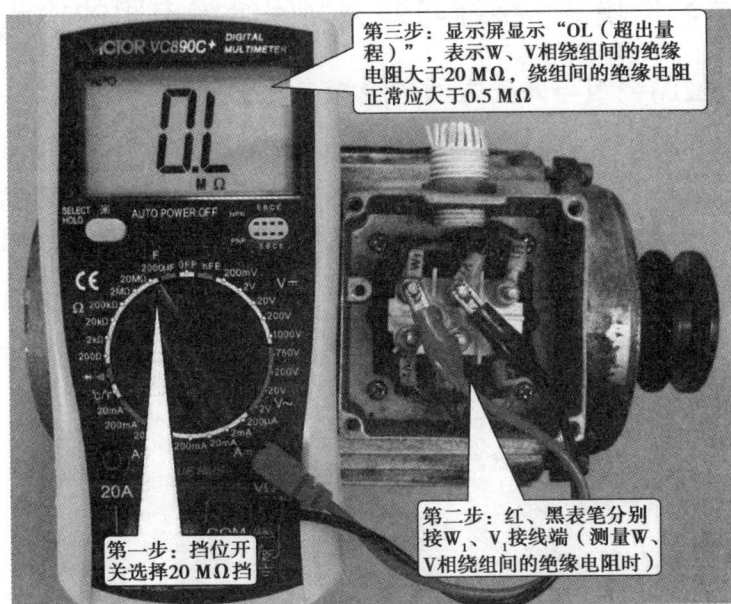

图 2.54　万用表检测绕组间的绝缘电阻

2. 用兆欧表检测绕组间的绝缘电阻

在用万用表检测电动机绕组间的绝缘电阻时,由于测量时提供的测量电压很低(只有几伏),只能反映低压时的绝缘情况,无法反映绕组加高电压时的绝缘情况,要检测绕组加高压时的绝缘情况可使用兆欧表。

使用兆欧表检测电动机绕组间的绝缘电阻如图 2.55 所示。在测量时,拆掉接线端的电源线和接线端之间的短路片,将兆欧表的 L 测量线接某相绕组的接线端,E 测量线接另一相绕组的一个接线端,然后摇动兆欧表的手柄进行测量,L、E 测量线之间输出 500 V 的高压加至两绕组上,绕组间的绝缘电阻越大,流回兆欧表的电流越小,兆欧表指示电阻值越大,正常绝缘电阻大于 1 MΩ 为合格,最低限度不能低于 0.5 MΩ。再用同样方法测量其他绕组间的绝缘电阻,若绕组对地绝缘电阻不合格,应烘干后重新测量,达到合格才能使用。

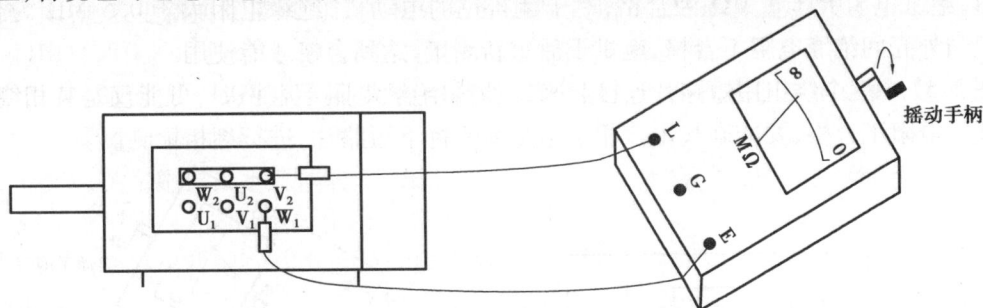

图 2.55　兆欧表检测绕组间绝缘电阻

学习情境3　绕组与外壳之间绝缘电阻的检测

1. 用万用表检测绕组与外壳之间的绝缘电阻

电动机三相绕组与外壳之间都是绝缘的,如果任一绕组与外壳之间的绝缘电阻下降,都会使外壳带电,人接触外壳时易发生触电事故。图2.56所示为检测W相绕组与外壳间的绝缘电阻,正常绕组与外壳间的绝缘电阻应大于0.5 MΩ,万用表显示"OL(超出量程)"表示两绕组间的电阻大于20 MΩ,绝缘良好。

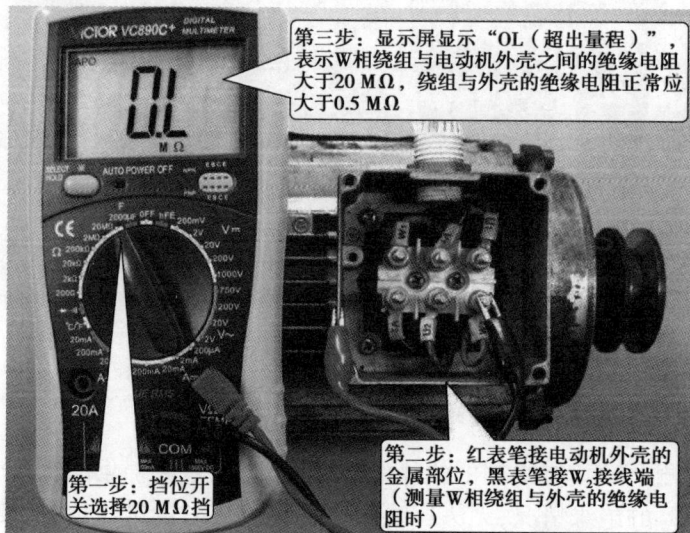

第三步:显示屏显示"OL(超出量程)",表示W相绕组与电动机外壳之间的绝缘电阻大于20 MΩ,绕组与外壳的绝缘电阻正常应大于0.5 MΩ

第二步:红表笔接电动机外壳的金属部位,黑表笔接W₂接线端(测量W相绕组与外壳的绝缘电阻时)

第一步:挡位开关选择20 MΩ挡

图2.56　绕组与外壳之间的绝缘电阻的检测

2. 用兆欧表检测绕组与外壳间的绝缘电阻

用兆欧表检测电动机绕组与外壳间的绝缘电阻使用兆欧表(测量电压500 V),如图2.57所示。在测量时,先拆掉接线端的电源线,接线端间的短路片保持连接,将兆欧表的L测量线接任一接线端,E测量线接电动机的外壳金属部位,然后摇动兆欧表的手柄进行测量,对于新电动机,绝缘电阻大于1 MΩ为合格,对于运行过的电动机,绝缘电阻大于0.5 MΩ为合格。若绕组与外壳间绝缘电阻不合格,应烘干后重新测量,达到合格才能使用。

图2.57中三个绕组用短路片连接起来,当测得绝缘电阻不合格时,可能仅是某相绕组与外壳绝缘电阻不合格,要准确找出该相绕组则需要拆下短路片,进行逐相检测。

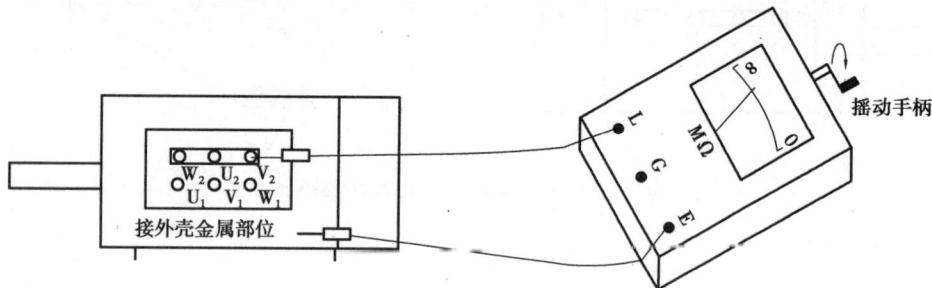

摇动手柄

接外壳金属部位

图2.57　兆欧表检测绕组与外壳间的绝缘电阻

学习情境 4 判别三相绕组的首尾端

电动机在使用过程中,可能会出现接线盒的接线板损坏,从而导致无法区分 6 个接线端与内部绕组的连接关系,采用一些方法可以解决这个问题。

1.判别各相绕组的两个端子

电动机内部有三相绕组,每相绕组有两个接线端,判别各相绕组的接线端可使用万用表电阻挡。将万用表置于 R×10 挡,测量电动机接线盒中的任意两个端子的电阻,如果阻值很小,如图 2.58 所示,表明当前所测的两个端子为某相绕组的端子,再用同样的方法找出其他两相绕组的端子,由于各相绕组结构相同,故可将其中某一组端子标记为 U 相,其他两组端子则分别标记为 V、W 相。

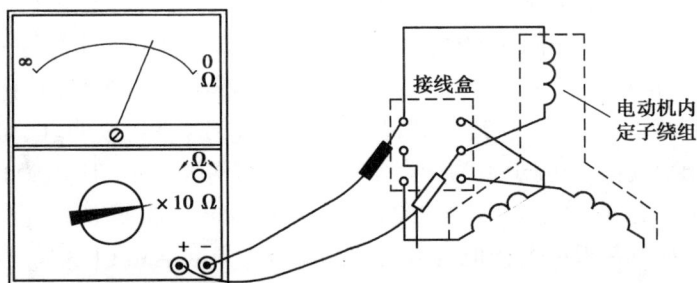

图 2.58 三相绕组的首尾端判别接线

2.判别各绕组的首尾端

电动机可不用区分 U、V、W 相,但各相绕组的首尾端必须区分出来。判别绕组首尾端常用方法有直流法和交流法。

1)直流法

在使用直流法区分各绕组首尾端时,必须已判明各绕组的两个端子。直流法判别绕组首尾端如图 2.59 所示,将万用表置于最小的直流电流挡(图示为 0.05 mA 挡),红、黑表笔分别接一相绕组的两个端子,然后给其他一相绕组的两端子接电池和开关,合上开关,在开关闭合的瞬间,如果表针往右方摆动,表明电池正极所接端子与红表笔所接端子为同名端(电池负极所接端子与黑表笔所接端子也为同名端),如果表针往左方摆动,表明电池负极所接端子与红表笔所接端子为同名端,图中表针往右摆动,表明 W_a 端与 U_a 端为同名端,再断开关,将两表笔接剩下的一相绕组的两个端子,用同样的方法判别该相绕组端子。找出各相绕组的同名端后,将性质相同的三个同名端作为各绕组的首端,余下的三个端子则为各绕组的尾端。由于电动机绕组的阻值较小,开关闭合时间不要过长,以免电池很快耗尽或烧坏。

直流法判断同名端的原理是:当闭合开关的瞬间,W 绕组因突然有电流通过而产生电动势,电动势极性为 W_a 正、W_b 负,由于其他两相绕组与 W 相绕组相距很近,W 相绕组上的电动势会感应到这两相绕组上,如果 U_a 端与 W_a 端为同名端,则 U_a 端的极性也为正,U 相绕组与万用表接成回路,U 相绕组的感应电动势产生的电流从红表笔流入万用表,表针会往右摆动,开关闭合一段时间后,流入 W 相绕组的电流基本稳定,W 相绕组无感应电动势产生,其他两相绕组也无感应电动势产生,万用表表针会停在 0 刻度处不动。

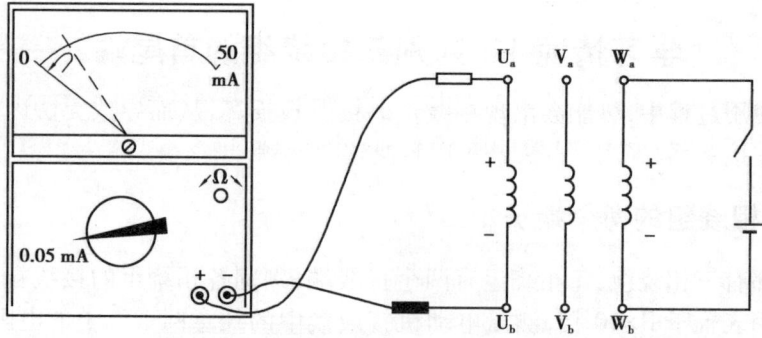

图 2.59　直流法检测绕组首末端接线方法

2) 交流法

在使用交流法区分各绕组首尾端时,也要求已判明各绕组的两个端子。

交流法判别绕组首尾端如图 2.60(a)所示,先将两相绕组的两个端子连接起来,万用表置于交流电压挡(图示为交流 50 V 挡),红、黑表笔分别接此两相绕组的另两个端子,然后给余下的一相绕组接灯泡和 220 V 交流电源,如果表针有电压指示,表明红、黑表笔接的两个端子为异名端(两个连接起来的端子也为异名端),如果表针提示的电压值为 0,表明红、黑表笔接的两个端子为同名端(两个连接起来的端子也为同名端),再更换绕组做上述测试,如图 2.58(b)所示,图中万用表指示电压值为 0,表明 U_b、W_a 为同名端(U_a、W_b 为同名端)。找出各相绕组的同名端后,将性质相同的三个同名端作为各绕组的首端,余下的三个端子则为各绕组的尾端。

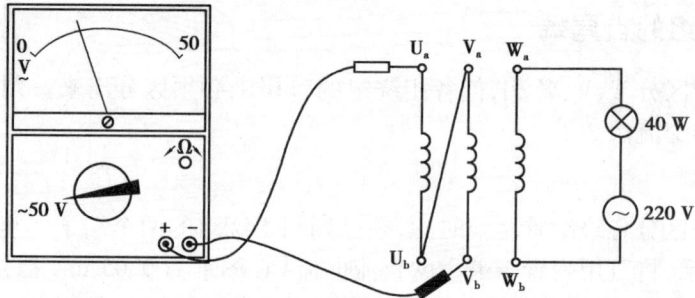

(a)异名端

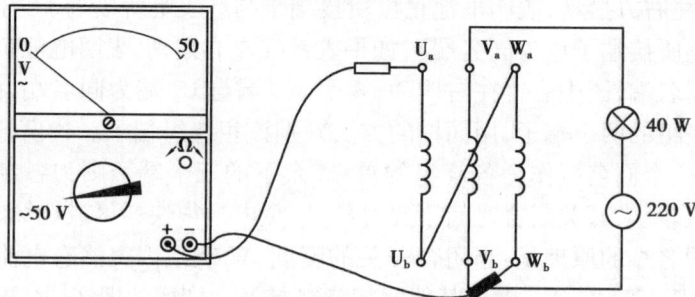

(b)同名端

图 2.60　交流法判别绕组首尾端接线图

交流法判断同名端的原埋:当 220 V 交流电压经灯泡降压加到一相绕组时,另外两相绕组会感应出电压,如果这两相绕组是同名端与异名端连接起来,则两相绕组上的电压叠加而增大一倍,万用表会有电压指示,如果这两相绕组是同名端与同名端连接,两相绕组上的电压叠加会相互抵消,万用表测得的电压为0。

学习情境 5　判断电动机的磁极对数和转速

对于三相异步电动机,其转速 n、磁极对数 p 和电源频率 f 之间的关系近似为 $n=60f/p$(也可用 $p=60f/n$ 或 $f=pn/60$ 表示)。电动机铭牌一般不标注磁极对数 p,但会标注转速 n 和电源频率 f,根据 $p=60f/n$ 可求出磁极对数。例如,电动机的转速为 1 440 r/min,电源频率为 50 Hz,那么该电动机的磁极对数 $p=60f/n=60×50/1 440≈2$。

如果电动机的铭牌脱落或磨损,无法了解电动机的转速,也可使用万用表来判断。在判断时,万用表选择直流 50 mA 以下的挡位,红、黑表笔接一个绕组的两个接线端,如图 2.61 所示,然后匀速旋转电动机转轴一周,同时观察表针摆动的次数,表针摆动一次表示电动机有一对磁极,即表针摆动的次数与磁极对数是相同的,再根据 $n=60f/p$ 即可求出电动机的转速。

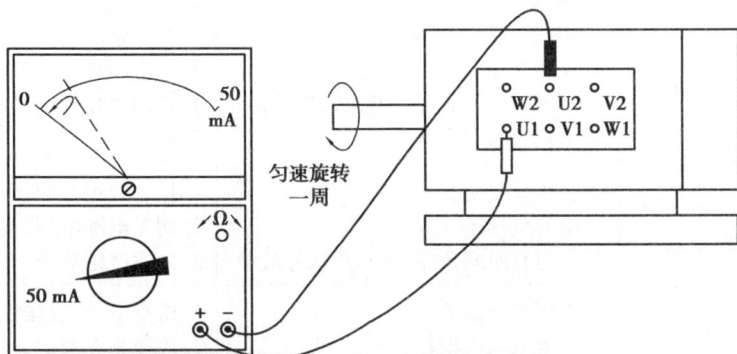

图 2.61　电动机的磁极对数和转速接线图

三相异步电动机的常见故障及处理方法见表 2.22。

表 2.22　三相异步电动机的常见故障及处理方法

序号	故障现象	故障原因	处理方法
1	通电后电动机不能转动,但无异响,也无异味和冒烟	1.电源未通(至少两相未通); 2.熔丝熔断(至少两相熔断); 3.控制设备接线错误; 4.电机已经损坏	1.检查电源回路开关,熔丝、接线盒处是否有断点,予以修复; 2.检查熔丝型号、熔断原因,更换熔丝; 3.查出误接,予以更正; 4.检查电机,予以修复
2	通电后电机不转,熔丝烧断	1.缺一相电源,或定子线圈一相反接; 2.定子绕组相间短路; 3.定子绕组接地; 4.定子绕组接线错误; 5.熔丝截面过小; 6.电源线短路或接地	1.检查刀闸是否有一相未合好,或电源回路有一断线;消除反接故障; 2.查出短路点,予以修复; 3.消除接地; 4.查出误接,予以更正; 5.更换熔丝; 6.消除接地点

续表

序号	故障现象	故障原因	处理方法
3	通电后电动机不转,有嗡嗡声	1. 定子、转子绕组有断路(一相断线)或电源一相失电; 2. 绕组引出线始末端接错或绕组内部接反; 3. 电源回路接点松动,接触电阻大; 4. 电动机负载过大或转子卡住; 5. 电源电压过低; 6. 小型电动机装配太紧或轴承内油脂过硬; 7. 轴承卡住	1. 查明断点,予以修复; 2. 检查绕组极性,判断绕组首末是否正确; 3. 紧固松动螺钉,用万用表判断接头是否假接,予以修复; 4. 减载或查出并清除机械故障; 5. 检查是否把规定的△接法误接为Y接法;是否由于电源导线过细使压降过大; 6. 重新装配使之灵活,更换合格油脂; 7. 修复轴承
4	电动机启动困难,带额定负载时,电动机转速低于额定转速较多	1. 电源电压过低; 2. 接法误接为Y接法; 3. 笼型转子开焊或断裂; 4. 定子、转子局部线圈错接、接反; 5. 电机过载	1. 测量电源电压,设法改善; 2. 纠正接法; 3. 检查开焊和断裂并修复; 4. 查出误接处,予以改正; 5. 减载
5	电动机空载电流不平衡,三相相差大	1. 绕组首尾端接错; 2. 电源电压不平衡; 3. 绕组有匝间短路、线圈反接等故障	1. 检查绕组并纠正; 2. 测量电源电压,设法消除不平衡; 3. 消除绕组故障
6	电动机空载电流平衡,但数值大	1. 电源电压过高; 2. Y接电动机误接; 3. 气隙过大或不均匀	1. 检查电源,设法恢复额定电压; 2. 改接为Y接; 3. 更换新转子或调整气隙
7	电动机运行时响声不正常,有异响	1. 转子与定子绝缘低或槽楔相擦; 2. 轴承磨损或油内有砂粒等异物; 3. 定子、转子铁芯松动; 4. 轴承缺油; 5. 风道填塞或风扇擦风罩; 6. 定子、转子铁芯相擦; 7. 电源电压过高或不平衡; 8. 定子绕组错接或短路	1. 修剪绝缘,削低槽楔; 2. 更换轴承或清洗轴承; 3. 检查定子、转子铁芯; 4. 加油; 5. 清理风道,重新安装风罩; 6. 消除擦痕,必要时车小转子; 7. 检查并调整电源电压; 8. 消除定子绕组故障
8	运行中电动机振动较大	1. 由于磨损,轴承间隙过大; 2. 气隙不均匀; 3. 转子不平衡; 4. 转轴弯曲; 5. 铁芯变形或松动; 6. 联轴器(皮带轮)中心未校正; 7. 风扇不平衡; 8. 机壳或基础强度不够; 9. 电动机地脚螺丝松动; 10. 笼型转子开焊、断路、绕组转子断路; 11. 定子绕组故障	1. 检查轴承,必要时更换; 2. 调整气隙,使之均匀; 3. 校正转子的动平衡; 4. 校直转轴; 5. 校正重叠铁芯; 6. 重新校正,使之符合规定; 7. 检修风扇,校正平衡,纠正其几何形状; 8. 进行加固; 9. 紧固地脚螺栓; 10. 修复转子绕组; 11. 修复定子绕组

续表

序号	故障现象	故障原因	处理方法
9	轴承过热	1.润滑脂过多或过少； 2.油质不好含有杂质； 3.轴承与轴颈或端盖配合不当； 4.轴承盖内孔偏心，与轴相擦； 5.电动机与负载间联轴器未校正，或皮带过紧； 6.轴承间隙过大或过小； 7.电动机轴弯曲	1.按规定加润滑油脂(容积的三分之一至三分之二)； 2.更换为清洁的润滑油； 3.过松可用黏结剂修复； 4.修理轴承盖,消除擦点； 5.重新校正,调整皮带张力； 6.更换新轴承； 7.矫正电动机轴或更换转子
10	电动机过热甚至冒烟	1.电源电压过高,使铁芯发热大大增加； 2.电源电压过低,电动机又带额定负载运行,电流过大使绕组发热； 3.定子、转子铁芯相擦,电动机过载或频繁启动； 4.笼型转子断条； 5.电动机缺相,两相运行； 6.环境温度高,电动机表面污垢多,或通风道堵塞； 7.电动机风扇故障,通风不良； 8.定子绕组故障(相间、匝间短路;定子绕组内部连接错误	1.降低电源电压(如调整供电变压器分接头),若是电机 Y 接法错误引起,则应改正接法； 2.提高电源电压或换相供电导线； 3.消除擦点(调整气隙或锉、车转子),减载,按规定次数控制启动； 4.检查并消除转子绕组故障； 5.恢复三相运行； 6.清洗电动机,改善环境温度,采用降温措施； 7.检查并修复风扇,必要时更换； 8.检查定子绕组,消除故障

项目三
同步发电机的运行与调节

任务一　同步发电机的基本结构和运行状态

内容提要

同步发电机是交流电机的一种,同步发电机与异步电动机的区别在于转子侧装有磁极,并通入直流电流励磁。由于定子、转子磁场相对静止及气隙磁场恒定,因此,同步发电机的运行特点是转子旋转磁场与定子磁场的转速严格同步。同步发电机主要作为发电机运行,也可以作为电动机和补偿机运行。现代电站中所用的发电机多数为同步发电机。

任务目标

1. 知识目标
(1)了解同步发电机的基本类型和结构。
(2)掌握同步发电机的额定值。
(3)掌握同步发电机的运行状态。

2. 能力目标
(1)掌握同步发电机的基本结构和定子、转子等作用。
(2)掌握汽轮发电机和水轮发电机在运行特性上的不同。

3. 素质目标
(1)激发学生主动学习的意愿,培养求知和探索精神,培养对知识的分类总结能力。
(2)培养团队意识、合作意识,规范意识,增强学生对知识的敬畏心和求知欲。

任务导入

同步发电机的分类方法有很多种,按照定、转子结构形式不同,同步发电机可以分为旋转电枢式和旋转磁极式。旋转电枢式同步发电机的主磁极装在定子上,电枢装在转子上,主要用于小型同步发电机中;旋转磁极式则在定子上装设电枢,在转子上装主磁极,主要用于中大型同步发电机。按照主磁极的励磁方式不同,同步发电机可分为永磁式和电励磁式。按照主磁极结构不同,又可以分为隐极式和凸极式。对于同步发电机若按原动机来划分,用汽轮机作为原动机时称为汽轮发电机,而用水轮机作为原动机时则称为水轮发电机。

学习情境 1　同步发电机的结构

同步发电机一般由定子、转子、端盖和轴承等部件构成。

汽轮发电机采用汽轮机作为原动机，由于汽轮机在高速时运行效率较高，所以汽轮发电机一般制成高速电机，火电厂中多用 3 000 r/min 的 2 极电机，核电厂中则用 1 500 r/min 的 4 极电机。由于转速高、离心力大，因此汽轮发电机的转子直径受到限制。为了增大容量，只能增加转子长度，大容量电机转子本体长度可达到 6 m 以上，轴长可达到十几米，容量越大，转子本体长度与直径之比越大。

同步发电机的结构

1) 定子

同步发电机的定子由铁芯、绕组、机座和端盖等部件组成。定子铁芯一般由 0.5 mm 厚的高导磁硅钢片叠压而成，为了通风散热，每两叠之间设有通风沟。铁芯叠好后，用非磁性压板压紧，再通过螺杆拉紧后固定在机座上。定子绕组多为双层短距叠绕组，绕圈为单匝条形线圈，每匝截面积较大，为减少杂散损耗，用多股导线并绕而成。为了方便下线，定子槽一般为矩形开口槽。汽轮机定子铁芯槽如图 3.1 所示。

2) 转子

转子由高机械强度和导磁性能好的合金钢锻成，并且和转轴制成一个整体。转子铁芯进行开槽，励磁绕组嵌入其中。从外形上看，转子磁极不明显，气隙基本均匀，故又称隐极机。

励磁绕组用扁铜线绕成同心式绕组，由于转速高、离心力大，必须用高强度铝合金槽楔压紧槽中的励磁绕组，励磁绕组的端部用护环固定。励磁绕组通过装在转轴上的集电环和电刷与以水轮机作原动机的发电机称为水轮发电机。水轮机转子铁芯如图 3.2 所示。

水轮机的转速取决于电机的容量、水头和流量等因素，变化范围较大。水头较低时水轮机的转速比较低，如三峡水电站的机组转速为 75 r/min；水头较高时水轮机的转速较高，小容量的机组转速可以达到 1 000 r/min。由于转速低，极数多，要求转动惯量大，水轮发电机的特点是直径大、长度短，定子外径和长度之比一般为 5~7 或更大，所以水轮发电机一般为立式结构，整个机组转动部分的质量和作用在水轮机转子上的水推力都由推力轴承支撑，并通过机架传递到地基上。

图 3.1　汽轮机定子铁芯槽

图 3.2　水轮机转子铁芯

学习情境 2　同步发电机的运行状态

同步发电机有发电机、电动机和补偿机三种运行状态。同步发电机运行时,其内部存在两个磁场:①转子直流励磁磁动势产生的主极磁场;②由定子三相绕组通入三相对称电流后产生的电枢合成磁场。同步发电机的运行状态取决于这两个磁场的相对位置。

若同步发电机的转子由原动机拖动以同步转速旋转,转子加入直流励磁,定子绕组中感应电动势,并进一步形成电枢磁场。此时转子主极磁场超前于电枢磁场,转子上将受到一个与其旋转方向相反的制动性质的电磁转矩,如图 16.6(a)所示。原动机输入的机械功率将通过电机内部的电磁作用转换为电功率并由定子绕组送入电网或负载,同步发电机工作在发电机运行状态。

若同步发电机的定子三相绕组通入三相对称电流,转子加入直流励磁,转子主极磁场滞后电枢磁场,转子上将受到一个与其旋转方向相同的驱动性质的电磁转矩。转子将拖动机械负载以同步转速运行,由定子绕组输入的电功率被转换为机械功率输出,同步发电机工作在电动机运行状态。

若同步发电机的定子三相绕组通入三相对称电流,转子加入直流励磁,转子主极磁场与电枢磁场重合,不产生电磁转矩,转子上不带机械负载,电机内没有有功功率转换,同步发电机工作在补偿机运行状态。此时,调节转子励磁电流,可以改变电机输出无功功率的大小和性质,因此,同步补偿机有时又称作同步调相机。

学习情境 3　同步发电机的额定值

额定电压 U_N:电机额定运行时定子的线电压(V 或 kV)。

额定电流 I_N:电机额定运行时定子的线电流(A)。

额定功率因数 $\cos \varphi_N$:电机额定运行时的功率因数。

额定功率 P_N:电机额定运行时的输出功率(kW 或 MW)。

对发电机为额定输出有功功率

$$P_N = \sqrt{3}\, U_N I_N \cos \varphi_N \tag{3.1}$$

对电动机是轴上输出的额定机械功率

$$P_N = \sqrt{3}\, U_N I_N \cos \varphi_N \eta_N \tag{3.2}$$

📋 任务实战

交流发电机的拆装与性能检测

1. 目的要求

(1)学会正确拆装交流发电机,并且能够正确使用拆装工具。

(2)掌握交流发电机工作原理,在拆装过程中熟悉交流发电机各零部件,并掌握其基本技术要求。

(3)能清楚地说明各零部件在发电机工作时的作用。

2. 设备、工具和材料

(1)交流发电机。

(2)汽车专用万用表、百分表、台钳及平台;一字起子、十字起子,开口扳手、梅花扳手、套筒扳手(8 mm、14 mm)等。

(3)电烙铁、卡尺、12 V 2 W 小灯泡、弹簧秤、游标卡尺或钢板尺、V 形铁等。

(4)油盆、毛刷,清洗剂、润滑脂、"00"号砂纸及棉纱等。

3.实施步骤

1)交流发电机的结构

交流发电机由电刷、带轮、风扇、前后端盖、转子、定子等部件组成,其结构如图3.3所示。

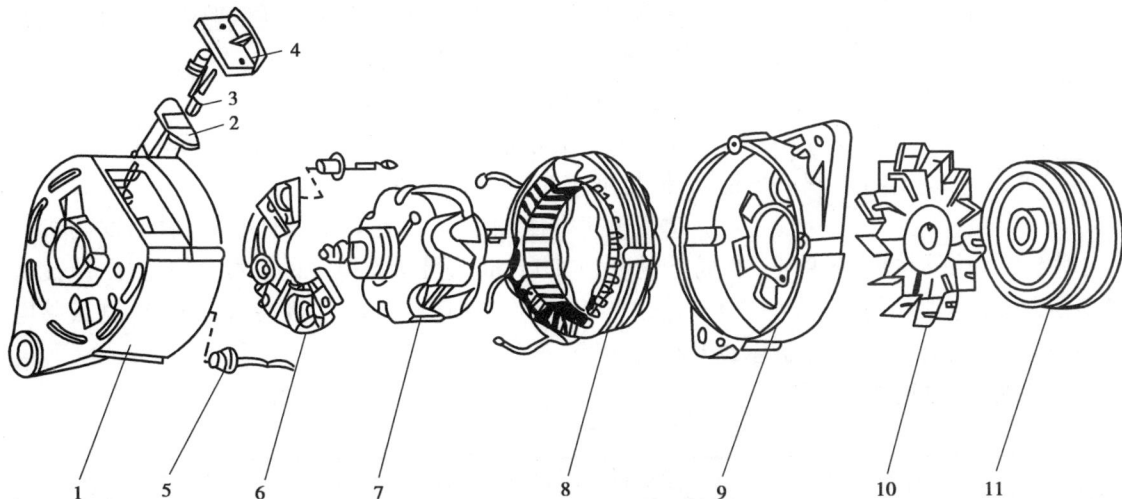

图 3.3　交流发电机结构

1—后端盖;2—电刷架;3—电刷;4—电刷架外盖;5—硅二极管;6—散热板;

7—转子;8—定子;9—前端盖;10—风扇;11—V 形带轮

2)交流发电机的分解与清洗

(1)拆下固定电刷组件和调节器总成的两个固定螺钉,取下电刷和调节器。

(2)分别用直径 14 mm、8 mm 的套筒扳手拆下输出端子(B+)和励磁绕组接线端子(D+)上的紧固螺母。

(3)拆下绝缘架固定螺钉,取下绝缘架。

(4)拆下防干扰电容器固定螺钉,拔下电容器引线插头,取下电容器。

(5)拆下前、后端盖固定螺栓,分离前、后端盖,使定子与后端盖在一起。

(6)拆下整流器总成固定螺钉,从后端盖上取下整流器总成与定子。

(7)用 30~50 W/220 V 的电烙铁焊开走子绕组引线与整流二极管引出电极间的四个焊点,使定子总成与整流器总成分离。

(8)用棉纱蘸适量清洗剂擦洗转子绕组、定子绕组、电刷及其他机件。

3)交流发电机的装配

(1)在轴承内加注润滑脂。

(2)将转子、前端盖、风扇叶轮及传动带盘装合在一起。

(3)安装电刷架、电刷及弹簧。

(4)安装元件板。元件板也安装在后端盖内部。

(5)把定子线圈与后端盖合装在一起,连接好二极管与定子线团的引出线。

(6)将两端盖装合在一起,拧紧对销螺钉。

（7）安装发电机接线桩头。发电机上"+"与"Y"桩头应与后端盖不导电，发电机"-"桩头应与后端盖导电。

4）交流发电机性能的检测

（1）试验台试验。

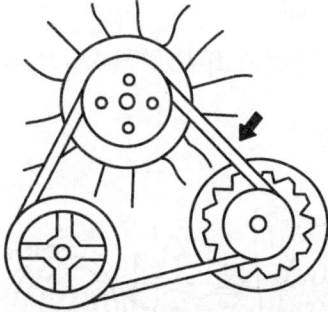

图3.4　传动带松紧度检查

①空载试验。将发电机正确安装在试验台上，启动试验台，记录试验数据，应与规定相符。

②负载试验。将发电机正确安装在试验台上，启动试验台，记录试验数据，应与规定相符。

（2）就车测试。

①检查传动带松紧度（图3.4）。用 30～50 N 的力按下传动带，挠度应为 10～15 mm。

②发电机电压测试。关闭车上所有电器，启动发动机并保持转速在 2 000 r/min，测量蓄电池的空载充电电压，应比参考电压（原蓄电池端电压）高些，但不超过 2 V；仍在 2 000 r/min 时，接通所有电器，测量蓄电池负载电压，应至少高出参考电压 0.5 V。

4.检查与评价（表3.1）

表3.1　检查与评价表

内容	学生自评	小组互评	教师评价	总结与改进
能正确、熟练地使用相关工具				
试验操作顺序正确、流畅				
设备、器材摆放整齐，使用正确				
能对任务结果进行总结、分析				

知识拓展

2022 年 12 月 20 日，从金沙江白鹤滩水电站传来好消息：由哈电集团电机公司研制的金沙江白鹤滩水电站最后一台机组高质量投入商业运行，标志着世界单机容量最大、在建规模世界第一、装机规模全球第二大金沙江白鹤滩水电站全部机组投产发电。

白鹤滩水电站是实施"西电东送"的国家重大工程，是当今世界在建规模最大、技术难度最高的水电工程，装备世界单机容量最大的 16 台 100 万 kW 水轮发电机组，实现了我国高端装备制造的重大突破。

随着白鹤滩水电站全部机组的投产发电，三峡集团在金沙江下游开发建设运营的四座梯级水电站——乌东德、白鹤滩、溪洛渡、向家坝实现联合运行，并与下游的三峡、葛洲坝水电站构成世界最大清洁能源走廊。

6 座电站总计 110 台机组，总装机容量 7 169.5 万 kW。其中，5 座电站总计 45 台机组由哈电集团电机公司研制

2021 年 6 月 28 日，白鹤滩水电站首批机组投产发电。哈电集团电机公司研制的白鹤滩 14 号机组，成为全球首台发出 100 万 kW 的水电机组，开启了 100 万 kW 机组运行的新时代。

在白鹤滩机组的研制过程中,哈电集团电机公司攻克了多项世界性技术难题:

100 万 kW 机组实现了 0 ~ 100% 全负荷安全稳定运行。

首创 15 长+15 短的长短叶片转轮,水轮机最优效率达 96.7%。

发电机应用具有自主知识产权的全空气冷却技术,转子温度均匀度提升 3%。

采用 24 kV 水电行业最高电压等级,绝缘研制领域达到世界领先水平。

思考问题 ··············

1. 什么是同步发电机? 同步发电机的转速和极数有什么关系?
2. 汽轮机和水轮机在结构上有何不同?
3. 为什么大多数同步发电机都做成旋转磁极式的?
4. 试比较同步发电机和异步电动机在结构上的不同。

任务二　同步发电机的运行原理

内容提要

同步发电机和感应电机(即异步电动机)一样,是一种常用的交流电机。同步发电机是电力系统的心脏,它是一种集旋转与静止、电磁变化与机械运动于一体,实现电能与机械能变换的元件。现代发电厂中的交流机以同步发电机为主,其动态性能十分复杂,而且其动态性能又对全电力系统的动态性能有极大影响,本任务我们来讨论和学习同步发电机空载运行和负载运行时的电磁关系等知识。

任务目标

1. 知识目标

掌握同步发电机空载运行和负载运行时的电磁关系。

2. 能力目标

掌握同步发电机的电枢反应及其在不同负载情况下的性质。

3. 素质目标

(1)培养学生分析问题、总结归纳的能力。激发学生的学习热情和能力。

(2)培养团队意识、合作意识、规范意识,提高规范操作和标准作业的能力。

任务导入

同步发电机空载运行时,定子绕组开路,电机中只有以同步转速旋转的转子励磁磁场,主磁场和感应电动势都保持恒定。当电动机负载运行时,转子励磁电流改变,原有平衡就被破坏。在这个变化过程中,各物理量是如何变化和相互影响的呢?

学习情境 1　同步发电机的空载运行

当原动机拖动转子以同步转速旋转,转子励磁绕组通入直流励磁电流而定子三相绕组开路时的运行工况称为同步发电机的空载运行。此时,定子电流为零,电机内的磁场由转子励磁电流 I_f 和相应的磁动势 F_f 建立,称为励磁磁场。励磁磁场的磁路包含两部分:

①主磁通,既交链转子又经过气隙交链定子的磁通。这是一个被原动机带动到同步转速的旋转磁场。

②漏磁通,仅与转子励磁绕组相交链,而不与定子相交链的磁通,不参与机电能量的转换过程。

如图 3.5 所示,当调节励磁电流 I_f 时,主磁通 Φ_0 随之改变,空载电动势 E_0 也随之改变。在同步转速下,空载电动势随励磁电流变化。初始阶段,I_f 较小时,磁通 Φ_0 较小,铁芯不饱和,E_0 与 I_f 成正比。当磁通 Φ_0 较大时,铁芯饱和,增加励磁电流时感应电动势的变化越来越小,E_0 与 I_f 之间的关系呈非线性关系。同时定义主磁极轴线为直轴(d 轴),与直轴正交的为交轴(q 轴)。

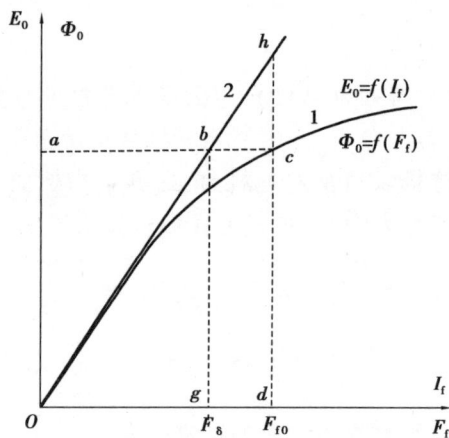

图 3.5　同步发电机空载特性

学习情境 2　同步发电机的电枢反应

同步发电机带上三相对称负载后,定子三相对称绕组(电枢绕组)中将流过三相对称电流,此时电机内部除转子磁动势 F_f 外,电枢绕组三相电流还将产生电枢磁动势 F_a。三相对称负载电流将产生电枢磁场,以同步速度旋转的磁动势和磁场,与转子主极磁场保持相对静止。所以,同步发电机负载运行时,气隙内的合成磁场是由主极磁动势 F_f 和电枢磁动势 F_a 共同作用产生的。电枢电流产生的磁场对主极磁场产生影响,称为电枢反应。电枢反应的性质取决于空载电动势 E_0 与负载电流 I 之间的夹角 ψ 有关,如图 3.6 所示。

①$\psi=0°$时(负载为纯阻性),$F_a=F_{aq}$,与 F_f 正交,为交磁性质。

②$\psi=90°$时(负载为纯感性),$F_a=-F_{ad}$,与 F_f 反向,为去磁性质。

③$0°<\psi<90°$时（负载为感性）, F_a $\begin{cases} F_{ad} \text{与} F_f \text{反向,去磁性质。} \\ F_{aq} \text{与} F_f \text{正交,交磁性质。} \end{cases}$

④$-90°<\psi<0°$（负载为容性）, F_a $\begin{cases} F_{ad} \text{与} F_f \text{同向,助磁性质。} \\ F_{aq} \text{与} F_f \text{正交,交磁性质。} \end{cases}$

学习情境 3　隐极同步发电机的负载运行

同步发电机负载运行时,电机内部存在两个磁动势:①由励磁电流 I_f 产生的主极磁动势 F_f。②由电枢电流 I 产生的电枢磁动势 F_a。由它们形成的磁场都以同步速度旋转,因此将在电枢绕组中感应电动势。设主磁极磁动势 F_f 产生主磁通 Φ_0,感应电动势 E_0;电枢反应磁动势 F_a 产生电枢反应主磁通 Φ_a,感应电动势 E_a;漏磁通 Φ_σ 产生感应电动势 E_σ。当不考虑磁路饱和时,隐极同步发电机内各参量的电磁关系表示为

转子励磁电流 $I_f \longrightarrow \vec{F_{f1}} \longrightarrow \dot{\Phi}_0 \longrightarrow \dot{E}_0$

$\dot{\Phi}_\delta \xrightarrow{\text{不考虑饱和}} \dot{\Phi}_\delta = \dot{\Phi}_0 + \dot{\Phi}_a$

定子三相电流 $\dot{I} \longrightarrow \vec{F_a} \longrightarrow \dot{\Phi}_a \longrightarrow \dot{E}_a = -j\dot{I}X_a$

$\dot{\Phi}_\sigma \longrightarrow \dot{E}_\sigma = -j\dot{I}X_\sigma$

$\dot{E}_\delta = \dot{E}_0 + \dot{E}_a$

与变压器的分析相类似,选定正方向之后,可得定子电动势平衡方程为:

$$\dot{E}_0 + \dot{E}_a + \dot{E}_\sigma = \dot{U} + \dot{I}R_a \tag{3.3}$$

$$\dot{E}_a = -j\dot{I}X_a \tag{3.4}$$

$$\dot{E}_\sigma = -j\dot{I}X_\sigma \tag{3.5}$$

$\dot{E}_0$、$\dot{E}_a$、$\dot{E}_\sigma$ 分别滞后于产生它们的磁通 Φ_0、Φ_a、Φ_σ $90°$的相角。在电枢电流不变时,X_a 越大,电枢反应电动势也越大,也就是说电枢电流产生磁场的影响越大。因此,X_a 的大小也说明了电枢反应的强弱。而漏磁路总是线性的,$E_\sigma \propto \Phi_\sigma \propto I$。

学习情境 4　凸极同步发电机的负载运行

凸极同步发电机与隐极同步发电机的区别在于凸极电机的气隙不均匀,这使得直轴与交轴磁路的磁阻不相同,同样大小的电枢磁动势作用在直轴和交轴磁路上时,所产生的电枢反应磁通不同。因此,当凸极同步发电机在对称负载下运行时,主极磁动势作用的磁路与气隙是否均匀无关,而电枢反应磁动势,由于 d 轴和 q 轴磁阻不同,直轴气隙比交轴气隙小,所以直轴磁阻比交轴磁阻小。电枢磁动势作用在气隙的不同位置时,电枢磁场的大小就不同。分析过程可以表示为

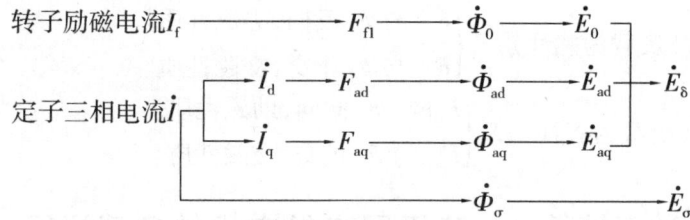

由此可得电动势平衡方程为：

$$\dot{E}_0 = \dot{U} + \dot{I}R_a + j\dot{I}_d X_{ad} + j\dot{I}_q X_{aq} + j\dot{I}X_\sigma = \dot{U} + \dot{I}R_a + j\dot{I}_d X_d + j\dot{I}_q X_q$$

其中：$\dot{I} = \dot{I}_d + \dot{I}_q$　　　$X_d = X_\sigma + X_{ad}$　　　$X_q = X_\sigma + X_{aq}$

凸极同步发电机的等效电路和向量图如图 3.6 所示。

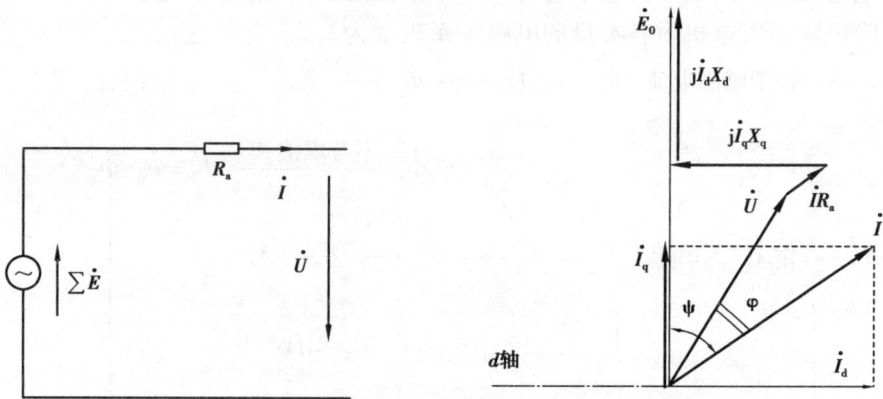

图 3.6　凸极同步发电机的等效电路和向量图

任务实战

同步发电机空载试验和短路试验

1. 目的要求

（1）空载试验：在 $n = n_N$、$I = 0$ 的条件下，测取空载特性曲线 $U_0 = f(I_f)$。

（2）三相短路试验：在 $n = n_N$、$U = 0$ 的条件下，测取三相短路特性曲线 $I_k = f(I_f)$。

2. 设备、工具和材料

（1）MEL 系列电机系统教学实验台主控制屏。

（2）电机导轨及测功机、转矩转速测量仪（NMEL-13、MEL-14）。

（3）功率表、功率因数表（或在主控制屏，或采用单独的组件 NMEL-20）。

（4）同步发电机励磁电源（含在主控制屏左下方，NMEL-19）。

（5）三相可调电阻器 900 Ω（NMEL-03）。

（6）三相可调电阻器 90 Ω（NMEL-04）。

（7）旋转指示灯及开关板（NMEL-05B）。

（8）三相可调电抗器（NMEL-08A，含在主控制屏右下方）。

（9）三相同步发电机 M08。

（10）直流并励电动机 M03。

（11）电机启动箱（NMEL-09）。

3. 实施步骤

1) 空载试验

按图 3.7 接线,直流电动机 M 按他励方式联接,拖动三相同步发电机 G 旋转,发电机的定子绕组为 Y 形接法($U_N = 220$ V)。

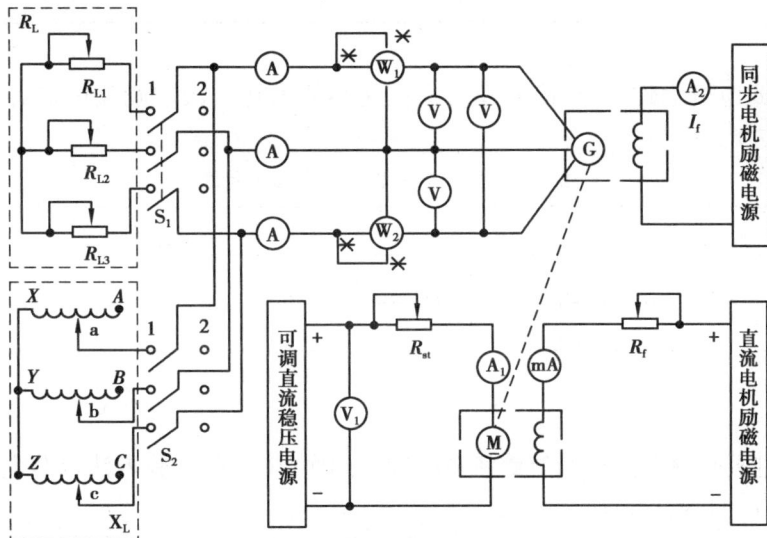

图 3.7　同步发电机空载试验接线图

R_f 用 NMEL-09 中的 3 000 Ω 磁场调节电阻。

R_{st} 采用 NMEL-03 中 90 Ω 与 90 Ω 电阻相串联,共 180 Ω 电阻。

R_L 采用 NMEL-03 中三相可调电阻。

X_L 采用 NMEL-08A 中三相可调电抗器。

S_1、S_2 采用 NMEL-05 中的三刀双掷开关。

同步发电机励磁电源为 0～2.5 A 可调的恒流源,安装在主控制屏的右下部。须注意,切不可将恒流源输出短路。

V_1、mA、A_1 为直流电压表、毫安表、安倍表,安装在主控制屏的右下部。

交流电压表、交流电流表、功率表安装在主控制屏上,不同型号的实验台,其仪表数量不同,接法可参见异步电动机的接线。

实验步骤:

①未上电源前,同步发电机励磁电源调节旋钮逆时针旋到底,直流电机磁场调节电阻 R_f 调至最小,电枢调节电阻 R_{st} 调至最大,开关 S_1、S_2 扳向"2"位置(断开位置)。

②按下绿色"闭合"按钮开关,合上直流电机励磁电源和电枢电源船形开关,启动直流电机 M03。

调节 R_{st} 至最小,并调节可调直流稳压电源(电枢电压)和磁场调节电阻 R_f,使 M03 电机转速达到同步发电机的额定转速 1 500 r/min 并保持恒定。

③合上同步发电机励磁电源船形开关,调节 M08 电机励磁电流 I_f(注意必须单方向调节),使 I_f 单方向递增至发电机输出电压 $U_0 \approx 1.3 U_N$ 为止。在这范围内,读取同步发电机励磁电流 I_f 和相应的空载电压 U_0,测取 7～8 组数据填入表 3.2 中。

表 3.2 数据记录表 ($n = n_N = 1\,500\ \text{r/min}$) ($I = 0$)

序号	1	2	3	4	5	6	7	8
U_0/V								
I_f/A								

④减小 M08 电机励磁电流,使 I_f 单方向减至零值为止。读取励磁电流 I_f 和相应的空载电压 U_0,填入表 3.3 中。

表 3.3 励磁电流和空载电压记录表

序号	1	2	3	4	5	6	7	8
U_0/V								
I_f/A								

2) 三相短路试验

①同步发电机励磁电流源调节旋钮逆时针旋到底,按空载试验方法调节电机转速为额定转速 1 500 r/min,且保持恒定。

②用短接线把发电机输出三端点短接,合上同步发电机励磁电源船形开关,调节 M08 电机的励磁电流 I_f,使其定子电流 $I_k = 1.2I_N$,读取 M08 电机的励磁电流 I_f 和相应的定子电流值 I_k。

③减小发电机的励磁电流 I_f 使定子电流减小,直至励磁电流为零,读取励磁电流 I_f 和相应的定子电流 I_{k2},共取数据 7~8 组并记录于表 3.4 中。

表 3.4 数据记录表 ($n = n_N = 1\,500\ \text{r/min}$) ($U = 0$)

序号	1	2	3	4	5	6	7	8
I_k/A								
I_f/A								

4. 检查与评价 (表 3.5)

表 3.5 检查与评价表

内容	学生自评	小组互评	教师评价	总结与改进
能正确、熟练地使用相关工具				
试验操作顺序正确、流畅				
设备、器材摆放整齐,使用正确				
根据实验数据绘出同步发电机的空载特性曲线				
根据实验数据绘出同步发电机短路特性曲线				

知识拓展

"大国工匠"梅琳——吊装千吨一丝不差 巨型装置毫米"穿针"

在不足两平方米的桥机驾驶室,她精准操作"毫米级"千吨起吊。

从吊装三峡水电站 1 500 t 发电机转子,到世界最大百万千瓦机组 2 300 t 发电机转子,27 年来,她在桥机工这一平凡岗位上不断刷新纪录。

她是大国工匠、湖北五一劳动奖章获得者、中国能建葛洲坝机电公司白鹤滩机电项目部桥机班班长梅琳。听她讲述从参建"大国重器"到成为"大国工匠"背后的故事。

将全球最大发电机转子吊装位移误差控制在 1 mm 内。

"大多数人对桥机工的印象就是把构件从这里挪到那里,没啥技术含量。其实,桥机吊装工作很多时候是最大重量与最小距离的碰撞。"梅琳介绍。

白鹤滩水电站是世界第二大水电站,这里全球最大发电机转子的吊装出自梅琳之手。发电机是精密设备,转子吊装对精度要求非常高。梅琳要做的,是把直径 16.5 m、高 4 m、重达 2 300 t 的"庞然大物"吊入发电机坑位时的移动距离控制在 1 mm 以内。高空中,无法看见机坑中的具体情况,梅琳独创"手感、声感"操作法。

"操作杆控制桥机会有一定延时,这时就需要仔细听桥机抱闸打开的声音,听到这个声音,手就把操作杆归零,才能保证'点动'精准。"梅琳说。

推、拉、控操作杆干脆利落;微调校准,冷静平稳……全套操作过程,梅琳精确定位、行云流水、一气呵成。

"记住它的规律,感受它的惯性。注意力集中时,自己仿佛和桥机融为一体。"梅琳说,"精、准、稳"这三个字中,"稳"是一名桥机驾驶员最基本、最重要的素质。

把吊装技术练得像绣花一样精细

吊装巨型精密装置如绣花一样精细,分毫不差,这一功夫梅琳苦练了 27 年。

1995 年,刚从学校毕业的梅琳成为三峡工程的桥机工,负责土建材料吊装。2002 年,三峡左岸电站首台机组——5 号转子完成吊装,在现场的梅琳被壮观的场景震撼,暗下决心:"我也要熟练地掌握吊装转子。"

转子吊装是桥机工操作最高水平的体现。为了提高操作技术,梅琳每天完成基本吊装任务之余,用空汽油桶装满水来回"吊装"。

日复一日十几小时地工作与练习,她摸索出了一套"跟钩"技巧,做到了在吊装中一滴水都不洒。

从参建"大国重器"到成为"大国工匠",27 年里,梅琳共吊装了 16 台巨型水轮机组转子。先后参加了三峡水电站、溪洛渡水电站、巴基斯坦 NJ 水电站、白鹤滩水电站等多座大中型水电站的机组安装和检修施工任务。

"作为见证者、参与者,我为祖国水电事业的飞速发展而深感自豪!"梅琳说,"干一行,爱一行,做事就要做到超一流! 我们新时代桥机工将不忘初心、笃行不息,做好新时代奋斗者和追梦人!"

思考问题 . . . .

1. 在凸极同步发电机稳态运行中,为什么把电枢反应磁动势分解为直轴和交轴两个分量？

2. 同步电抗的大小与哪些因素有关？

3. 简述同步发电机在能量转换过程中的功率流程,并分析其电磁功率与异步电动机的异同。

4. 决定同步发电机处于发电机还是电动机状态的主要依据有哪些？

任务三　同步发电机的并联运行

📚 内容提要

为了保证发电机的供电质量,提高电机运行的稳定性和可靠性,发电厂常将多台发电机并联在一起运行,由许多发电厂并联组成区域电网,各区域之间又可根据需要并联构成现代电力系统,也称无穷大电网。因此,研究同步发电机投入并联运行的条件和方法对提高供电可靠性、稳定性和经济性具有重要意义。

📖 任务目标

1. 知识目标

(1)了解同步发电机并联运行的优点。

(2)掌握同步发电机并联运行的条件。

(3)掌握同步发电机并联运行时的注意事项。

2. 能力目标

(1)掌握同步发电机并联运行的方法。

(2)掌握同步发电机并联运行时的功率调节。

3. 素质目标

(1)培养学生理论联系实际的能力,提高理论知识和技能水平。

(2)培养团队意识、合作意识、规范意识,提高规范操作和标准作业的能力。

📁 任务导入

无穷大电网由多台发电机构成,容量非常大,其运行情况不会因某一台发电机运行情况的改变而受到显著的影响,而且各台发电机都装有自动电压调整器和调速器,因此通常定义无穷大电网的电压大小和频率都保持不变。发电机并联到无穷大电网上后,发电机端电压和频率将和电网的电压和频率相同,这与发电机单机运行的情况不同。

学习情境 1　同步发电机投入并联的条件

发电机投入电网并联运行时,为确保发电机和电网的安全,避免在发电机组和电网中产生瞬态冲击电流和机械冲击,需满足一定的并联条件,具体如下：

(1)发电机端电压与电网端电压应大小相等、相位相同。若发电机端与电网端电压不相等,则在并联瞬间会产生冲击电流,严重时该电流可达额定电流的 5~6 倍。

（2）发电机的频率和电网频率应相等。如果发电机频率和电网频率不相等,发电机端与电网端电压之间相位角将不断发生变化。频率差越大,变化越剧烈。此情况可引起发电机与电网之间产生很大的电流和功率振荡。

（3）发电机相序和电网相序应一致。如果相序不同,则会产生较大的电压差,投入后产生较大的电流冲击,造成并联不成功或产生较大的电动力损坏电机。

（1）、（2）是交流电磁量恒等的基本条件,（3）是多相系统并联的基本要求,必须满足。

学习情境2 同步发电机投入并联的方法

为了避免发电机投入电网时引起电流、功率和转矩的冲击,在发电机准备投入并联运行时,必须测定和调整电压大小、频率和相序,使之与电网一致。实际操作过程中,采用电压表测量电压,相序指示器测定相序,此调节和操作过程称为整步过程。同步发电机的整步过程一般分为准同步法和自同步法两种。

1. 准同步法

发电机投入电网的时机通常用同步指示器来确定。最简单的同步指示器由三个指示灯构成。同步指示灯的连接方法有两种:①如图3.8(a)所示,电网A1相、B1相、C1相和发电机A相、B相、C相通过指示灯相连且一一对应,这种连接称为直接法;②如图3.8(b)所示,电网A1相和发电机A相间接指示灯1,电网B1相和发电机C相间接指示灯2,电网C1相和发电机B相间接指示灯3,这种连接称为间接法。

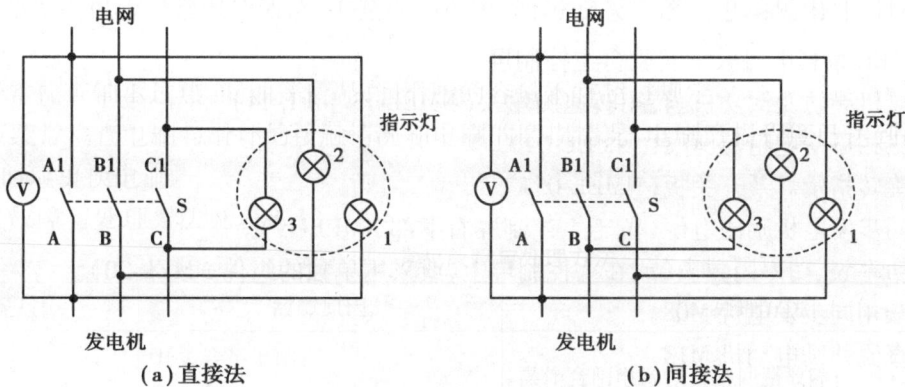

图3.8 准同步法接线图

准同步法是使发电机投入并联的条件全部满足。当采用直接法并网时,每个指示灯上所承受的电压为ΔU,如果电网电压与发电机电压大小、相位和频率一致,并且两者相序相同,则$\Delta U=0$,三相的指示灯全熄灭,此时可以合上开关S,将发电机投入电网进行并联运行,所以这种方法又称为熄灯法。

采用交叉接法时,一组灯同相端连接,另两组灯交叉相连接,则加于各组相灯的电压不等。指示灯1是暗的,指示灯2、3全是亮的,此时可以合闸,将发电机与电网并联,所以这种方法又称为亮灯法。

2. 自同步法

按准同步法将发电机并入电网,投入瞬间电网和发电机基本没有电流冲击,但缺点是步骤繁杂、费时间,特别是在电网出现事故要求备用发电机迅速投入时,由于电网电压大小和频率都在变化,准同步法比较困难,这时可以采用自同步法。自同步法的操作步骤是:①励磁绕组不接励磁电源,经外电阻短路;②启动原动机将发电机驱动至接近同步转速(差值小于5%);③将发电机接入电网,在发电机定子绕组中产生电网频率的电流,并产生同步转速的旋转磁场;④将励磁绕组外接电阻拆除,接上励磁电源,通入的励磁电流产生主极磁场;⑤牵入同步后再调节原动机的输入功率和励磁电流使发电机进入正常运行状态。

在自同步过程中励磁绕组不允许开路,因为定子电流产生的旋转磁场与转子不同步,转子绕组开路时会在转子中感应高电压,危及转子绕组的绝缘,而励磁绕组直接短路时会在转子绕组中产生较大的电流,并引起发电机振动。因此,外接一适当电阻,既可避免产生过高电压,也可避免产生过大的电流。

任务实战

三相同步发电机并联运行

1. 目的要求

(1)掌握三相同步发电机投入电网并联运行的条件。

(2)掌握三相同步发电机投入电网并联运行的操作方法。

2. 设备、工具和材料

(1)MEL 系列电机教学实验台主控制屏。

(2)电机导轨及测功机、转矩转速测量仪(NMEL-13、MEL-14)。

(3)三相可变电阻器 90 Ω(NMEL-04)。

(4)旋转指示灯及开关板(NMEL-05A)。

(5)同步发电机励磁电源(位于主控制屏右下部 NMEL-19)。

(6)功率表、功率因数表(或在主控制屏上,或采用单独的组件 NMEL-20)。

(7)三相同步发电机 M08。

(8)直流并励电动机 M13。

(9)三相可调电阻器 900 Ω(NMEL-04)。

3. 实施步骤

1)用准同步法将三相同步发电机投入电网并联运行

实验接线如图 3.9 所示。

三相同步发电机选用 M08。

原动机选用直流并励电动机 M03(作他励接法)。

mA、A_1、V_1 选用直流电源自带毫安表、电流表、电压表(在主控制屏下部)。

R_{st} 选用 NMEL-04 中的两只 90 Ω 电阻相串联(最大值为 180 Ω)。

R_f 选用 NMEL-03 中两只 900 Ω 电阻相串联(最大值为 1 800 Ω)。

R 选用 NMEL-04 中的 90 Ω 电阻。

开关 S_1、S_2 选用 NMEL-05A。

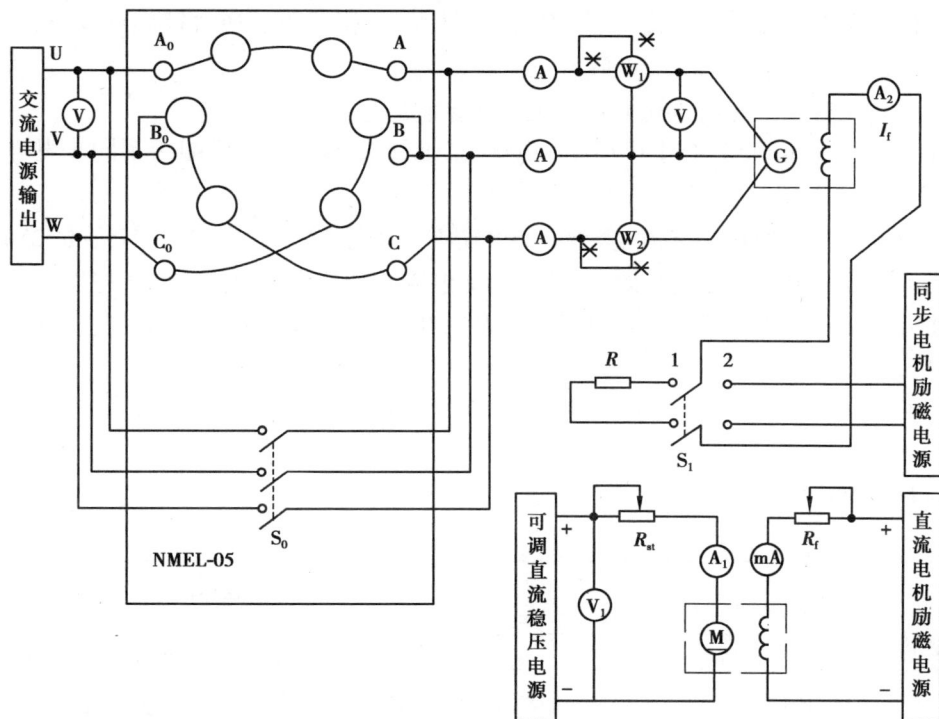

图 3.9　三相同步发电机并网实验接线图(MEL-1、MEL-11A)

工作原理:三相同步发电机与电网首联运行必须满足以下三个条件。

①发电机的频率和电网频率要相同。

②发电机和电网电压大小、相位要相同。

③发电机和电网的相序要相同。

为了检查这些条件是否满足,可用电压表检查电压,用灯光旋转法或整步表法检查相序和频率。

实验步骤:

①三相调压器旋钮逆时针旋到底,开关 S_2 断开,S_1 合向"1"端,确定"可调直流稳压电源"和"直流电机励磁电源"船形开关均在断开位置,合上绿色"闭合"按钮开关,调节调压器旋钮,使交流输出电压达到同步发电机额定电压 $U_N = 220$ V。

②直流电动机电枢调节电阻 R_{st} 调至最大,励磁调节电阻 R_f 调至最小,先合上直流电机励磁电源船形开关,再合上可调直流稳压电源船形开关,启动直流电动机 M03,并调节电机转速为 1 500 r/min。

③开关 S_1 合向"2"端,接通同步发电机励磁电源,调节同步发电机励磁电流 I_f,使同步发电机发出额定电压 220 V。

④观察三组相灯,若依次明灭形成旋转灯光,则表示发电机和电网相序相同,若三组灯同时发亮,同时熄灭则表示发电机和电网相序不同。当发电机和电网相序不同则应先停机,调换发电机或三相电源任意两根端线以改变相序后,按前述方法重新启动电动机。

⑤当发电机和电网相序相同时,调节同步发电机励磁电流 I_f 使同步发电机电压和电网电压相同。再细调直流电动机转速,使各相灯光缓慢地轮流旋转发亮。

⑥待 A 相灯熄灭时合上并网开关 S_2,把同步发电机投入电网并联运行。

⑦停机时应先断开并网开关 S_2,将 R_{st} 调至最大,三相调压器逆时针旋到零位,并先断开电枢电源后再断开直流电机励磁电源。

2)用自同步法将三相同步发电机投入电网并联运行

①在并网开关 S_2 断开且相序相同的条件下,把开关 S_1 合向"2"端接至同步发电机励磁电源。

②按前述方法启动直流电动机,并使直流电动机升速到接近同步转速(1 475 ~ 1 525 r/min)。

③启动同步发电机励磁电流源,并调节励磁电流 I_f 使发电机电压约等于电网电压 220 V。

④将开关 S_1 闭合到"1"端,接入电阻 R(R 为 90 Ω 电阻,约为三相同发电机励磁绕组电阻的 10 倍)。

⑤合上并网开关 S_2,再把开关 S_1 闭合到"2"端,这时电机利用"自整步作用"使它迅速被牵入同步。

4. 检查与评价(表 3.6)

表 3.6 检查与评价表

内容	学生自评	小组互评	教师评价	总结与改进
能正确、熟练地使用相关工具				
试验操作顺序正确、流畅				
设备、器材摆放整齐,使用正确				
根据试验讲述准同步法和自同步法的优缺点				
阐述并联条件不满足时并联运行的不良后果				

知识拓展

2020 年 1 月 10 日上午在北京隆重举行国家科学技术奖励大会。东方电气集团东方电机有限公司参建的长江三峡枢纽工程项目获得 2019 年度国家科学技术进步奖特等奖。

这是东方电气继自主研制葛洲坝 17 万 kW 水电机组获得 1985 年国家科学技术进步奖特等奖之后,第二次获得国家科学技术进步奖特等奖。

回溯历史,凭借对精度的追求,无数大国重器从这里"走出"。

1981 年,东方电气成功研制迄今世界上转轮直径最大的葛洲坝 170 MW 轴流转桨式水电机组,获得首届国家科学技术进步奖特等奖。1984 年,成功研制当时国内单机容量最大的龙羊峡 320 MW 水轮发电机组。1987 年,研制出当时东方的"争气机"——东方型 300 MW 汽轮机。

三峡枢纽工程是世界最大水利枢纽工程,是治理开发和保护长江的关键性骨干工程,具有防洪、发电、航运、水资源利用等巨大综合效益。1993 年动工,2008 年完工,并开始实施正常蓄水位 175 m 试验性蓄水运行。2018 年 4 月 24 日,习近平总书记视察三峡工程时指出,三峡工程的成功建成和运转,使多少代中国人开发利用三峡资源的梦想变为现实,成为改革开放以来我国发展的重要标志,是我国社会主义制度能够集中力量办大事优越性的典范,是中国人民富于智慧和创造性的典范,是中华民族日益走向繁荣强盛的典范。

在三峡工程建设中,东方电气人率先研发具有自主知识产权的世界首台 700 MW"自循环蒸发冷却"机组,为三峡大坝装上了"中国心",实现了"中国装备,装备中国"的跨越。

东方电机的巨型水轮发电机组研制能力伴随三峡工程建设迅速成长起来,先后为国内外重点工程,包括小湾、瀑布沟、金安桥、锦屏、仙游、绩溪、溪洛渡、巴西杰瑞水电站、埃塞俄比亚吉布提等提供了一批又一批优质的水力发电设备,正在研制引领世界水电进入无人区的——白鹤滩电站百万千瓦水电机组。目前,东方电机水电产品生产能力达到 600 万 kW/年。截至 2019 年底,东方电机累计生产水轮发电机组 809 台(套),累计发电设备总容量近 8 380 万 kW,超过中国水电总装机容量的 1/4,占世界水电总装机容量的 1/16。强大的研制能力,使东方电机成为全球知名发电设备供应商,也使东方水电成为中国装备"走出去"的亮丽名片之一。

据央视新闻频道等媒体报道,2019 年度国家科学技术奖共评选出 296 个项目,其中国家科学技术进步奖 185 项,包括特等奖 3 项、一等奖 22 项、二等奖 160 项。

思考问题

1. 三相同步发电机投入并联运行的条件是什么? 可以用什么方法来检测条件是否满足?

2. 用旋转灯光法进行并网操作时,怎样判断并网前同步发电机转速高于或低于同步转速?

3. 试分析同步发电机单机带负载运行和电网并联运行时的性能差别。

4. 试阐述同步发电机中电磁转矩产生的机理。附加电磁转矩和哪些因素有关?

任务四　同步发电机并联运行时的功率调节

内容提要

同步发电机与电网并联运行的目的是向电网输出功率,并能根据负载需要调节其输出功率。由于现代电网的容量都很大,电网的频率和电压基本不受负载变化或其他扰动的影响而保持为常值,这种恒压、恒频的交流电网称为无穷大电网。那么,该如何调节发电机的有功功率和无功功率,本任务以隐极发电机为例说明同步发电机与无穷大电网并联时的功率调节。

任务目标

1. 知识目标

(1)掌握有功功率的调节和静态稳定性。

(2)掌握无功功率的调节和 V 形曲线。

2. 能力目标

(1)掌握三相同步发电机并网时有功功率的调节。

(2)掌握三相同步发电机并网时无功功率的调节。

3. 素质目标

（1）激发学生主动学习的意愿，培养发现问题的能力，提高解决问题的方法，培养综合分析问题的能力。

（2）培养团队意识、合作意识、规范意识，激发求知和探索精神。

任务导入

同步发电机并网运行时，既需要输出有功功率也要输出无功功率，同时由于负载性质和大小的不同，使得有功功率和无功功率处于动态的调节和平衡。本任务讨论有功功率和无功功率的调节。

学习情境 1　有功功率的调节和静态稳定性

1. 有功功率的调节

根据能量守恒，要调节发电机输出的有功功率就必须改变原动机的输入功率。对水轮发电机可以调节水轮机的进水阀门或调节导叶角度以改变输入的进水量及水流与导叶的角度；对汽轮发电机可以调节汽轮机的气门来改变输入的蒸汽量。输入能量的变化将使发电机的输入转矩（驱动转矩）T_1 发生相应的变化，并进一步使输出有功功率发生变化。

发电机空载运行时（$P_e=0$，$P_1=P_0$，$T_1=T_0$），转子主极磁场和气隙合成磁场重合。增加输入功率 P_1，发电机的输入转矩 T_1 增大，原来的平衡状态被打破，转子加速。因电网电压频率固定不变，合成磁场的转速仍为同步转速，因此转子磁极与合成磁场间产生相对运动，转子磁极轴线沿旋转方向向前移，使转子主极磁场超前于气隙合成磁场，功角 δ 增加，由此电磁功率增加，发电机输出有功功率，同时转子上受到一个制动的电磁转矩。当 $T_1=T_e+T_0$ 时，发电机达到新的平衡状态，发电机进入负载运行，转子仍保持同步转速。通过上述分析可得，增加原动机的输入功率可以增加发电机的输出功率。同理，减少原动机的输入功率可以减少发电机的输出功率。

2. 静态稳定性

与电网或原动机发生微小的扰动时，在扰动消除后发电机能否恢复到原先的稳定运行状态的能力，称为同步发电机的静态稳定性。若能恢复，发电机是稳定的；否则就是不稳定的。同步发电机静态稳定的依据为 $\frac{\mathrm{d}P_{em}}{\mathrm{d}\theta}>0$。当 $\frac{\mathrm{d}P_{em}}{\mathrm{d}\theta}>0$ 时能保持静态稳定运行，当 $\frac{\mathrm{d}P_{em}}{\mathrm{d}\theta}<0$ 时不能维持静态稳定运行。在不稳定区发电机是不稳定的，当输入的驱动转矩大于电磁转矩时，发电机不能保持同步，此现象称为"失步"。失步后感应电动势频率高于电网端电压的频率，在发电机和电网中产生很大的环流，对发电机不利，也会危及电网的稳定，因此失步后，断路器应自动动作将发电机从电网上切除。

在实际运行中，发电机应在稳定极限范围内运行，且留有一定的静态稳定裕度，发电机正常运行的功角一般为 30°~45°。

学习情境 2　无功功率的调节和 V 形曲线

同步发电机并网运行时,向电网输出有功功率的同时也输出无功功率,无功功率的调节可以通过调节发电机的励磁来完成。为了研究的方便,假定调节无功功率时有功功率保持不变,即电磁功率已为常值(近似等于输出功率0)。以隐极电机为例,不计饱和影响,电机电磁功率 P_{em} 和输出功率 P_2 近似相等,则

$$P_{em} = m \frac{E_0 U}{X_d} \sin \delta$$

$$P_2 = mUI \cos \varphi$$

调节发电机的励磁电流可以改变发电机发出的无功功率。正常情况下,同步发电机都处于过励磁状态,即发出感性无功,此时发电机内电势高于机端电压,因此称为过励,由于此时电流滞后电压,也称滞相运行。对称地,发电机吸收感性无功时,发电机内电势低于机端电压,即欠励状态,也称进相运行。

同步发电机并网运行时无功功率调节具有上述特性的原因是:电网电压是固定不变的,即气隙合成磁场是固定不变的。过励时,励磁电流超出了产生气隙合成磁场所需的数值,必然会有一个具有去磁电枢反应作用的无功电流送入电网,由电枢反应的分析可知,该电流滞后于 E_0 90°,即为发出滞后无功功率;反之,欠励时,励磁电流不足以产生端电压则必送入电网一个具有增磁电枢反应的超前电流,以弥补励磁电流之不足。由于电网的负载大多为感应电机,需要感性无功功率,因此大多数同步发电机都工作在过励状态下。虽然发电机发出滞后无功功率时不会增加燃料(或水)的消耗,但增大励磁也会增加励磁损耗、定子绕组铜耗和输出线路损耗。

发电机并网运行时,电枢电流与励磁电流的关系曲线如图 3.10 所示,该曲线称为 V 形曲线。图中每一条曲线对应于一个有功功率。每一条曲线的最低点对应于最小电枢电流,相当于正常励磁状态;增加励磁,发电机进入过励状态,输出滞后无功电流,功率因数降低,电流增加;反之,由正常励磁减少励磁,则功率因数降低,为输出超前电枢电流,电枢电流也增加。

综上所述,当发电机与无穷大电网并联时,调节发电机的输入机械功率,可以调节发电机的输出有功

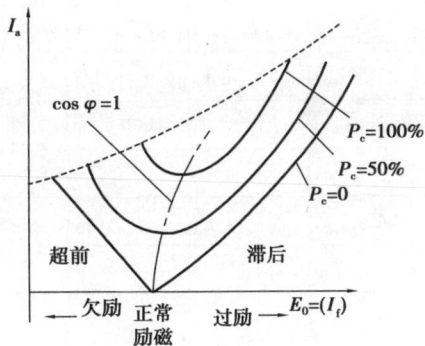

图 3.10　同步发电机的 V 形曲线

功率;调节励磁电流的大小,可以改变发电机输出的无功功率。需要注意的是,当改变原动机的输入功率时,发电机的功角将相应地跟着变化,起到调节有功功率的作用,但此时如使励磁保持不变,输出的无功功率也会发生变化。因此,如果只要求改变有功功率,则应在调节原动机输入功率的同时适当地调节发电机的励磁;此外,如果只改变发电机的励磁而保持原动机的输入功率不变,则只能改变无功功率,并不会使有功功率发生变化。调节励磁电流的大小,不仅能改变无功功率的大小,还能改变无功功率的性质。

任务实战

三相同步发电机与电网并联运行时有功功率和无功功率的调节

1. 目的要求

（1）掌握三相同步发电机投入电网并联运行的条件与操作方法。

（2）掌握三相同步发电机并联运行时有功功率与无功功率的调节。

2. 设备、工具和材料

电源控制屏，测速系统及数显转速表，校正直流测功机，三相同步电机，智能型功率、功率因数表，旋转灯，并网开关，同步机励磁电源，整步表及开关等。

3. 实施步骤

1）三相同步发电机与电网并联运行时有功功率的调节

①按自同步法或准同步法把同步发电机投入电网并联运行。

②并网以后，调节直流电动机的励磁电阻 R_f 和同步发电机的励磁电流 I_f，使同步发电机定子电流接近于零，这时相应的同步发电机励磁电流 $I_f = I_{f0}$。

③保持这一励磁电流 I_f 不变，调节直流电动机的励磁调节电阻 R_f，使其阻值增加，这时同步发电机输出功率 P_2 增加。

④在同步发电机定子电流接近于零到额定电流的范围内读取三相电流、三相功率、功率因数，共取数据 6～7 组记录于表 3.7 中。

表 3.7　数据记录表　　$U = 220$ V（Y）　　　　$I_f = I_{f0} = $ _____ A

序号	测量值					计算值		
	输出电流 I/A			输出功率 P/W		I	P_2	$\cos \varphi$
	I_A	I_B	I_C	P_{I}	P_{II}			
1								
2								
3								
4								
5								
6								
7								

注：表中 $I = \dfrac{I_A + I_B + I_C}{3}$；$P_2 = P_{\mathrm{I}} + P_{\mathrm{II}}$；$\cos \varphi = \dfrac{P_2}{\sqrt{3}\, UI}$。

2）三相同步发电机与电网并联运行时无功功率的调节

（1）测取当输出功率等于零时三相同步发电机的 V 形曲线。

①按自同步法或准同步法把同步发电机投入电网并联运行。

②保持同步发电机的输出功率 $P_2 \approx 0$。

③先调节同步发电机励磁电流 I_f，使 I_f 上升，发电机定子电流随着 I_f 的增加上升到额定电流，并调节 R_{st} 保持 $P_2 \approx 0$。记录此点同步发电机励磁电流 I_f、定子电流 I_o。

④减小同步发电机励磁电流 I_f 使定子电流 I 减小到最小值,记录此点数据。

⑤继续减小同步发电机励磁电流,这时定子电流又将增加,直至额定电流。

⑥分别在过励和欠励情况下,读取数据 9~10 组记录于表 3.8 中。

表 3.8　数据记录表　　$n=1\,500$ r/min　　$U=220$ V　　$P_2\approx0$

序号	三相电流 I/A				励磁电流 I_f/A
	I_A	I_B	I_C	I	
1					
2					
3					
4					
5					
6					
7					
8					
9					
10					

注:表中 $I=\dfrac{I_A+I_B+I_C}{3}$。

(2)测取当输出功率等于 0.5 倍额定功率时三相同步发电机的 V 形曲线。

①按自同步法或准同步法把同步发电机投入电网并联运行。

②保持同步发电机的输出功率 P_2 约等于 0.5 倍额定功率。

③先调节同步发电机励磁电流 I_f,使 I_f 上升,发电机定子电流随着 I_f 的增加上升到额定电流。记录此点同步发电机励磁电流 I_f、定子电流 I。

④减小同步发电机励磁电流 I_f 使定子电流 I 减小到最小值,记录此点数据。

⑤继续减小同步发电机励磁电流,这时定子电流又将增加,直至额定电流。

⑥分别在过励和欠励情况下,读取数据 7~9 组记录于表 3.9 中。

表 3.9　数据记录表　　$n=1\,500$ r/min　　$U=220$ V　　$P_2\approx0.5P_N$

序号	测量值				计算值		
	I_A	I_B	I_C	I_f	I	P_2	$\cos\varphi$
1							
2							
3							
4							
5							
6							

续表

序号	测量值				计算值		
	I_A	I_B	I_C	I_f	I	P_2	$\cos \varphi$
7							
8							
9							
10							

注:表中 $I = \dfrac{I_A + I_B + I_C}{3}$; $P_2 = P_I + P_{II}$; $\cos \varphi = \dfrac{P_2}{\sqrt{3}\, UI}$。

4.检查与评价(表 3.10)

表 3.10　检查与评价表

内容	学生自评	小组互评	教师评价	总结与改进
能正确、熟练地使用相关工具				
试验操作顺序正确、流畅				
设备、器材摆放整齐,使用正确				
根据试验讲述准同步法和自同步法的优缺点				
阐述并联条件运行时,有功功率和无功功率的调节方法				

🔩 知识拓展

永磁同步电机发展现状及挑战

同步电机根据产生磁场方式可以分为电励磁同步电机(转子绕组在外接电流下产生磁场)和永磁同步电机(转子直接加上永磁体)。

而永磁电机实际早在几百年前就已经出现,是世界上的首款电机。但是当时永磁材料性能不良,磁性较差、容易退磁等特性无法被市场接受,后来被电磁式的电机取代。一直到20世纪60年代的稀土钐钴永磁体的研制成功,80年代的钕铁硼永磁体的出现,使永磁同步电机重新出现在了电机舞台上。

随后在汽车领域,永磁同步电机也开始了商业化之旅。早在1996年,丰田RAV4就搭载了东京电机公司的插入式永磁同步电机作为驱动电机,最大功率50 kW,最大转速1 300 r/min。

而随着近十年来的高耐热性、高磁性能的钕铁硼永磁体的成功产业化,集成电路/计算机技术和电力电子元件技术的快速发展,永磁电机迎来了一个黄金时代,凭借其高效率、比功率大、节能显著等特性,无论是军工领域、航天领域、农用领域、民用领域都在迅速地开花结果。永磁同步发电机结构图如图3.11所示。

图 3.11 永磁同步电机结构图

在 2017 年,我国永磁电机产量就达到了 1 107.1 万 kW,是全球永磁电机的主要生产国。而相关的技术研发,国内虽然起步较晚(2000 年初开始),但经过二十多年的发展,现在已经成了国际第一梯队的水准。

回到汽车领域,国内的比亚迪、吉利、奇瑞、小鹏、理想等品牌的多款新能源车型,都搭载了永磁同步电机。

什么是永磁,顾名思义,永磁指的是电机的转子上安装了永磁体,采用稀土材料(钕铁硼等)制造,在非高温环境下能够永久保持磁力。

而同步则表示转子的转速和定子绕组产生的旋转磁场始终保持同步,意味着只要控制输入的电流频率就能控制电动机转子的转速。

定子的三相绕组通过三相对称电流,将会产生定子旋转磁场。定子旋转磁场对转子旋转在笼型绕组内产生电流,产生转子旋转磁场。定子旋转磁场和转子旋转磁场相互作用产生的异步转矩使得转子由静止到转动。启动完成后,转子绕组不再起作用,由永磁体和定子绕组产生的磁场相互作用产生驱动转矩。

永磁同步电机根据永磁体在转子上的位置不同,分为表面式转子结构(表面式永磁电机)和内置式转子结构(内置式永磁电机)。表面式转子结构又分为表面凸出式转子结构和表面嵌入式转子结构,如图 3.12 所示。

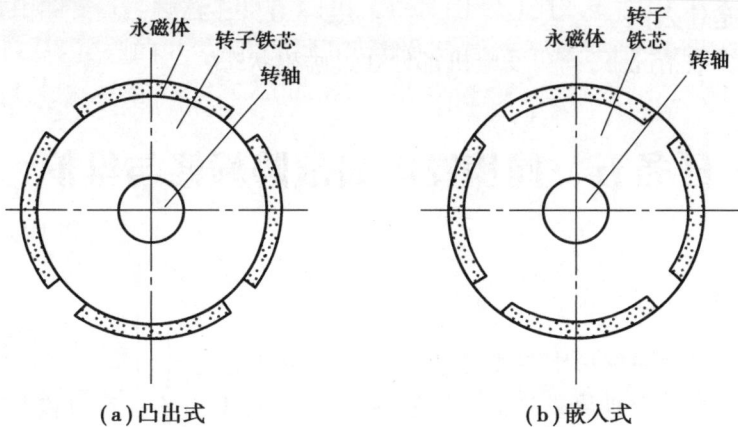

(a)凸出式　　　　　　　　　　(b)嵌入式

图 3.12 凸出式和嵌入式转子结构图

永磁同步电机相对于同功率的异步电动机来说,体积小,质量轻,输出转矩大,响应速度快,极限转速和制动性能比较好,而且永磁体替代了激磁线圈后也省了电能,所以现阶段国内大部分电动车型和国外部分电动车型都采用了永磁同步电机。

以宝马 i3 为例,其驱动的永磁同步发电机只有 49 kg,峰值功率为 125 kW(可持续 30 s),最大转矩为 250 N·m。

因为永磁同步发电机的一个明显缺点就是永磁材料比较昂贵,经常占据到整体材料成本的 50% 及以上。永磁材料需要稀土资源,而在国外稀土属于极为稀缺的资源,价高难得。但中国拥有全球 70% 以上的易开采稀土资源,号称"稀土王国",全世界的稀土材料大部分都靠我国出口,所以这一个缺点在国内也不存在了。但是欧美电动车型由于成本和其他原因,宁愿上大体积、大重量、综合能效也不高的异步电动机,也不愿意上永磁同步电机。

再简单说下永磁同步电机的技术难点:退磁现象。

在高温、频繁振动等恶劣环境下容易出现不可逆的退磁。而一旦退磁,则电机性能下降到甚至无法使用。如何在使用中避免磁性衰退,一种是在源头解决问题,开发新的高耐热性、高磁性的钕铁硼永磁体。另一种就是提升抗磁化的技术来应对,比如增设负载检测、调低最高负载、增加散热措施、避免频繁启动等。

永磁同步电机的另一个技术难点:控制技术。

因为永磁同步电机的"永磁"现象,所以使得外部调节其磁场极为困难。现阶段的永磁同步电机不进行磁场控制,只进行电枢控制,如利用电子器件、微机控制结合来进行永磁同步电机的控制,在位置、速度、力矩控制上做到精细化管理。

思考问题 . . . .

1. 自同步法将三相同步发电机投入电网并联运行时先把同步发电机的励磁绕组串入 10 倍励磁绕组电阻值的附加电阻组成回路的作用是什么?

2. 自同步法将三相同步发电机投入电网并联运行时先由原动机把同步发电机带动旋转到接近同步转速(1 475 ~ 1 525 r/min)然后并入电网,若转速太低将产生什么现象?

3. 为什么同步发电机既可以作发电机也可以作电动机运行? 两种情况下外力矩和电磁转矩的作用分别是什么?

4. 为什么大多数情况下,同步发电机都处在过励磁状态?

任务五　同步发电机故障检修与维护

内容提要

同步发电机是电力系统中重要的发电设备,其检修工作对于保障电力系统的安全和稳定运行至关重要。同步发电机的检修工作涉及多个方面,需要严格按照检修规程进行操作,以确保发电机的安全和稳定运行。那么,在检修过程中都有哪些常见故障? 检修过程中又有哪些检修技术、检修方法和注意事项呢?

任务目标

1. 知识目标

（1）了解同步发电机常见的故障。

（2）掌握同步发电机故障的检修工艺与检修标准。

2. 技能目标

（1）掌握同步发电机常见故障的处理方法。

（2）掌握同步发电机故障检修工具的使用方法和注意事项。

3. 素质目标

（1）提高学生发现问题、解决问题的能力。

（2）增强学生在检修过程中的团队合作意识和安全操作、规范操作能力。

任务导入

某发电厂的 2# 同步发电机已正式投入运行 3 年，在检修过程中发现励磁侧护环内有极间绝缘间隔块破裂脱落和绕组间主绝缘纸脱落情况，结合近期转子阻抗持续下降现象，认为发电机转子存在绝缘重大缺陷，需要立即检修，达到使用标准。

根据现场检查结果和检修周期安排，决定在发电机平台实施转子检修，主要工作有拆卸励磁端转子护环，修复转子绕组间绝缘和绝缘间隔块，护环回装以及相关电气试验工作，整个工期约 11 天。

那么，在同步发电机的运行过程中都会遇到哪些故障？又该如何处理呢？

学习情境 同步发电机维护检修规程

1. 检修周期和项目

1）检修周期（表 3.11）

表 3.11 检修周期

检修项目	小修	中修	大修
检修周期	半年	一年	必要时

2）检修项目

（1）小修项目。

①外部清扫。清除电动机定子、转子绕组的积灰、油垢等脏物。

②检查各引出线及绝缘包扎的情况。

③如果是轴承式应检查轴承的油质、油量，必要时清洗油环。

④调整或更换电刷。

⑤检查电动机外壳和接地线，检查各连接螺丝和地脚螺丝的紧固情况，并进行必要的处理。

⑥测量定子、转子绕组及电缆线路的绝缘电阻。

⑦检查并清扫电动机的一、二次回路和附属设备。

（2）中修项目。

①完成小修项目。

②电动机解体、抽出转子或移出定子。

③检查定子铁芯、线圈、绑线、槽楔固定有无松动、损伤、局部发热等现象，并进行必要的修理。

④检查转子磁极线圈有无松动、断裂、开焊等现象，并进行必要的处理。

⑤检查启动绕组铜条焊接及搭接铜排的紧固情况，并进行必要的处理。

⑥检查转子两边连接螺丝、风扇固定螺丝及磁极固定螺丝的紧固情况，并进行必要的处理。

⑦检查滑环表面、转子绕组至滑环的连接线是否有异常，并进行必要的处理。

⑧检查处理电刷架及其横杆、绝缘衬管和绝缘垫是否有异常，并进行必要的处理。

⑨测定定子与转子间的间隙，并进行必要的处理。

⑩电动机干燥或喷漆。

⑪电动机组装、试运。

（3）大修项目。

①完成中修项目。

②更换全部或部分定子、转子绕组。

③更换电动机轴或滑环。

④组装电机、进行规定项目的试验。

2. 检查工艺与质量标准

1) 解体与检查

（1）拆卸时必须注意将拆下的螺丝、销子、电刷、刷握、表计、电缆头以及垫片（包括绝缘垫片）按相应位置的配备情况做好定位标记和记录，以便装备时都能装复原位。

（2）拆装转子时，所用钢丝绳不应碰到转子、轴承、风扇、滑环的线圈。

（3）检查与处理。

①定子、转子的铁芯、线圈、外壳及底座的内外应清洁，无泥土、油垢、杂物，可用干燥、不含油、$0.2 \sim 0.3$ MPa 压缩空气吹扫各处。

②检查线圈表面，线圈绝缘漆大量脱落时应重新喷绝缘漆，少量脱落时可在局部涂绝缘漆。

③检查端部绑扎线垫块，如有松动应处理，端部线圈与固定环应牢固。

④检查定子铁芯有无短路、过热及松动现象，如发现短路现象应用绝缘片隔开，并涂以绝缘漆。

⑤铁芯通风孔及风道应清洁，无尘垢及杂物阻塞。

⑥启动绕组铜条和端环的焊接应良好，无脱焊松动，无裂纹。转子上的平衡铁块应紧固，如为螺丝固定，应锁住。

2) 检修与测试

（1）定子修理。

定子局部发热，常因硅钢片上有毛刺或卷边，用细锉锉去毛刺，修平卷边，把钢片表面刷净，干燥后涂绝缘漆。

检查线圈、槽口部分有无松动或变色,端部线圈如有松动,均应重新加固和包扎。槽底垫条和层间垫条应牢固无松动,更换老化和松动的垫条;定子更换线圈。

（2）转子修理。

①烫开并拆除转子引线,烫开磁极线圈联接头。

②将磁极铁芯和线圈编号。

③拆磁极线圈,清扫、处理破损的绝缘;喷刷绝缘漆。

④将磁极铁芯和线圈进行对号装配。

⑤按号组装磁极时,进行绝缘测定,不合格者重新处理。

⑥焊接并固定转子引线。

（3）滑环、刷握和电刷的修理。

①滑环表面不平整度在 0.2 mm 以内进行磨光,在 0.5 mm 时需车光。

②有深度铸孔或裂纹的滑环必须更换,否则在运行时会造成破裂和严重的损坏。

③滑环间的绝缘管和绝缘垫圈如被电弧烧焦或失去绝缘性能,其绝缘电阻小于 1 MΩ 时应更换。

④对刷握、刷架的要求。

刷握与滑环的距离应为(2.5 ± 0.5) mm,刷握上的弹簧弹性下降时应另配弹簧,电刷应在滑环表面内工作,不得靠近滑环的边缘。

⑤同一电动机滑环上不应有不同牌号的电刷,电刷的压力调到不冒火花的最低压力,电刷与铜编带的连接,铜编带与刷架的连接应保证接触良好,并应牢固。

（4）（非轴瓦的）轴承的拆卸、清洗和更换。

①滚动轴承的拆卸:用专用工具拉下轴承,当内套与轴颈配合较紧时,在拆卸的同时,用 90 ℃ 左右的热机油浇于轴承内套。

②轴承清洗:一般用清洗剂或洗油清洗干净后,晾干。

③轴承工作表面磨损、间隙量超过最大允许值、轴承滚道或滚珠金属脱落、轴承零件变色、轴承保持架损坏时轴承必须更换。

④滚动轴承的装配:当更换电机轴承时,一般以原轴承型号为准;往轴上装配轴承时,应先洗干净再放在油槽内加热。加热时,温度上升不要过快。在半小时上升 60～70 ℃ 后,保持半小时再继续加热,不能超过 90 ℃;应将有钢印的一面朝外,应用特制的钢管或铜棒顶住内套轻轻打入。

⑤润滑脂:必须保持润滑脂清洁,并保存于带密封盖的专用油桶内。

（5）装配。

电动机装配一般都按拆卸的相反顺序进行。

装配时必须注意:定子内不得遗留任何工具和杂物,装入转子时要注意不要碰伤定子、转子的线圈和铁芯。

（6）电动机干燥。

①当判定电动机绝缘受潮或更换线圈时均应进行干燥。

②电动机干燥时,温度应缓慢上升,严重受潮时,一般每小时允许升温 5～8 ℃;当绝缘电阻升高后,如持续 6～8 h 不变,即可结束干燥。

3）质量标准

（1）电机定子。

①基础螺丝定位销无裂纹无弯曲，安装紧固。

②线圈绝缘漆完好、无裂纹、干净、无油污、无油垢，绑扎线垫片无断裂、槽楔应压紧线圈无松动。

③所有焊接处要求焊透、焊牢、外观无尖端或毛刺。

④定子线圈各项试验应符合标准。

（2）电机转子。

①转子清洁无油污、紧固无松动、通风孔无堵塞。

②各连接螺丝紧固无松动。

③启动铜环无开焊裂纹，启动绕组连接紧固。

④转子绝缘电阻用 500 V 兆欧表测定，绝缘电阻值应在 0.5 $M\Omega$ 以上。

3. 试运

1）试运时间

①电动机空载运行一般为 2 h。

②电动机负载运行，按最大可能负荷进行 8 h 试运行。

2）试运行中的检查项目与标准

（1）电动机试运行前应进行检查，符合以下要求时方可启动：

①启动前的一切准备工作必须具备安全技术条件，按大修试车方案逐项检查实施。

②旋转方向应符合要求。

③线圈的绝缘电阻值不比前次测定值有明显下降。

④电机的引出线与电缆的连接应牢固、正确。

⑤电机的外壳的接地线应牢固可靠。

⑥电机所有机械部分的固定情况良好，所有螺丝应紧固。

⑦电机转子应转动灵活，机内无碰击现象。

⑧电刷与滑环的接触应良好，滑动表面应光滑，电刷压力应符合要求。

（2）电机在试运行中应检查的项目。

①运行中应无杂音。

②电动机振动不超过规定。

③注意观察第一次启动投入励磁瞬间的工作状况，应无异常。

④电动机各部分允许最高温度及最大温升应符合规定。

⑤滑环及电刷的工作情况应正常。

⑥电机连续启动一般不超过下列规定：冷态时电机允许连续启动 2～3 次，在热态时电机只允许启动 1 次。

4. 维护与故障处理

（1）定期检查周期：每天两次。

（2）定期检查项目与标准：

①同步发电机运行的一般要求。

a. 每台电机应按规定的顺序编号。

b. 电动机及附属设备上应有额定铭牌。

c. 测量定子电流的交流电流表，测量转子电压、电流的电压表、电流表，必须在电动机额定值处画一红线，作为经常监视电压、电流的依据。

d. 同步发电机励磁装置的电源必须与主电机电源在同一系统上。

e. 滑环的表面应平滑，电刷接触面应与滑环有弧度相吻合，在滑环上应用同一牌号电刷。

f. 电刷应在滑环表面内工作，加在电刷上的压力应符合要求。

g. 凡有可能与导电部分接触的金属部分应按规程装接地线。

②同步发电机运行中的监视及维护。

a. 电动机运行时，各种技术参数不得超过规定值。

b. 运行中的电动机各部分的最高温度和允许温升，不得超过规定值。

c. 电动机在额定电压（+10%）~（-5%）范围内变动时其额定出力不变。

d. 电动机在额定容量运行时，各项电流的不平衡程度不得超过额定电流的10%。

e. 同步发电机在不超过定子额定电流的前提下，应超前运行，以改善功率因数。

f. 同步发电机应经常保持清洁，不允许有水滴、油污或灰尘落入电动机内部，且必须进行定期清扫。

g. 经常检查轴承过热、漏油等情况，润滑脂的容量不宜超过规定。

h. 应经常检查电刷与滑环的接触情况和电刷的磨损情况，电刷磨损程度已达到原电刷的 2/3 长度时应更换电刷。

常见故障与处理方法见表 3.12。

表 3.12　常见故障与处理方法

常见故障	故障原因	处理方法
电动机不能启动或者转速较额定值低	开关合不上闸； 继电器误动作； 定子绕组中或外部电路中有一相断路； 电机负载过大或所传动的机械有卡住等现象	操作合闸电源或合闸回路故障； 继电器振动或整定值小； 切除电源，检查线路是否缺相，用仪表检查定子绕组； 检查电动机所传动的负载情况
同步发电机启动后不能拖入同步	电网电压低； 开关接励磁装置的辅助接点闭合不良或励磁故障，没有直流输出； 转子回路接触不良或开路	检查电网电压； 切除电源，空投开关检查励磁输出是否符合规定； 测量转子回路电阻应符合要求，进行紧固检查

续表

常见故障	故障原因	处理方法
同步发电机在运行中失步	电动机定子电流指示突然变得很大,且摆动; 转子电压、电流波动,或者为零,不能调节; 同步发电机发出不正常的响声,产生机械脉振	检查带有"SBZ"可控硅失步保护装置; 停机检测硅励磁装置; 停机检查机械
同步发电机启动或运行时,定子和转子之间的空气隙内出现火花冒烟	由于定子、转子空气隙超差,中心不正; 启动鼠笼条短路环脱焊或接触不良,转子铜条断裂; 定子线圈匝间短路,转子线圈断线或接地	停机检测定子与转子之间气隙是否符合要求; 停机找出脱焊或接触不良部位重新焊接; 抽芯检查更换故障线圈
同步发电机在运行中出现局部过热或全部过热	电动机过载。机械负荷超过额定负荷,电动机的电压、电流、功率因数、转速等的数值不正常; 定子铁芯部分硅钢片之间绝缘漆不良或有毛刺; 电动机受潮或浸漆后没烘干; 定子绕组有短路或接地故障; 电动机通风不良	减少机械负荷,使定子电流不超过额定值。监视供电系统的电压、电流、功率因数,及时调整; 应检修定子铁芯; 对电动机进行彻底干燥; 找出故障线圈,更换局部或全部线圈; 应检查通风系统风扇旋转方向,风扇及风罩是否完好,安装是否牢固,通风孔是否堵塞
同步发电机在运行中发生的事故停机	电缆故障; 电动机定子绕组相间短路; 电流互感器二次回路有断线等故障; 电动机过负荷; 励磁装置故障; 电动机定子绕组接地	电缆进行检查处理; 处理故障线圈; 检查电流互感器二次回路,处理断线或接触不良; 找出机械过负荷原因,并排除故障; 检查、调试励磁装置; 找出绕组接地点,处理线圈绝缘
同步发电机发生剧烈的振动	电动机所带机械找正不好; 轴承损坏; 所带的机械损坏; 转子的静平衡或动平衡不合格; 电动机基础不平,地脚螺丝松动	重新机械找正; 更换轴承; 检修机械,排除故障; 调整静平衡、动平衡; 检查基础水平程度,应正确、紧固地脚螺丝

5. 励磁系统的检修及维护

①检查励磁屏柜顶散热风扇是否正常,运行时有无异响。

②检查可控硅模块冷却风扇是否工作正常。

③检查过电压保护器是否有发热变色现象。

④检查端子排接线是否有松动现象。

项目四
三相异步电动机常用控制电路的安装与调试

任务一　三相异步电动机点动控制电路的安装与调试

📚 内容提要

本任务主要通过学习刀开关、熔断器、按钮开关、接触器、低压断路器等低压电器的用途、基本结构、工作原理及主要参数和图形符号来完成三相异步电动机点动控制电路的安装与调试。

📚 任务目标

1. 知识目标

(1)了解按钮、熔断器、按钮开关、接触器等的结构和工作原理。

(2)掌握三相异步电动机点动控制电路的工作原理。

(3)掌握自锁保护、欠压保护、失压保护、过载保护、短路保护的概念。

2. 能力目标

(1)能根据电路图识别、选择、安装常用的低压电器。

(2)掌握常用低压电器的动作原理,并能进行检修维护。

(3)掌握常用低压电路故障的排除方法。

3. 素质目标

(1)激发主动学习的意愿,培养严谨、细致的工作作风和追求卓越的工匠精神。提高发现问题、分析问题、解决问题的能力。

(2)增强团队合作意识,培养安全规范操作的意识和能力。

🎵 任务导入

作为电气控制中最常见的传动设备,三相异步电动机的手动控制电路如图4.1所示。其电路结构简单,但不适合频繁操作,操作劳动强度大且不能进行远距离自动控制。应如何实现三相异步电动机的自动控制?

三相异步电动机点动控制电路

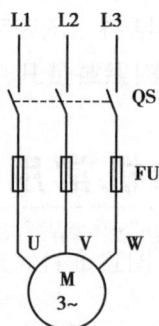

图4.1　三相异步电动机手动控制电路

学习情境 1　了解低压电器的基础知识

电器是根据外界特定的信号和要求,自动或手动接通和断开电路,断续或连续地改变电路参数,实现对电路或非电路对象的切换、控制、保护、检测、变换和调节的电气设备。电器的种类繁多,构造各异。根据其工作电压的高低,电器可分为高压电器和低压电器两种。工作在交流额定电压 1 200 V 及以下,直流额定电压 1 500 V 及以下的电器称为低压电器。

1. 常用低压电器分类

由于低压电器的功能、品种和规格的多样化,工作原理也各不相同,因而有不同的分类方法。根据低压电器与使用系统之间的关系,习惯上按用途可分为以下几类。

1)低压配电电器

低压配电电器主要用于低压供电系统。这类低压电器有刀开关、自动开关、隔离开关、转换开关以及熔断器等。对这类电器的主要技术要求是分断能力强、限流效果好、动稳定及热稳定性能好。

2)低压控制电器

低压控制电器主要用于电力拖动控制系统。这类低压电器有接触器、继电器、控制器等。对这类电器的主要技术要求有一定的通断能力,操作频率高,电器和机械寿命长。

3)低压主令电器

低压主令电器是主要用于发送控制指令的电器。这类电器有按钮、主令开关、行程开关和万能开关等。对这类电器的主要技术要求是操作频率要高,抗冲击,电气和机械寿命要长。

4)低压保护电器

低压保护电器是主要用于对电路和电气设备进行安全保护的电器。这类低压电器有熔断器、热继电器、电压继电器、电流继电器和避雷器等。对这类电器的主要技术要求是要有一定的通断能力,反应要灵敏,可靠性要高。

5)低压执行电器

低压执行电器是主要用于执行某种动作和传动功能的电器。这类低压电器有电磁铁、电磁离合器等。

2. 低压电器的电磁机构及执行机构

1) 电磁机构

电磁机构的作用是将电磁能转换成机械能并带动触点的闭合或断开,完成通断电路的控制作用。电磁机构由吸引线圈、铁芯和衔铁组成,其结构形式按衔铁的运动方式可分为直动式和拍合式,图4.2和图4.3分别是直动式和拍合式电磁机构的常用结构形式。图中吸引线圈的作用是将电能转换为磁能,即产生磁通,衔铁在电磁吸力作用下产生机械位移使铁芯吸合。通入直流电的线圈称为直流线圈,通入交流电的线圈称为交流线圈。

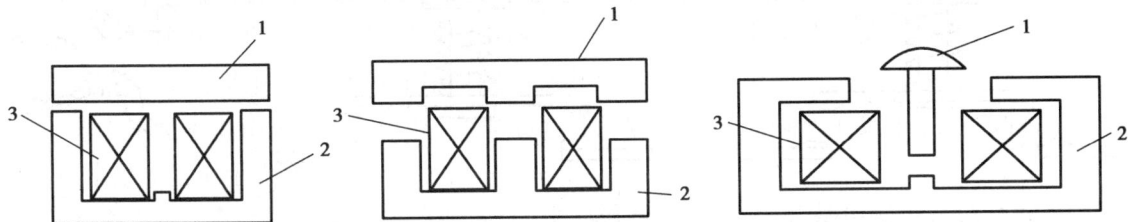

图4.2 直动式电磁机构
1—衔铁;2—铁芯;3—吸引线圈

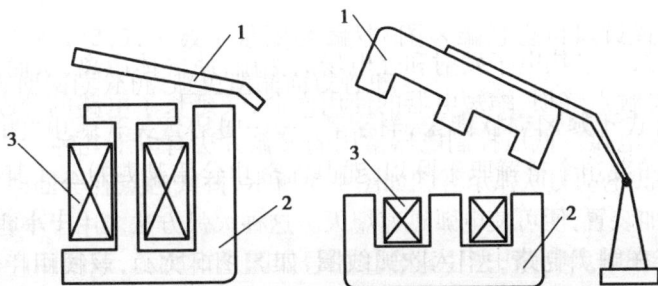

图4.3 拍合式电磁机构
1—衔铁;2—铁芯;3—吸引线圈

对于直流线圈而言,铁芯不发热,只是线圈发热,因此线圈与铁芯接触以利散热。将线圈做成无骨架、高而薄的瘦高型,以改善线圈自身散热。铁芯和衔铁由软钢或工程纯铁制成。

对于交流线圈而言,除线圈发热外,由于铁芯中有涡流和磁滞损耗,铁芯也会发热。为了改善线圈和铁芯的散热情况,在铁芯与线圈之间留有散热间隙,并且把线圈做成有骨架的矮胖型。铁芯用硅钢片叠成,以减小涡流。当线圈通过工作电流时会产生足够的磁势,从而在磁路中形成磁通,使衔铁获得足够的电磁力,克服反作用力而吸合。在交流电流产生的交变磁场中,为避免因磁通过零点造成衔铁的抖动,需在交流电器铁芯的端部开槽,嵌入一铜短路环,使环内感应电流产生的磁通与环外磁通不同时过零,使电磁吸力总是大于弹簧的反作用力,从而可以消除铁芯的抖动。

另外,线圈根据在电路中的连接方式可分为串联线圈(即电流线圈)和并联线圈(即电压线圈),串联(电流)线圈串接在线路中,流过的电流大,为减小对电路的影响,线圈的导线粗,匝数少,线圈的阻抗较小。并联(电压)线圈并联在线路上,为减小分流作用,降低对原电路的影响,需要较大的阻抗,因此线圈的导线细且匝数多。

2）触点系统

触点的作用是接通或分断电路,因此,要求触点具有良好的接触性能和导电性能,电流容量较小的电器,其触点通常采用银质材料。这是因为银质触点具有较低和较稳定的接触电阻,其氧化膜电阻率与纯银相似,可以避免触点表面氧化膜电阻率增加而造成接触不良。触点的结构有桥式和指形两种,如图4.4所示为触点结构形式。桥式触点又分为点接触式和面接触式。点接触式适用于电流不大且触点压力小的场合,面接触式适用于大电流的场合。指形触点在接通与分断时产生滚动摩擦,可以去掉氧化膜,故其触点可以用紫铜制造,它适合触点分合次数多、电流大的场合。

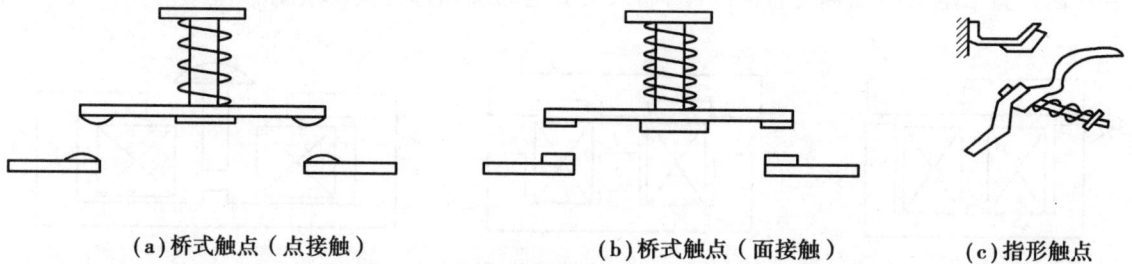

(a)桥式触点(点接触)　　　(b)桥式触点(面接触)　　　(c)指形触点

图4.4　触点结构形式

3）灭弧系统

触点分断电路时,由于热电子发射和强电场的作用,使气体游离,从而在分断瞬间产生电弧。电弧的高温能将触点烧损,缩短电器的使用寿命,又延长了电路的分断时间。因此,应采用适当措施迅速熄灭电弧。低压控制电器常用的灭弧方法有以下几种。

(1)电动力吹弧。电动力吹弧示意图如图4.5所示,桥式触点在分断时本身具有电动力吹弧功能,不用任何附加装置,便可使电弧迅速熄灭。这种灭弧方法多用于小容量交流接触器中。

(2)磁吹灭弧。在触点电路中串入吹弧线圈,如图4.6所示,该线圈产生的磁场由导磁夹板引向触点周围,其方向由右手定则确定(如图中"×"所示),触点间的电弧所产生的磁场,其方向为"$\otimes$""$\odot$"所示。这两个磁场在电弧下方方向相同(叠加),在弧柱上方方向相反(相减),因此弧柱下方的磁场强于上方的磁场。在下方磁场作用下,电弧受力的方向为力F所指的方向。在力F的作用下,电弧被吹离触点,经引弧角引进灭弧罩而熄灭。

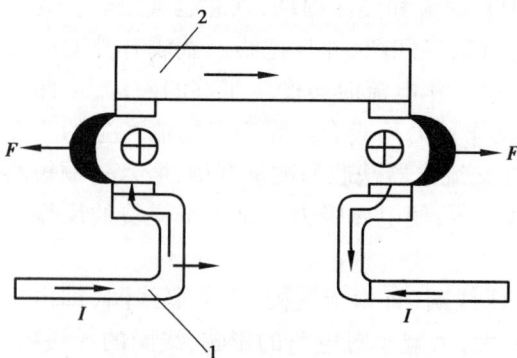

图4.5　电动力吹弧示意图

1—静触点;2—动触点

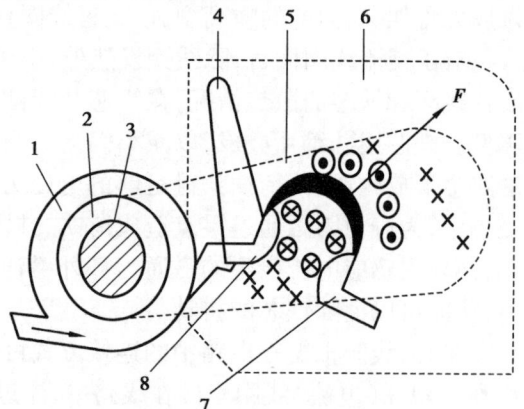

图4.6　磁吹灭弧示意图

1—磁吹线圈;2—绝缘套;3—铁芯;4—引弧角;
5—导磁夹板;6—灭弧罩;7—动触点;8—静触点

（3）栅片灭弧。栅片灭弧是一组薄铜片，它们彼此之间相互绝缘，如图4.7所示。当电弧入栅片被分割成一段段串联的短弧，而栅片就是这些短弧的电极。每两片电弧之间都有 150～250 V 的绝缘强度，使整个灭弧栅的绝缘强度大大加强，以致外电压无法维持，电弧迅速熄灭。由于栅片灭弧效应在交流时要比直流强得多，所以交流电器常常采用栅片灭弧。

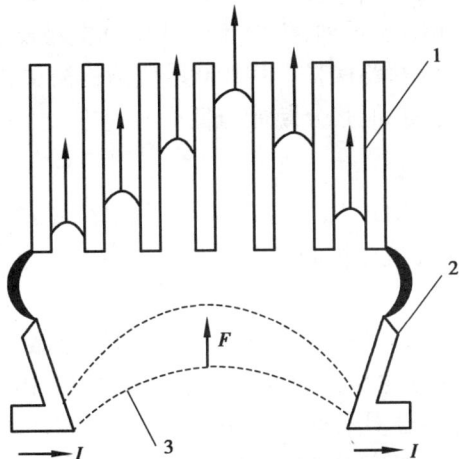

图 4.7　栅片灭弧示意图
1—灭弧栅片；2—触点；3—电弧

学习情境 2　认识刀开关

刀开关是一种手动配电电器，主要用来手动接通或断开交流、直流电路，通常只作为隔离开关使用，也可用于不频繁地接通与分断额定电流以下的负载，如小容量电动机、电阻炉等。

刀开关按极数可分为单极、双极和三极，其结构主要由操作手柄、触刀、触点座和底座组成。依靠手动来实现触刀插入触点座与脱离触点座的控制。刀开关安装时，手柄要向上，不得倒装或平装，避免由重力自由下落而引起误动作和合闸。接线时电源线接上端，负载线接下端。刀开关文字符号为 QS，图形符号如图4.8所示。

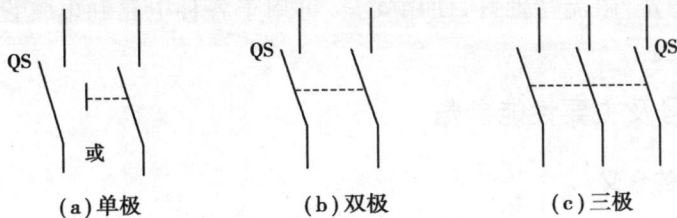

（a）单极　　　　　（b）双极　　　　　（c）三极

图 4.8　刀开关的图形符号

学习情境 3　认识熔断器

熔断器是低压电路及电动机控制线路中主要用作短路保护的电器，使用时串联在被保护的电路中。当电路发生短路故障，通过熔断器的电流达到或超过某一规定值时，以其自身产生的热量使熔体熔断，从而自动分断电路起保护作用。熔断器具有结构简单、价格便宜、动作可靠、使用维护方便等优点，因此得到广泛应用。

熔断器的分类及功能

熔断器的工作原理

1. 熔断器的分类

熔断器种类繁多,常用的有以下几种。

1) 插入式熔断器(无填料式)

插入式熔断器常用的有 RC1A 系列,主要用于低压分支路及中小容量的控制系统的短路保护,也可用于民用照明电路的短路保护。RC1A 系列结构简单,它由瓷盖、底座、触点、熔丝等组成,其价格低,熔体更换方便,但其分断能力低。

2) 螺旋式熔断器

螺旋式熔断器有 RL1、RL2、RL6、RL7 等系列,其中 RL6 和 RL7 系列熔断器分别取代 RL1 和 RL2 系列,常用于配电线路及机床控制线路中作短路保护。螺旋式快速熔断器有 RLS2 等系列,常用作半导体元器件的保护。

螺旋式熔断器由瓷底座、熔管、瓷帽等组成。瓷管内装有熔体,并装满石英砂,将熔管置入底座内,旋紧瓷帽,就可以接通电路。瓷帽顶部有玻璃圆孔,内部有熔断指示器,当熔体熔断时,指示器跳出。螺旋式熔断器具有较高的分断能力,限流性好,有明显的熔断指示,可不使用工具就能安全更换熔体,在机床中被广泛采用。

3) 无填料封闭管式熔断器

常用的无填料封闭管式熔断器有 RM1、RM10 等系列,主要用于低压配电线路的过载和短路保护。无填料封闭管式熔断器分断能力较低,限流特性较差,适合线路容量不大的电网中,其最大优点是熔体便于拆换。

4) 有填料封闭管式熔断器

常用的有填料封闭管式熔断器有 RT0、RT12、RT14、RT15 等系列,引进产品有德国 AEG 公司的 NT 系列。有填料封闭管式熔断器主要作为工业电气装置、配电设备的过载和短路保护,也可配套用于熔断器组合电器中。有填料快速熔断器 RS0、RS3 系列,用作硅整流元件和晶闸管元件及其所组成的成套装置的过载和短路保护。有填料封闭管式熔断器具有高的分断能力,保护特性稳定,限流特性好,使用安全,可用于各种电路和电气设备的过载和短路保护。

2. 熔断器型号及主要性能参数

1) 熔断器型号的含义

熔断器型号的含义如下所示。

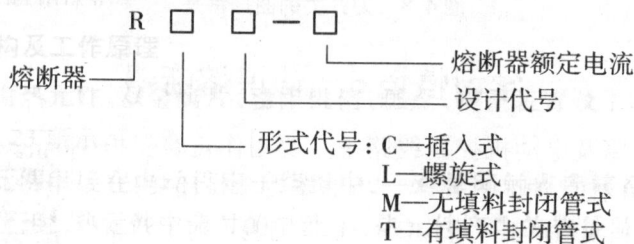

```
           R □   □ — □
                         ┗━━━ 熔断器额定电流
       熔断器 ┛           ┗━━ 设计代号
                  ┗━ 形式代号:C—插入式
                            L—螺旋式
                            M—无填料封闭管式
                            T—有填料封闭管式
```

2)熔断器主要性能参数

（1）额定电压：保证熔断器能长期正常工作的电压。

（2）额定电流：保证熔断器能长期正常工作的电流。它是由熔断器各部分长期工作时允许温升决定的，与熔体的额定电流是两个不同的概念。熔体的额定电流是指在规定的工作条件下，长时间通过熔体而熔体不熔断时的最大电流值。通常一个额定电流等级的熔断器可以配用若干个额定电流等级的熔体，但熔体的额定电流不能大于熔断器的额定电流值。

（3）极限分断电流：熔断器在额定电压下所能断开的最大短路电流。

（4）时间-电流特性曲线：在规定的工作条件下，表征流过熔体的电流与熔体熔断时间关系的函数曲线，也称保护特性或熔断特性，如图4.9所示。

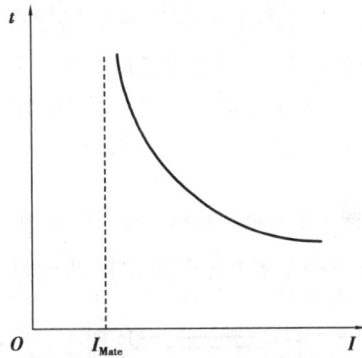

图 4.9 熔断器的时间-电流特性曲线

学习情境4 认识按钮开关

按钮是一种手动且可以自动复位的主令电器，其结构简单，使用广泛，在控制电路中用于手动发出控制信号以控制接触器、继电器等。

按钮由按钮帽、复位弹簧、桥式触点和外壳等组成。触点额定电流在5 A以下，其结构如图4.10所示，图形符号及文字符号如图4.11所示。

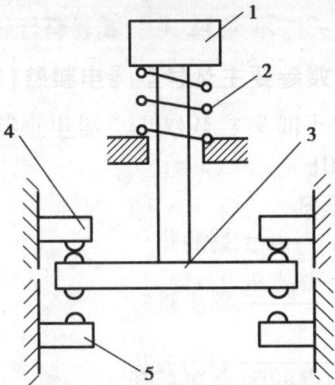

图 4.10 控制按钮结构示意图
1—按钮帽;2—复位弹簧;3—动触点;
4—常闭触点;5—常开触点

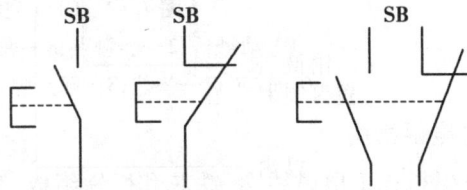

图 4.11 控制按钮的图形符号及文字符号

按钮按用途和结构不同，可分为启动按钮、停止按钮和复合按钮等。

启动按钮带有常开触点,手指按下按钮帽,常开触点闭合;手指松开,常开触点复位。启动按钮的按钮帽一般采用绿色。停止按钮带有常闭触点,手指按下按钮帽,常闭触点断开;手指松开,常闭触点复位。停止按钮的按钮帽一般采用红色。复合按钮带有常开触点和常闭触点,手指按下按钮帽,常闭触点先断开,常开触点后闭合;手指松开时,常开触点先复位,常闭触点后复位。控制按钮可做成单式(一个按钮)、复式(两个按钮)和三联式(三个按钮)的形式。为便于识别各个按钮的作用,避免误操作,通常将按钮帽做成不同颜色,以示区别,其颜色有红、绿、黄、蓝、白、黑等。

学习情境 5　认识接触器

接触器是一种自动电磁式电器,适用于远距离频繁接通或断开交直流主电路及大容量控制电路。其主要控制对象是电动机,也可用于控制其他负载,如电焊机、电容器、电阻炉等。它不仅能实现远距离自动操作和欠电压释放保护及零电压保护功能,而且控制容量大、工作可靠、操作频率高、使用寿命长。常用的接触器分为交流接触器和直流接触器两大类。

1. 接触器结构及工作原理

图 4.12 为 CJ20 交流接触器结构示意图,交流接触器由以下 4 个部分组成。

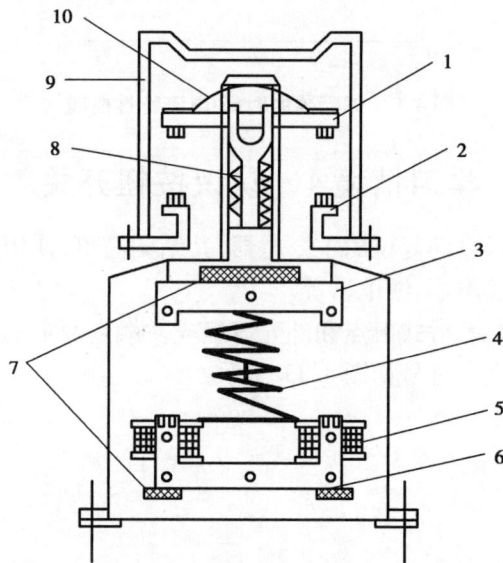

图 4.12　CJ20 交流接触器结构示意图
1—动触桥;2—静触点;3—衔铁;4—缓冲弹簧;5—电磁线圈;
6—铁芯;7—垫毡;8—触点弹簧;9—灭弧罩;10—触点压力弹簧

1)电磁机构

电磁机构由电磁线圈、铁芯和衔铁组成,其功能是操作触点的闭合和断开。

2)触点系统

触点系统包括主触点和辅助触点。主触点用在通断电流较大的主电路中,一般由三对常开触点组成,体积较大。辅助触点用以通断小电流的控制电路,体积较小,它有"常开"和"常闭"触点("常开""常闭"是指电磁系统未通电动作前触点的状态)。常开触点(又称为动合触点)是指线圈未通电时,其动触点、静触点是处于断开状态的,当线圈通电后就闭合。常闭触点(又称为动断触点)是指在线圈未通电时,其动触点、静触点是处于闭合状态的,当线圈通电后,则断开。线圈通电时,常闭触点先断开,常开触点后闭合;线圈断电时,常开触点先复位(断开),常闭触点后复位(闭合),其中间存在一个很短的时间间隔。分析电路时,应注意这个时间间隔。

3)灭弧系统

容量在 10 A 以上的接触器都有灭弧装置,常采用纵缝灭弧罩及栅片灭弧结构。

4)其他部分

其他部分包括弹簧、传动机构、接线柱及外壳等。当交流接触器线圈通电后,在铁芯中产生磁通,由此在衔铁气隙处产生吸力,使衔铁向下运动(产生闭合作用);在衔铁带动下,动断(常闭)触点断开,动合(常开)触点闭合。当线圈断电或电压显著降低时,吸力消失或减弱,衔铁在弹簧的作用下释放,各触点恢复原来位置。这就是接触器的工作原理。接触器的图形符号如图4.13 所示,文字符号为 KM。

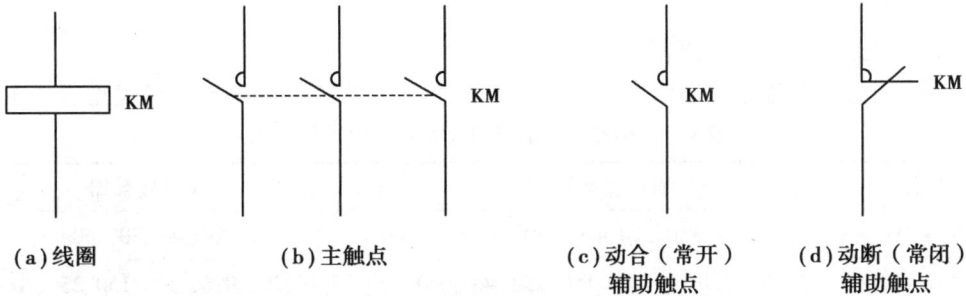

|(a)线圈|(b)主触点|(c)动合(常开)辅助触点|(d)动断(常闭)辅助触点|

图4.13 接触器图形符号

直流接触器的结构和工作原理与交流接触器基本相同,仅电磁机构方面不同。

2.接触器的型号及主要技术参数

目前我国常用的交流接触器主要有 CJ20、CJX1、CJX2、CJ12 和 CJ10 等系列。引进产品应用较多的有德国 BBC 公司的 B 系列、德国 SIEMNS 公司的 3TB 系列、法国 TE 公司的 LC1 系列等。常用的直流接触器有 CZ18、CZ21、CZ22、CZ10 和 CZ2 等系列,CZ18 系列是取代 CZ0 系列的新产品。

1)型号含义

交流接触器的型号含义如下:

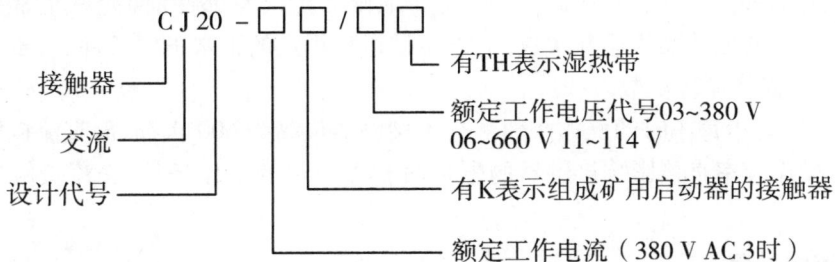

C J 20 - □□/□□

接触器
交流
设计代号

有TH表示湿热带
额定工作电压代号03~380 V
06~660 V 11~114 V
有K表示组成矿用启动器的接触器
额定工作电流(380 V AC 3时)

```
        C J X □ - □ / □□
        │   │  │  │  │└─────── 有N表示两台接触器
      接触器─┘  │  │  │         组装成机械联锁型
       交流────┘  │  │└──────── 辅助触点组合形式用两位表示，分
      小流量─────┘  │            别表示接通、关断触点数（10、01、
     设计代号──────┘             11、21、12、22、30、32、50、41）
                  │
                  └────────── 额定工作电流（380 V AC 3时）
```

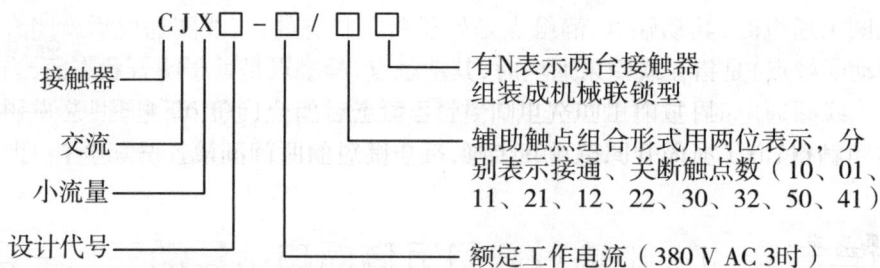

直流接触器的型号含义如下：

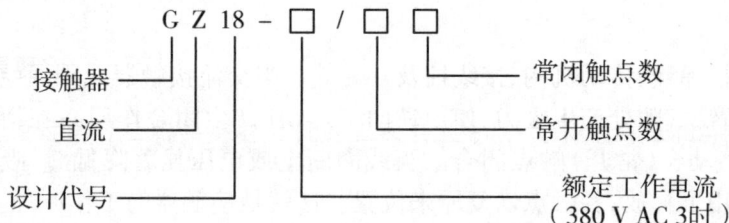

```
        G Z 18 - □ / □□
        │  │   │  │ └───── 常闭触点数
      接触器┘  │   │ └────── 常开触点数
       直流───┘   │
                  │
     设计代号──────┘          额定工作电流
                            （380 V AC 3时）
```

2）主要技术参数

（1）额定电压：主触点的额定工作电压。

（2）额定电流：主触点的额定电流。接触器的额定电压和额定电流等级表见表4.1。

表4.1　接触器的额定电压和额定电流等级表

技术参数	直流接触器	交流接触器
额定电压/V	110、220、440、660	220、380、500、600
额定电流/A	5、10、20、40、60、100、150、250、400、600	5、10、20、40、60、100、150、250、400、600

（3）线圈额定电压：常用的额定电压等级见表4.2。

表4.2　接触器线圈的额定电压等级表

直流线圈/V	交流线圈/V
24、48、110、220、440	36、110、220、380

（4）接通和分断能力：接触器在规定条件下，能在给定电压下接通或分断的预期电流值。在此电流值下接通或分断时，不应发生熔焊、飞弧和过分磨损等。在低压电器标准中，接触器的用途规定了它的接通和分断能力，可查阅相关手册获得。

（5）机械寿命和电寿命：机械寿命是指需要维修或更换零部件前（允许正常维护包括更换触点）所能承受的无载操作循环次数；电寿命是指在规定的正常工作条件下，不需修理或更换零部件的有载操作循环次数。

（6）操作频率：指每小时的操作次数。交流接触器最高为600次/h，而直流接触器最高为1 200次/h。操作频率直接影响接触器的电寿命和灭弧罩的工作条件，交流接触器还影响线圈的温升。

3）接触器的选用

接触器的选用应遵循以下原则：

（1）根据被接通或分断的电流种类选择接触器的类型。

（2）根据被控电路中电流大小和使用类别选择接触器的额定电流。

（3）根据被控电路电压等级选择接触器的额定电压。

（4）根据被控电路的电压等级选择接触器线圈的额定电压。

任务实战

电动机点动控制电路的安装与调试

电动机点动控制电路是用按钮开关、接触器来控制电动机运转的，是最简单的控制电路，其控制电路如图 4.14 所示。

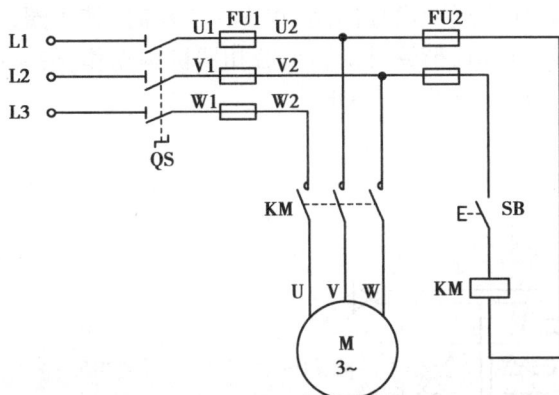

图 4.14　三相异步电动机点动控制电路

三相异步电动机点动控制电路的工作过程如下：启动时，合上刀开关 QS，将主电路引入三相电源。按下启动按钮 SB，KM 线圈得电，主触点闭合，电动机接通电源开始启动。当松开启动按钮 SB 后，KM 线圈失电，主触点断开，切断电动机电源，电动机自动停车。

1. 元件选择与检查

根据之前的学习情境知识，请参照图 4.14 选出合适的低压电器元件并检查其功能完好性。

2. 电路的安装与连接

装接电路应遵循"先主后控，先串后并；从上到下，从左到右；上进下出，左进右出"的原则进行接线。其意思是接线时应先接主电路，后接控制电路；先接串联电路，后接并联电路；按照从上到下，从左到右的顺序逐根连接；对于电气元件的进出线，则必须按照"上面为进线，下面为出线，左边为进线，右边为出线"的原则接线，以免造成元件被短接或接错。

3. 电路的检查

接好电路后，应使用万用表等电气仪表对电路进行检查，确保线路无误后方可通电试车。

4. 通电试车

通电试车时应注意安全，观察按钮的按下情况与电动机的运行状态。

知识拓展

低压断路器（又称为自动开关）可用来分配电能，不频繁地启动异步电动机，对电源线路及电动机等实行保护，当它们发生严重的过载或短路及欠电压等故障时能自动切断电路，其功能相当于熔断器式断流器与过流、欠压、热继电器的组合，而且在分断故障电流后一般不需要更换零部件,因而得到广泛的应用。

1. 低压断路器结构及工作原理

低压断路器由操作机构、触点、保护装置(各种脱扣器)、灭弧系统等组成。低压断路器的工作原理如图 4.15 所示。

低压断路器的主触点是靠手动操作或电动合闸的,主触点闭合后,自由脱扣机构将主触点锁在合闸位置上。过电流脱扣器的线圈和热脱扣器的热元件与主电路串联,欠电压脱扣器的线圈和电源并联。当电路发生短路或严重过载时,过电流继电器的衔铁闭合,使自由脱扣器机构动作,主触点断开主电路。当电路过载时,热脱扣器的热元件发热使双金属片向上弯曲,推动自由脱扣机构动作。当电路欠电压时,欠电压脱扣器的衔铁释放,也使自由脱扣器机构动作。动分磁脱扣器则作为远距离控制用,在正常工作时,其线圈是断电的,在需远距离控制时按下启动按钮,使线圈得电,衔铁带动自由脱扣器机构动作,使主触点断开。低压断路器的图形符号如图 4.16 所示,文字符号为 QF。

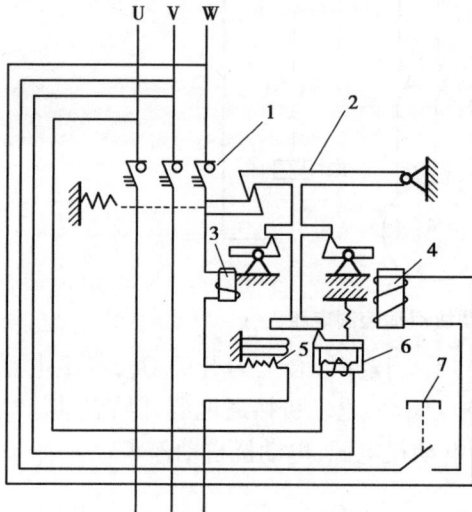

图 4.15   低压断路器的工作原理示意图
1—主触头;2—自由脱扣器;
3—过电流脱扣器;4—分励脱扣器;
5—热脱扣器;6—失压脱扣器;7—按钮

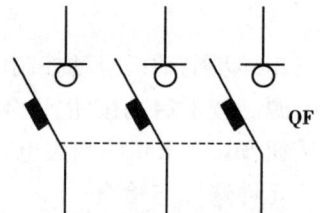

图 4.16   低压断路器的图形符号

2. 低压断路器类型及主要参数

(1)万能式断路器:具有绝缘衬垫的框架结构底座将所有的构件组装在一起。用于配电网络的保护。主要型号有 DW10 和 DW15 两个系列。

(2)塑料外壳式断路器:具有用模压绝缘材料制成封闭外壳将所有构件组装在一起。用作配电网络的保护和电动机、照明电路及电热器等控制开关。主要型号有 DZ5、DZ10、DZ20等系列。

(3)模块化小型断路器:由操作机构、热脱扣器、电磁脱扣器、触点系统、灭弧室等部件组成,所有部件都置于一个绝缘壳中。在结构上具有外形尺寸模块化(9 mm 的倍数)和安装导轨化的特点,该系列断路器可作为线路和交流电动机等的电源控制开关及过载、短路等保护用。常用型号有 C45、DZ47、S、DZ187、XA、MC 等系列。

(4)智能化断路器:传统断路器的保护功能是利用了热磁效应原理并通过机械系统的动

作来实现的。智能化断路器的特征是采用了以微处理器或单片机为核心的智能控制器(智能脱扣器)。它不仅具备普通断路器的各种保护功能,同时还具有实时显示电路中的各种电参数(电流、电压、功率因数等),对电路进行在线监视、测量、试验、自诊断、通信等功能;能够对各种保护功能的动作参数进行显示、设定和修改。将电路动作时的故障参数存储在非易失存储器中以便查询。智能化断路器原理框图如图 4.17 所示。目前,国内生产的智能化断路器主要型号有 DW45、DW40、DW914(AH)、DW18(AES)、DW48、DW19(3WZ)、DW17(ME)等。

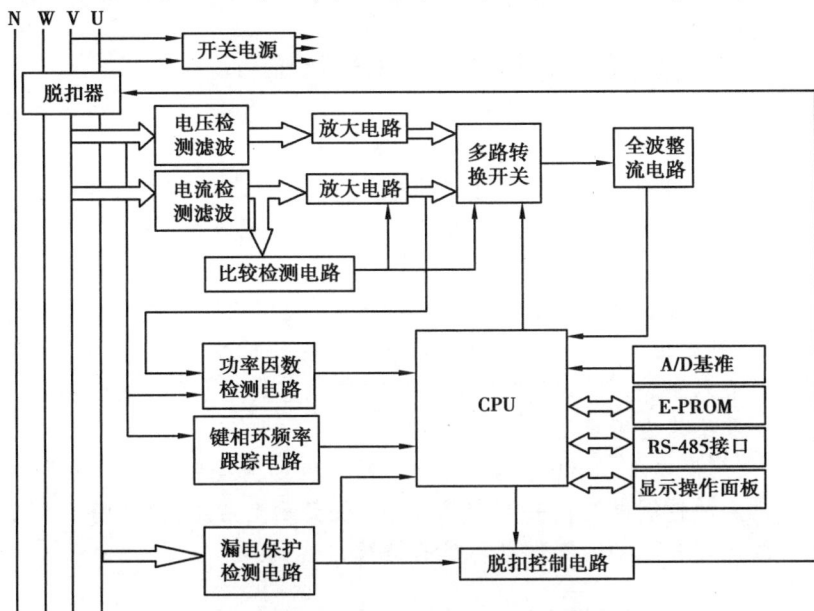

图 4.17　智能化断路器原理框图

思考问题

1. 自行画出三相异步电动机点动控制的电路图,并标注出元器件符号与其中文名称。
2. 说明画出的电路图中具有哪些电气保护环节,并说明保护类型及保护器件。

任务二　三相异步电动机全压启动控制电路的安装与调试

内容提要

本任务主要通过学习电气控制线路的图形、文字符号及绘制原则,了解继电器的基本概念和作用,来完成三相异步电动机全压启动控制电路的安装与调试。

任务目标

1. 知识目标
(1)了解电气控制线路中常用图形符号和文字符号。
(2)掌握电气控制图绘图原则。
(3)掌握继电器的类型及动作原理。

2．能力目标

（1）能根据电路图进行电气控制线路的设计和绘制。

（2）掌握基本电气控制电路的特点和各电器触点间的逻辑关系。

（3）能根据控制要求，设计简单的控制电路。

3．素质目标

（1）激发主动学习的意愿，培养严谨、细致的工作作风和追求卓越的工匠精神。提高发现问题、分析问题、解决问题的能力。

（2）增强团队合作意识，培养安全规范操作的意识和能力。

任务导入

在各行各业广泛使用的电气设备和生产机械设备中，其自动控制线路大多数以各类电动机或其他执行电器为被控对象，以继电器、接触器、按钮、行程开关、保护元件等器件组成的自动控制线路，通常称为电气控制线路。

各种生产机械的电气控制设备有着各种各样的电气控制线路，这些控制线路无论是简单的还是复杂的，一般都是由一些基本控制环节组成的，在分析线路原理和判断其故障时，都是从这些基本控制环节入手。因此，掌握基本电气控制线路，对生产机械设备整个电气控制线路的工作原理分析及维修有着重要意义。

在生产过程中，到底电气图有哪些类型，电气图又应如何绘制呢？在任务一中，我们完成了三相异步电动机点动控制电路的安装与调试，但在实际生活中，更多情况需要电动机在额定电压下稳定持续地运行。如何实现电动机的持续运行呢？

学习情境 1　认识电气控制线路

电气控制线路是用导线将电动机、电器、仪表等电器元件按一定的要求和方式联系起来，并能实现某种功能的电气线路。为表达电气控制线路的组成、工作原理及图上用不同的图形符号来表示各种电器元件，用不同的文字符号来进一步说明图形符号所代表的电器元件的基本名称、用途、主要特征及编号等。因此，电气控制线路应根据简单易懂的原则，采用统一规定的图形符号、文字符号和标准画法来进行绘制。

三相异步电动机全压启动控制电路

1．常用电气设备图形符号及文字符号

电气控制系统图中，各种电气元件的图形符号和文字符号必须符合统一的国家标准。为便于掌握引进的先进技术和先进设备，加强国际交流，电气控制电路中的图形和文字符号必须符合最新的国家标准，目前使用的系列标准为电气简图用图形符号（GB/T 4728），共13个部分。一些常用电气设备图形符号及文字符号见表4.3。

表4.3　电气控制电路中的常用图形符号和文字符号

名称	图形符号	文字符号	名称	图形符号	文字符号
交流发电机	(G ~)	GA	接地的一般符号	⏚	E

续表

名称	图形符号	文字符号	名称	图形符号	文字符号
交流电动机		MA	保护接地		PE
三相笼型异步电动机		MC	接机壳或接地板	或	PU
三相绕线型异步电动机		MW	单极控制开关		SA
直流发电机		GD	三极控制开关		SA
直流电动机		MD	隔离开关		QS
直流伺服电动机		SM	三极隔离开关		QS
交流伺服电动机		SM	负荷开关		QL
直流测速发电机		TG	三极负荷开关		QL
交流测速发电机		TG	断路器		QF
步进电动机		TG	三极断路器		QF
双绕组变压器	或	T	电压互感器线圈	或	TV
位置开关常开触点		SQ	欠压继电器线圈		KV

续表

名称	图形符号	文字符号	名称	图形符号	文字符号
位置开关常闭触点		SQ	通电延时（缓吸）线圈		KT
做双向机械操作的位置开关		SQ	断电延时（缓放）线圈		KT
常开按钮	E--\	SB	延时闭合常开触点	或	KT
常闭按钮	E--/	SB	延时断开常开触点	或	KT
复合按钮	E---<	SB	延时闭合常闭触点	或	KT
交流接触器线圈		KM	延时断开常闭触点	或	KT
接触器常开触点		KM	热继电器热元件		FR
接触器常闭触点		KM	热继电器常闭触点		FR
中间继电器线圈		KA	熔断器		FU
中间继电器常开触点		KA	电磁铁	或	YA
中间继电器常闭触点		KA	电磁制动器		YB
过流继电器线圈	1>	KA	电磁离合器		YC

续表

名称	图形符号	文字符号	名称	图形符号	文字符号
电流表	 (A)	PA	照明灯		EL
			信号灯		HL
电压表	 (V)	PV	二极管	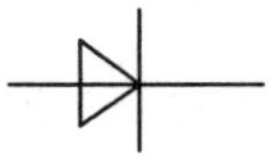	V
电能表	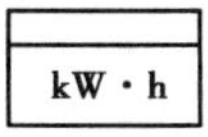 kW·h	PJ	NPN 晶体管		V
晶闸管	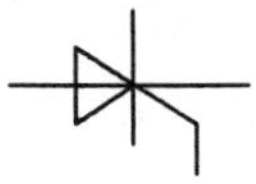	V	PNP 晶体管		V
可拆卸端子	⌀	X	端子	○	X
电流互感器	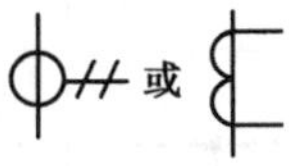 或	TA	控制电路用电源整流器		VC
电阻器		R	电抗器	 或	L
电位器		RP			
压敏电阻	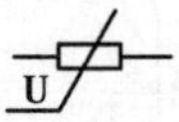	RV			
电容器一般符号	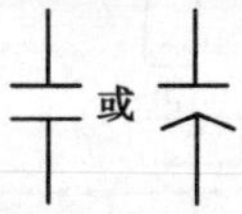 或	C	极性电容器	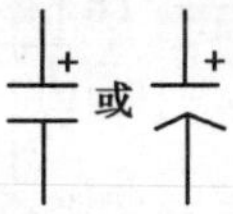 或	C
电铃	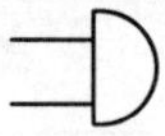	B	蜂鸣器	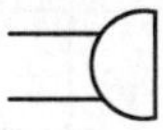	B

2. 接线端子标记

电气控制系统图中各电器接线端子用字母数字符号标记,符合国家标准《人机界面标志标识的基本和安全规则　设备端子、导体终端和导体的标识》(GB/T 4026—2019)规定。三相交流电源引入线用 L1、L2、L3、N、PE 标记。直流系统的电源正、负、中间线分别用 L+、L−、M 标记。三相动力电器引出线分别按 U、V、W 顺序标记。三相感应电动机的绕组首端分别用 U1、V1、W1 标记,绕组尾端分别用 U2、V2、W2 标记,电动机绕组中间抽头分别用 U3、V3、W3 标记。对于数台电动机而言,其三相绕组接线端标记以 1U、1V、1W,2U、2V、2W 等来区别。三相供电系统的导线与三相负荷之间有中间单元时,其相互连接线用字母 U、V、W 后面加数字来表示,且用从上到下由小到大的数字表示。控制电路各线号采用三位或三位以下的数字标记,其顺序一般为从左到右、从上到下,凡是被线圈、触点、电阻、电容等元件所间隔的接线端点,都应标以不同的线号。

3. 电气控制图绘制原则

电气控制图一般有电气原理图、电气元件布置图和电气安装接线图3种。

1) 电气原理图

电气原理图是根据控制线路原理绘制的,具有结构简单、层次分明、便于研究和分析线路工作原理的特性。电气原理图只包括所有电气元件的导电部件和接线端点之间的相互关系,不按各电气元件的实际位置和实际接线情况来绘制,也不反映元件的大小。现以如图 4.18 所示 CW6132 型车床的电气原理图为例来说明电气原理图绘制的基本规则和应注意的事项。

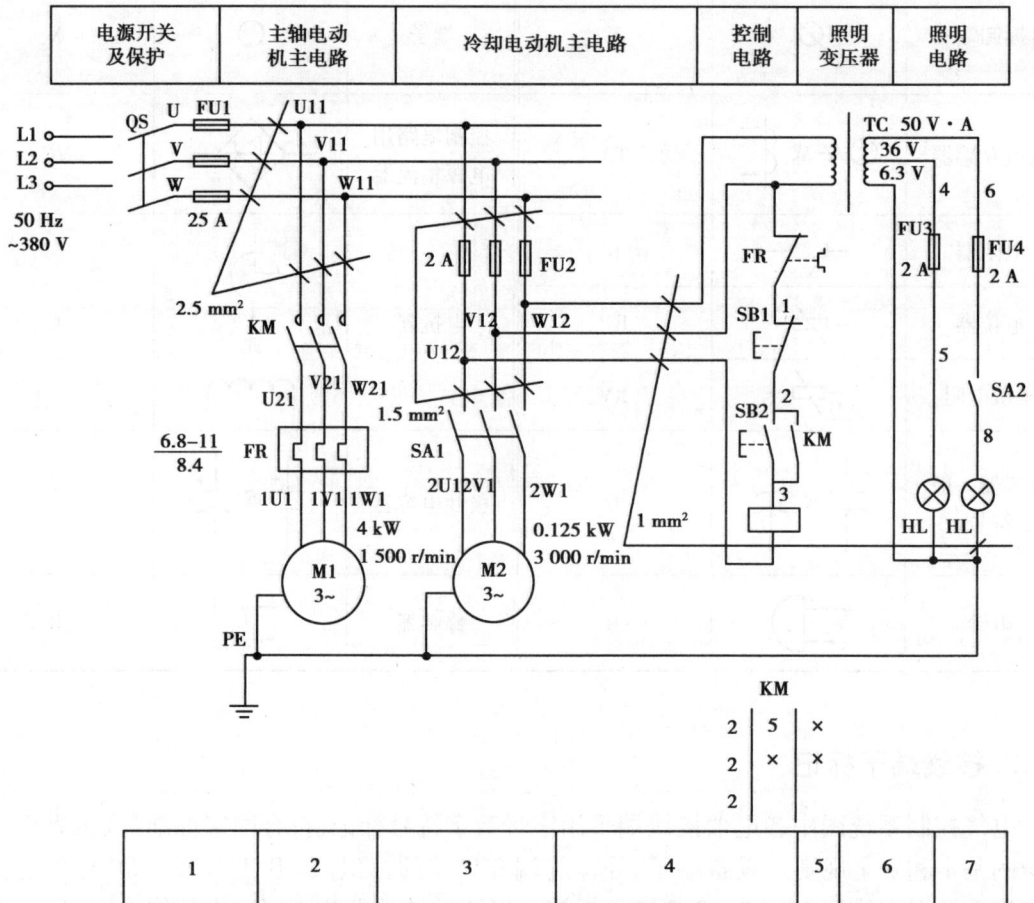

图 4.18   CW6132 型车床的电气原理图

(1)绘制电气原理图的基本规则。

①原理图一般分主电路和辅助电路两部分画出。主电路是指从电源到电动机绕组的大电流通过的路径。辅助电路包括控制电路、照明电路、信号电路及保护电路等。由继电器的

线圈和触点、接触器的线圈和触点、按钮、照明灯、控制变压器等元件组成。通常主电路用粗实线表示,画在左边(或上部);辅助电路用细实线表示,画在右边(或下部)。

②各电气元件不画实际的外形图,采用国家规定的统一标准来画,文字符号也采用国家标准。属于同一电器的线圈和触点,都要采用同一文字符号表示。对同类型的电器,在同一电路中的表示可在文字符号后加注阿拉伯数字符号来区分。

③各电气元件和部件在控制线路中的位置,应根据便于阅读的原则安排。同一电气元件的各部件根据需要可不画在一起,但文字符号应相同。

④所有电器的触点状态,都应按没有通电和没有外力作用时的初始开关状态画出。例如,继电器、接触器的触点,按吸引线圈不通电时状态画出,控制器手柄处于零位时状态画出,按钮、行程开关触点按不受外力作用时状态画出等。

⑤无论是主电路还是控制电路,各电器元件一般按动作顺序从上到下、从左到右依次排列,可水平布置或垂直布置。

⑥有直接电联系的交叉导线的连接点,要用黑圆点表示;无直接电联系的交叉导线的连接点,交叉处不能画黑圆点。

(2)图面区域的划分。

电气原理图上方的1,2,3,…数字是图区编号(图区编号也可以设置在图的下方),是便于检索电气线路、方便阅读分析、避免遗漏而设置的。

图区编号下方的"电源开关及保护……"等字样,表明对应区域下方元件或电路的功能,使读者能清楚知道某个元件或某部分电路的功能,以利于理解整个电路的工作原理。

(3)符号位置的索引。

符号位置的索引用图号、页次和图区编号的组合索引法,索引代号的组成如下:

图号　　页次　　图区编号(行号、列号)

当某图仅有一页图样时,只写图号和图区的行、列号,在只有一个图号多页图样时,则图号可省略,而元件的相关触点只出现在一张图样上时,只标出图区号(无行号时,只写列号)。

在电气原理图中,接触器和继电器线圈与触点的从属关系应用附图表示,即在原理图中相应线圈的下方,给出触点的图形符号,并在其下面注明相应触点的索引代号,对未使用的触点用"×"标明,有时也可采用省去触点图形符号的表示法。如图4.18所示的图区4中KM的线圈下是接触器KM相应触点的位置索引。在接触器的位置索引中,左栏为主触点所在的图区号(3个触点都在图区2),中栏为辅助常开触点(一个在图区5中,另一个没有使用),右栏为辅助常闭触点(两个均没有使用)。

(4)电气原理图中技术数据的标注。

电气元件的技术数据,除在电气元件明细表中标明外,也可用小号字体注在其图形符号的旁边,如图4.18中FU1额定电流为25 A。

2)电气元件布置图

电气元件布置图主要用来表明各种电气设备在机械设备和电气控制柜中的实际安装位置,为机械电气控制设备的制造、安装、维修提供必要的资料。各电气元件的安装位置是由机床的结构和工作要求决定的,如电动机要和被拖动的机械部件在一起,行程开关应放在要取得信号的地方,操作元件要放在操纵箱等操作方便的地方,一般元件应放在控制柜内。机床电气元件布置主要由机床电气设备布置图、控制柜及控制板电气设备布置图、操作台及悬挂操纵箱电气设备布置图等组成。

3)电气安装接线图

为了进行装置设备或成套装置的布线或布缆,必须提供其中各个项目(包括元件、器件、组件、设备等)之间的电气连接的详细信息,包括连接关系、线缆种类和敷设路线等。用电气图的方式表达的图称为接线图。

安装接线图是检查电路和维修电路不可缺少的技术文件,根据表达对象和用途的不同,接线图有单元接线图、互连接线图和端子接线图等。国家标准《电气技术用文件的编制 第1部分:规则》(GB/T 6988.1—2008)详细规定了安装接线图的编制规则。主要包括:

(1)在接线图中,一般都应标出项目的相对位置、项目代号、端子间的电连接关系、端子号、等线号、等线类型、截面积等。

(2)同一控制盘上的电气元件可直接连接,而盘内元器件与外部元器件连接时必须绕接线端子板进行。

(3)接线图中各电气元件图形符号与文字符号均应以原理图为准,并保持一致。

(4)互连接线图中的互连关系可用连续线、中断线或线束表示,连接导线应注明导线根线、导线截面积等。一般不表示导线实际走线途径,施工时由操作者根据实际情况选择最佳走线方式。如图4.19所示为CWB132型车床电气互连接线图。

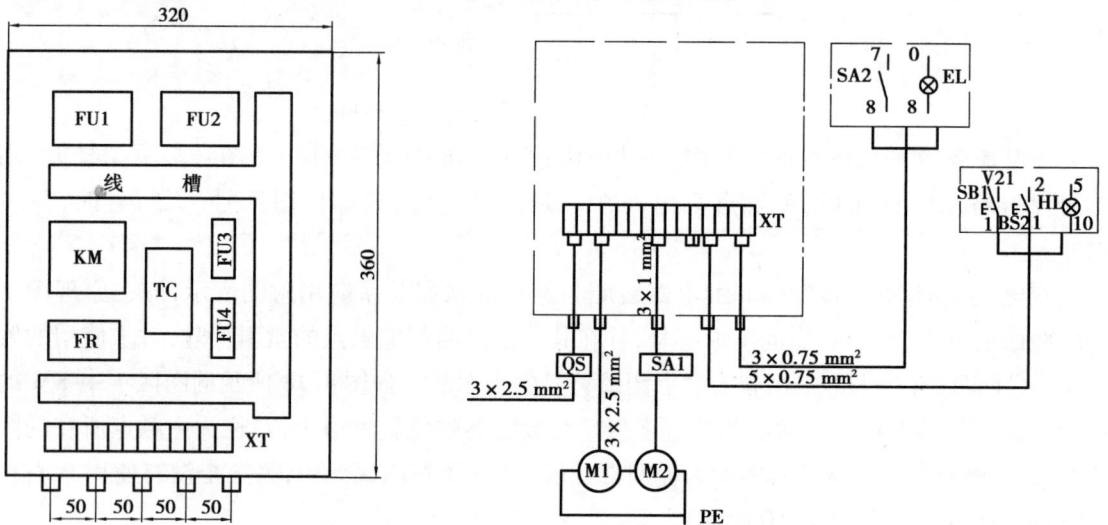

图4.19 CWB132型车床电气互连接线图

学习情境 2　认识继电器

继电器是一种根据电气量(如电压、电流等)或非电气量(如温度时间、压力、转速等)的变化接通或断开控制电路,以实现自动控制和保护电力拖动装置的电器。继电器一般由感测机构、中间机构和执行机构 3 个基本部分组成。感测机构把感测到的电气量或非电气量传递给中间机构,将它与额定的整定值进行比较,当达到整定值(过量或欠量)时,中间机构便使执行机构动作,从而接通或断开被控电路。继电器种类繁多,常用的有电流继电器、电压继电器、中间继电器、时间继电器、热继电器以及温度继电器、计数继电器、频率继电器等。

1. 电流继电器和电压继电器

1) 电流继电器

根据线圈中电流的大小而接通和断开电路的继电器称为电流继电器。使用时电流继电器的线圈与负载串联,其线圈的匝数少而线径粗。当线圈电流高于整定值动作的继电器时称为过电流继电器;低于整定值动作的继电器称为欠电流继电器。过电流继电器线圈通过小于整定电流时继电器不动作,只有超过整定电流时继电器才动作。过电流继电器的动作电流整定范围为:交流过电流继电器为$(110\% \sim 400\%)I_N$,直流过电流继电器为$(70\% \sim 300\%)I_N$。欠电流继电器线圈通过的电流大于或等于额定电流时,继电器吸合,只有电流低于整定值时,继电器才释放。欠电流继电器动作电流整定范围为:吸合电流为$(30\% \sim 65\%)I_N$,释放电流为$(10\% \sim 20\%)I_N$。

电流继电器型号意义如下:

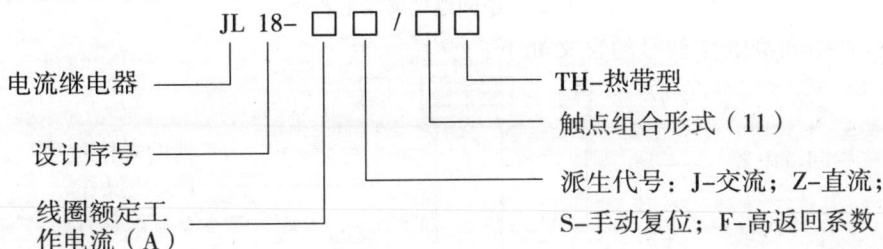

```
                    JL 18-□□/□□
电流继电器 ——————————┘  │  │ │└————— TH-热带型
                        │  │ └—————— 触点组合形式(11)
设计序号 ————————————————┘  │
                           └———————— 派生代号:J-交流;Z-直流;
线圈额定工                              S-手动复位;F-高返回系数
作电流(A)
```

2) 电压继电器

电压继电器检测对象为线圈两端的电压变化信号。根据线圈两端电压的大小而接通或断开电路,在实际工作中,电压继电器的线圈并联于被测电路中。根据实际应用的要求,电压继电器分为过电压继电器、欠电压继电器和零电压继电器。过电压继电器是当电压大于其整定值时动作的电压继电器,主要用于对电路或设备进行过电压保护,其整定值为$(105\% \sim 120\%)$额定电压。欠电压继电器是当电压降至某一规定范围时动作的电压继电器;零电压继电器是欠电压继电器的一种特殊形式,是当继电器的端电压降至或接近消失时才动作的电压继电器。欠电压继电器和零电压继电器在线路正常工作时,铁芯与衔铁是吸合的,当电压降至低于整定值时,衔铁释放,带动触点动作,对电路实现欠电压或零电压保护。欠电压继电器整定值为$(40\% \sim 70\%)$额定电压,零电压继电器整定值为$(10\% \sim 35\%)$额定电压。过电流继电器、欠电流继电器图形符号如图 4.20 所示,文字符号为 KA。电压继电器图形符号,如图 4.21 所示,文字符号为 KV。

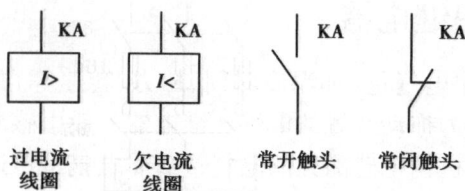

图 4.20　过电流继电器、欠电流继电器图形符号

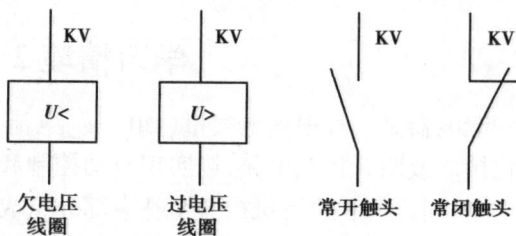

图 4.21　电压继电器图形符号

2. 中间继电器

中间继电器在控制电路中主要用来传递信号、扩大信号功率以及将一个输入信号变换成多个输出信号等。中间继电器的基本结构及工作原理与接触器完全相同。但中间继电器的触点对数多,且没有主辅之分,各对触点允许通过的电流大小相同,多数为 5 A。因此,对工作电流小于 5 A 的电气控制线路,可用中间继电器代替接触器实施控制。中间继电器的图形符号如图 4.22 所示,文字符号为 KA。目前,国内常用的中间继电器有 JZ7、JZ8(交流)、JZ14、JZ15、JZ17(交、直流)等系列。引进产品有德国西门子公司的 3TH 系列和 BBC 公司的 K 系列等。

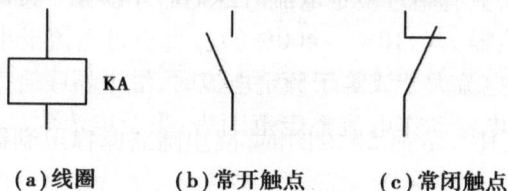

(a)线圈　　(b)常开触点　　(c)常闭触点

图 4.22　中间继电器图形符号

JZ15 系列中间继电器型号的含义如下:

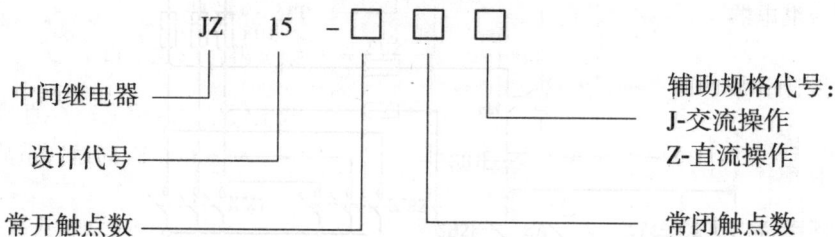

中间继电器
设计代号
常开触点数
辅助规格代号:
J-交流操作
Z-直流操作
常闭触点数

3. 热继电器

热继电器是利用电流的热效应原理工作的保护电器。热继电器主要用于电动机的过载保护、断相保护。

1)热继电器结构及工作原理

热继电器主要由热元件、双金属片、动作机构、触点、调整装置及手动复位装置等组成,如图 4.23 所示。

热继电器

热继电器的热元件串接在电动机定子绕组中,一对常闭触点串接在电动机的控制电路中,当电动机正常运行时,热元件中流过的电流小,热元件产生的热量虽能使金属片弯曲,但不能使触点动作。当电动机过载时,流过热元件的电流加大,产生的热量增加,使双金属片产生弯曲的位移增大,经过一定时间后,通过导板推动热继电器的触点动作,使常闭触点断开,

切断电动机控制电路,使电动机主电路失电,电动机得到保护。当故障排除后,按下手动复位按钮,使常闭触点重新闭合(复位),可以重新启动电动机。

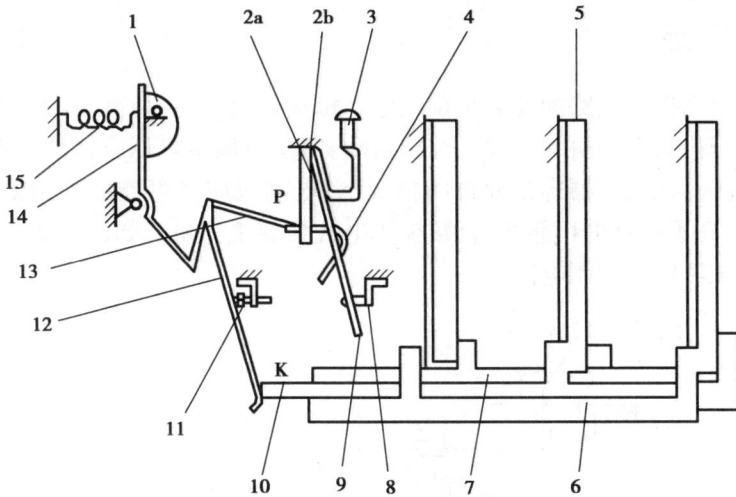

图4.23　热继电器的结构示意图

1—凸轮;2a,2b—簧片;3—手动复位按钮;4—弓簧;

5—主双金属片;6—外导板;7—内导板;8—静触点;

9—动触点;10—杠杆;11—调节螺钉;12—补偿双金属片;

13—推杆;14—连杆;15—压簧

由于热继电器主双金属片受热膨胀的热惯性及动作机构传递信号的惰性原因,热继电器从电动机过载到触点动作需要一定的时间,也就是说,即使电动机严重过载甚至短路,热继电器也不会瞬时动作,因此,热继电器不能用于短路保护。但也正是这个热惯性和机械惰性,保证了热继电器在电动机启动或短时过载时不会动作,从而满足了电动机的运行要求。热继电器的文字符号为FR,图形符号如图4.24所示。

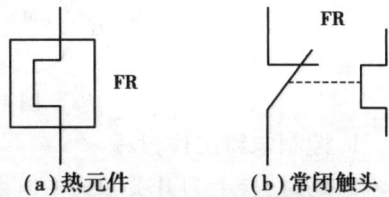

(a)热元件　　　　(b)常闭触头

图4.24　热继电器图形符号

2)热继电器型号及主要参数

热继电器的型号及含义如下:

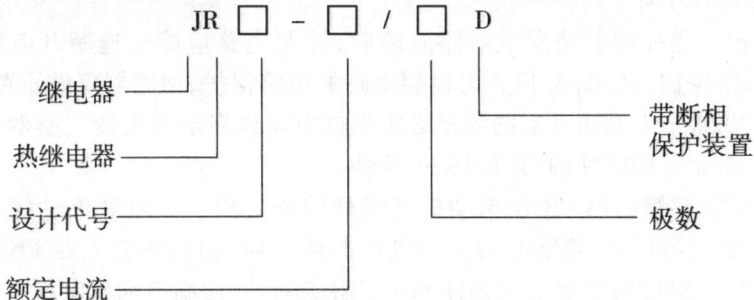

$$JR\square - \square / \square D$$

继电器

热继电器

设计代号

额定电流

带断相保护装置

极数

热继电器的主要参数如下:

①热继电器额定电流:热继电器中可以安装的热元件的最大整定电流值。

②热元件额定电流:热元件整定电流调节范围的最大值。

③整定电流:热元件能够长期通过而不致引起热继电器动作的最大电流值。通常热继电器的整定电流与电动机的额定电流相当,一般取(95% ~105%)额定电流。

🔲 任务实战

电动机全压启动控制电路的安装与调试电动机接通电源后,由静止状态逐渐加速到稳定的运行状态的过程称为电动机的启动。全压启动,即是将额定电压直接加在电动机的定子线组上使电动机运转。在变压器容量允许的情况下,电动机应尽可能地采用全压启动。这样,控制电路简单,提高了电路的可靠性,且减少了电气维修工作量。如图4.25所示为三相笼型异步电动机单向全压启动控制电路。

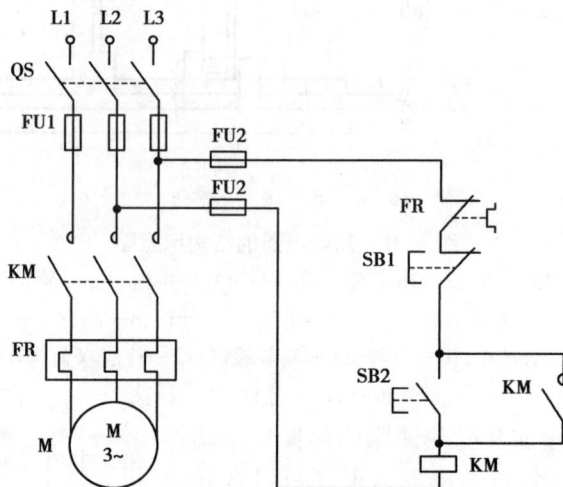

图4.25　电动机全压启动控制电路

1.控制电路工作过程

启动时,合上刀开关 QS,主电路引入三相电源。按下启动按钮 SB2,KM 线圈得电,主触点闭合,电动机接通电源开始全压启动,同时 KM 辅助触点闭合。当松开启动按钮 SB2 后,KM 线圈仍能通过其辅助触点通电并保持吸合状态。这种依靠接触器本身辅助触点使其线圈保持通电的现象称为自锁。起自锁作用的触点称为自锁触点。按下 SB1 按钮,KM 线圈失电,主触点复位(开),切断电动机电源,电动机自动停车。同时 KM 自锁触点复位(开),控制电路回到启动前的状态。

2.控制电路的保护环节

(1)短路保护。当控制电路发生短路故障时,控制电路应能迅速断开电源,熔断器 FU1是作为主主电路短路保护。熔断器 FU2 为控制电路的短路保护,熔断器仅做短路保护而不能起过载保护,这是因为,一方面熔断器的规格必须根据电动机启动电流的大小做适当选择;另一方面还要考虑熔断器保护特性的反时限保护特性。

(2)过载保护。热继电器 FR 作电动机的过载保护之用。当电动机过载、堵转或断相等都会引起定子绕组电流过大,热继电器根据电流的热效应,而使热继电器 FR 动作,即 FR 的常闭触点断开,则使 KM 线圈断电,从而使 KM 主触点断开,切断电动机电源。由于热惯性,热继电器不会受电动机短时过载、冲击电流或短路电流的影响而瞬时动作,所以在使用热继电器做过载保护的同时还必须设有短路保护,并且选做短路保护的熔断器熔体的额定电流不应超过4倍热继电器发热元件的额定电流。

（3）欠压和失压保护。欠压和失压保护是依靠启动按钮复位功能和接触器本身的电磁机构来实现的。当电动机正在运行时,如果电源电压由于某种原因过分地降低或消失时,接触器 KM 衔铁自行释放,电动机停止,同时 KM 自锁触点断开。当电源电压恢复正常时,接触器 KM 线圈也不可能自行通电,即电动机不会自行启动,要使电动机启动,操作者必须再次按下启动按钮。

控制电路具有欠压和失压保护功能以后,有以下 3 个方面的好处:

a. 防止电压严重下降时电动机低压运行。

b. 避免电动机同时启动造成电压严重下降。

c. 防止电源电压恢复正常时,电动机突然启动造成设备和人身事故。

3. 元件选择与检查

根据之前的学习情境知识,请参照图 4.25 选出合适的低压电器元件并检查其功能完好性。

4. 电路的安装与连接

装接电路的原则:应遵循"先主后控,先串后并;从上到下,从左到右;上进下出,左进右出"的原则进行接线。其意思是接线时应先接主电路,后接控制电路;先接串联电路,后接并联电路;按照从上到下、从左到右的顺序逐根连接;对于电气元件的进出线,则必须按照"上面为进线,下面为出线,左边为进线,右边为出线"的原则接线,以免造成元件被短接或接错。

5. 电路的检查

接好电路后,应使用万用表等电气仪表对电路进行检查,确保线路无误后方可通电试车。

6. 通电试车

通电试车时应注意安全,观察按钮的按下情况与电动机的运行状态,做好应急处理。

知识拓展

电动机单向点动与连续运行控制

单向点动与连续运行控制是在点动控制与单向连续运行控制的基础上增加一个复合按钮,即能实现单向点动与连续运行控制电路,其电路图如图 4.26 所示。

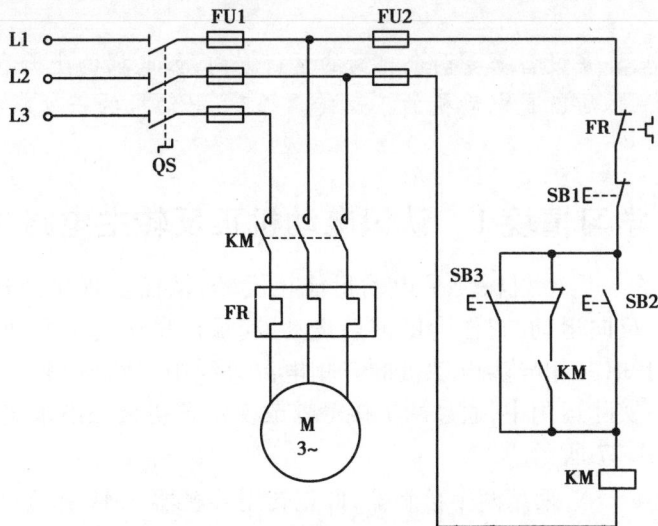

图 4.26　电动机单向点动与连续运行控制电路图

思考问题 . . . .

1. 分析并说明图 4.26 单向点动与连续运行控制电路的工作过程。
2. 设计一个电动机连续运行两地控制电路,画出其电路图并简述工作过程。

任务三 三相异步电动机正反转控制电路的安装与调试

📖 内容提要

本任务主要通过学习三相异步电动机的正反转控制方式来完成三相异步电动机全压启动控制电路的安装与调试。

📚 任务目标

1. 知识目标

(1)掌握对复杂电气控制电路分解分析的基本方法。

(2)掌握对同一控制要求采用不同的电路设计方法,根据实际情况选用最适合的控制线路。

2. 能力目标

(1)能根据实际工作情况进行三相异步电动机正反转电路的设计。

(2)掌握三相异步电动机正反转电路安装与调试的方法。

3. 素质目标

(1)激发主动学习的意愿,在任务实施过程中提高发现问题、分析问题、解决问题的能力。

(2)增强团队合作意识,培养严格遵守安全操作规范能力。

📂 任务导入

在生产和生活中,许多设备需要两个相反的运行方向,如电梯的上升和下降,机床工作台的前进和后退,其控制本质就是电动机的正反转。那么,电动机的正反转在电路中是如何实现的呢?

学习情境 1 认识电动机正反转主电路

在生产实践中,许多生产机械要求电动机能正反转,从而实现可逆运行。如机床主轴的正向和反向运动,工作台的前后运动,起重机吊钩的上升和下降等。由电动机原理可知,三相异步电动机的三相电源进线中任意两相对调,电动机即可反向运转。实际运用中,通过两个接触器改变定子绕组相序来实现正反转,其主电路如图 4.27 所示。

三相异步电动机
正反转控制电路

在主电路中(图 4.27),采用两个接触器,即正转用接触器 KM1 和反转用接触器 KM2,当接触器 KM1 的主触点闭合时,三相电源的相序按 L1、L2、L3 接入电动机,电动机正转;当接触器 KM2 的主触点闭合时,三相电源按 L3、L2、L1 接入电动机,电动机反转。

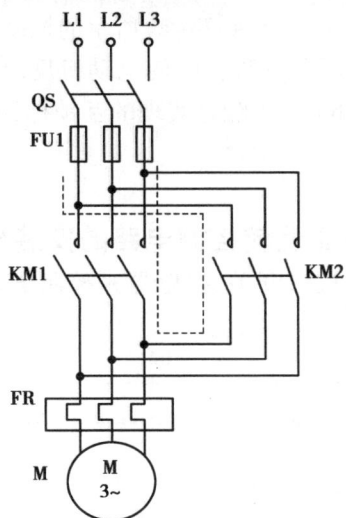

图 4.27　电动机正反转控制主电路

学习情境 2　认识电动机正反转控制电路

由主电路可知,若 KM1 和 KM2 的主触点同时闭合,将造成短路故障,如图 4.28 中的虚线所示,图 4.28(a)中当误操作同时按下 SB2 和 SB3 时,会造成短路故障。因此,要使电路安全可靠地工作,最多只允许一个接触器工作,要实现这种控制要求,在正反向间要有一种联锁关系。通常采用图 4.28(b)所示的电路,将其中一个接触器的常闭触点串入另一个接触器线圈电路中,则任一接触器线圈先得电后,即使按下相反方向按钮,另一个接触器线圈也无法得电,这种联锁通常称为互锁,即两者存在相互制约的关系。把 KM1 和 KM2 的常闭触点称为互锁触点。图 4.28(b)所示的控制电路中,若按下正向按钮 SB2,KM1 线圈得电,电动机正转。要使电动机反转,必须按下停止按钮 SB1 后,再按反转启动按钮 SB3,电动机方可反转,这个电路称为"正-停-反"控制电路。显然这种电路的缺点是操作不方便。该电路由 KM1、KM2 常

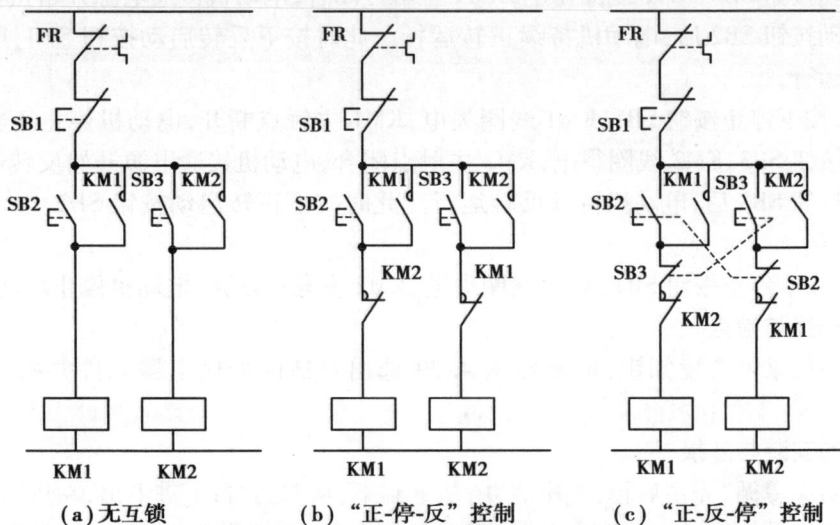

(a)无互锁　　　　　　(b)"正-停-反"控制　　　　(c)"正-反-停"控制

图 4.28　电动机正反转控制主电路

闭触点实现的互锁称为"电气互锁"。图4.28(c)所示的控制电路中,正反向启动按钮 SB2 和 SB3 采用复合按钮形式。直接按反向按钮就能使电动机反向工作,该电路称为"正-反-停"控制。该电路由复合按钮 SB2 和 SB3 常闭触点实现的互锁称为"机械互锁"。

任务实战

电动机正反转控制电路的安装与调试

电动机正反转控制电路是用按钮开关、接触器来控制电动机实现正反转运转,其控制电路如图4.29所示。

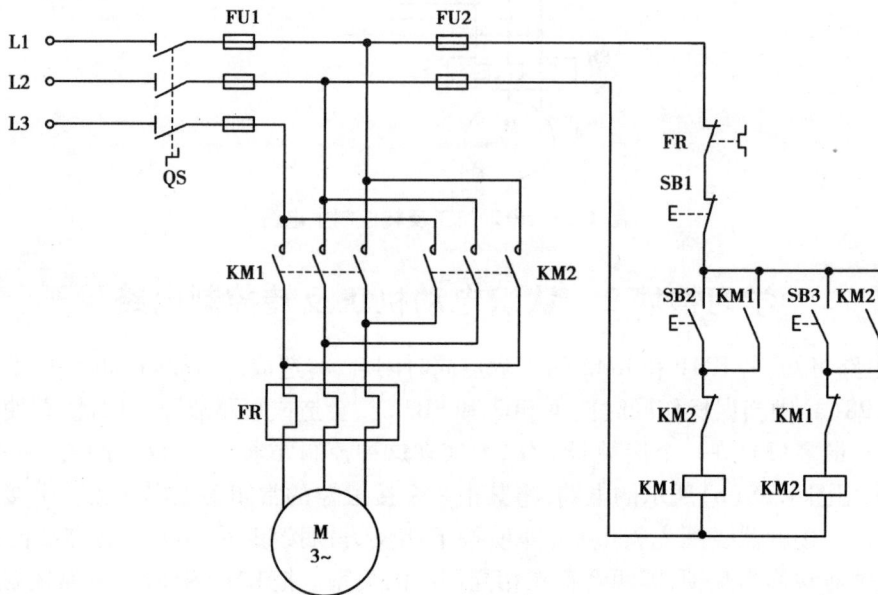

图4.29　电气互锁的三相异步电动机正反转控制电路

电动机正反转控制电路的工作过程如下:启动时,合上刀开关 QS,主电路引入三相电源。按下正转启动按钮 SB2,KM1 线圈得电,KM1 主触点闭合,电动机接通电源开始正转运行。当松开正转启动按钮 SB2 后,电动机持续正转运行。此时按下反转启动按钮 SB3,电动机无变化继续正转运行。

停止时,按下停止按钮 SB1,KM1 线圈失电,KM1 主触点断开,电动机停止正转。此时按下反转启动按钮 SB3,KM2 线圈得电,KM2 主触点闭合,电动机接通电源开始反转运行。当松开反转启动按钮 SB3 后,电动机持续反转运行。此时按下正转启动按钮 SB2,电动机无变化继续反转运行。

停止时,按下停止按钮 SB1,KM2 线圈失电,KM2 主触点断开,电动机停止反转。

1. 元件选择与检查

根据之前的学习情境知识,请参照图4.29选出合适的低压电器元件并检查其功能完好性。

2. 电路的安装与连接

装接电路应遵循"先主后控,先串后并;从上到下,从左到右;上进下出,左进右出"的原则进行接线。意思是接线时应先接主电路,后接控制电路;先接串联电路,后接并联电路;应按从上到下、从左到右的顺序逐根连接;对电气元件的进出线,则必须按照"上面为进线,下面为出线,左边为进线,右边为出线"的原则接线,以免造成元件被短接或接错。

3. 电路的检查

接好电路后,应使用万用表等电气仪表对电路进行检查,确保线路无误后方可通电试车。

4. 通电试车

通电试车时应注意安全,观察按钮的按下情况与电动机的运行状态。

知识拓展

行程开关与电动机自动循环往复控制

1. 行程开关

依照生产机械的行程发出命令以控制其运行方向或行程长短的主令电器,称为行程开关。若将行程开关安装在生产机械行程终点处,以限制其行程,则称为限位开关或终点开关。

行程开关结构分为直动式(如 LX1、JLXK1 系列)、滚轮式(如 LX2、JLXK2 系列)和微动式(如 LXW-11、JLXK1-11 系列)3 种。

行程开关的工作原理和按钮相同,其区别在于它不靠手的按压,而是利用生产机械运动部件的挡铁碰压而使触点动作。其图形符号如图 4.30 所示,文字符号为 SQ。常用行程开关有 LX19、LXW5、LXK3、LX32、LX33 等系列。

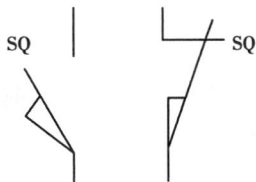

图 4.30　行程开关的图形符号

2. 电动机自动循环往复控制

有些生产机械,如龙门刨床、导轨磨床等,要求工作台在一定距离内能自动往复,不断循环,以使工件能连续加工,其控制电路如图 4.31 所示。

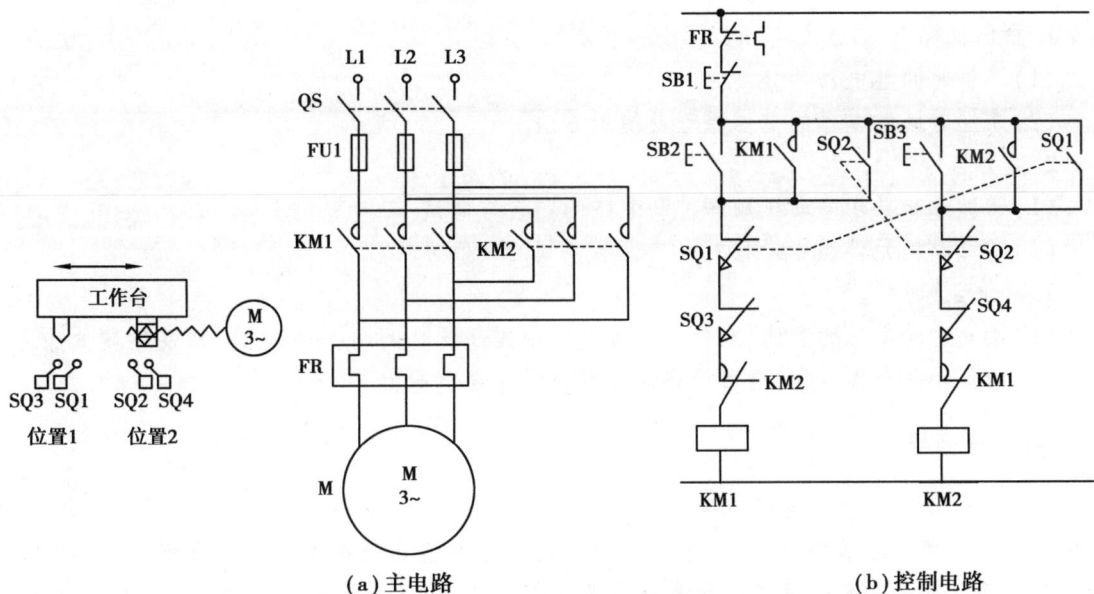

（a）主电路　　　　　　　　　（b）控制电路

图 4.31　自动循环往复控制电路

电路工作过程:合上 QS。按下 SB2,KM1 线圈得电并自锁,电动机 M 正转,通过机械传动装置拖动工作台向左移动,当工作台运动到一定位置时,挡铁碰撞行程开关 SQ1,使其常闭触点断开,KM1 线圈失电,主触点复位(开),电动机停,自锁触点复位(开)。随后 SQ1 常开触点闭合,KM2 线圈得电并自锁,电动机反转,拖动工作台向右移动,行程开关 SQ1 复位,为下次正转做准备。由于 KM2 已自锁,电动机继续拖动工作台向右移动,当工作台向右移动到一定位置时,另一个挡铁碰撞 SQ2,SQ2 常闭触点断开,使 KM2 线圈失电,KM2 主触点复位(开),电动机停,KM2 自锁触点复位(开)。随后 SQ2 常开触点闭合,使 KM1 再次得电,电动机又开始正转。如此往复循环,使工作台在预定的行程内自动往复移动。

图 4.31 中 SQ3、SQ4 分别为左、右超极限限位保护用的行程开关。

思考问题 . . . .

1. 举例说明两种不同的三相异步电动机正反转控制的应用实例,并分析其优缺点。
2. 说明图 4.31 电动机自动循环往复控制电路中的保护元件和保护作用。

任务四　三相异步电动机顺序控制电路的安装与调试

内容提要

本任务主要通过学习三相异步电动机的顺序控制方式来完成三相异步电动机顺序控制电路的安装与调试。

任务目标

1. 知识目标

(1)了解时间继电器的分类。

(2)掌握时间继电器的基本原理及使用方法。

2. 能力目标

(1)掌握三相异步电动机顺序控制电路的安装与调试。

(2)掌握电气元件动作过程对电气设备控制的一般方法。

3. 素质目标

(1)激发主动学习的意愿,在任务实施过程中提高发现问题、分析问题、解决问题的能力。

(2)增强团队合作意识,培养严格遵守安全操作规范能力。

任务导入

在多台电动机驱动的生产机械上,各台电动机所起的作用不同,设备有时要求某些电动机按照一定的顺序启动并工作,以保证操作过程的合理性和设备工作的可靠性。例如,机械加工车床的主轴启动时必须先让油泵电动机启动,以使齿轮箱有充分的润滑油。这对电动机的启动过程提出了顺序控制的要求,实现顺序控制要求的电路称为顺序控制电路。如何实现电动机的顺序控制呢?

学习情境　认识时间继电器

从得到输入信号(线圈的通电或断电)开始,经过一定的延时后才输出信号(触点的闭合或断开)的继电器,称为时间继电器。

时间继电器延时方式有通电延时和断电延时两种。

通电延时:接收输入信号后延迟一定时间,输出信号才发生变化;当输入信号消失后,输出瞬时复原。

断电延时:接收输入信号时,瞬时产生相应的输出信号;当输入信号消失后,延迟一定时间,输出才复原。

常用的时间继电器主要有电磁式、电动式、空气阻尼式、晶体管式等。其中,电磁式时间继电器结构简单,价格低廉,但体积和质量较大,延时较短(如JT3型只有0.3~5.5 s),且只能用于直流断电延时;电动式时间继电器的延时精度高,延时可调范围大(由几分钟到几小时),但结构复杂,价格贵。目前在电力拖动线路中,应用较多的是空气阻尼式时间继电器。近年来,晶体管式时间继电器的应用日益广泛。

空气阻尼式时间继电器是利用空气阻尼作用而达到延时的目的。它由电磁机构、延时机构和触点组成。空气阻尼式时间继电器的电磁机构有交流、直流两种。延时方式有通电延时型和断电延时型(改变电磁机构位置、将电磁铁翻转180°安装)。当动铁芯(衔铁)位于静铁芯和延时机构之间位置时为通电延时型;当静铁芯位于动铁芯和延时机构之间位置时为断电延时型。JS7-A系列时间继电器如图4.32所示。

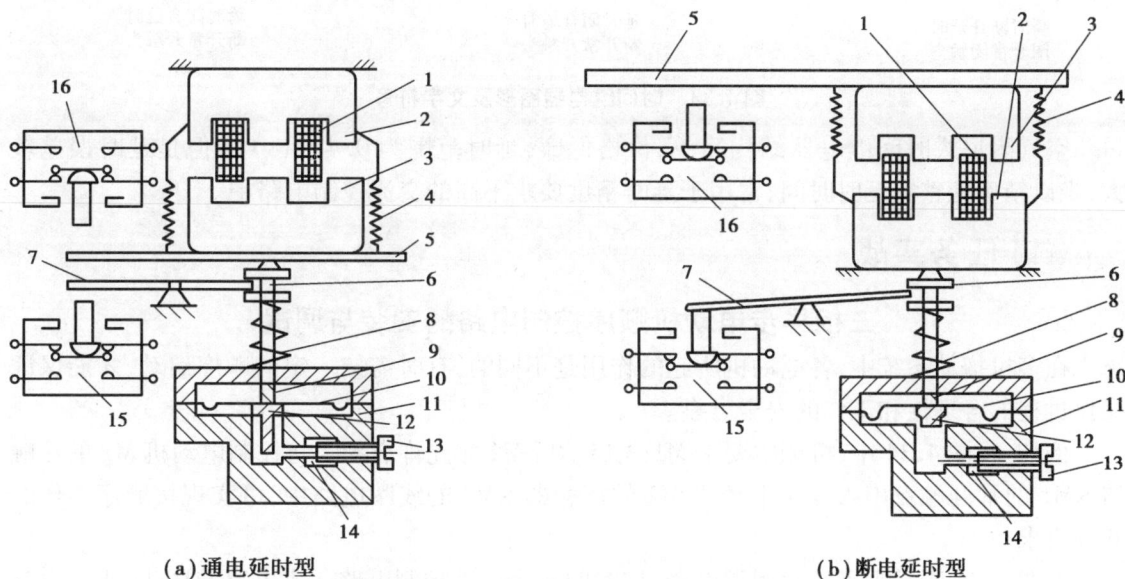

(a)通电延时型　　　　　　　　　　　　(b)断电延时型

图4.32　JS7-A系列时间继电器

1—线圈;2—铁芯;3—衔铁;4—反力弹簧;5—推板;6—活塞杆;7—杠杆;8—塔形弹簧;
9—弱弹簧;10—橡皮膜;11—空气室壁;12—活塞;13—调节螺钉;14—进气口;15,16—微动开关

现以通电延时型为例说明其工作原理。当线圈得电后,衔铁(动铁芯)吸合,活塞杆在塔形弹簧作用下带动活塞及橡皮膜向上移动,橡皮膜下方空气室空气变得稀薄,形成负压,活塞杆只能缓慢移动,其移动速度由进气孔气隙大小来决定。经过一段时间延时后,活塞杆通过杠杆压动微动开关,使其触点动作,起通电延时作用。

当线圈断电时,衔铁释放,橡皮膜下方空气室内的空气通过活塞肩部所形成的单向阀迅速排出,使活塞杆、杠杆、微动开关等迅速复位。由线圈得电到触点动作的一段时间即为时间继电器的延时时间,其大小可通过调节螺钉调节进气孔气隙的大小来改变。

断电时间继电器的结构、工作原理与通电延时继电器相似,只是电磁铁安装方向不同,即当衔铁吸合时推动活塞复位,排出空气。当衔铁释放时活塞杆在弹簧作用下使活塞向下移动,实现断电延时。

在线圈通电和断电时,微动开关在推板的作用下瞬时动作,其触点即为时间继电器的瞬时触点。

时间继电器的图形符号如图 4.33 所示,文字符号为 KT。

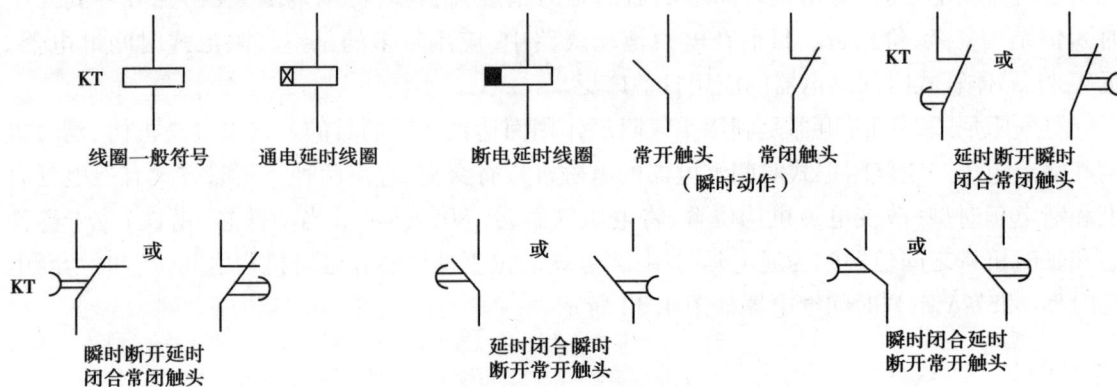

图 4.33　时间继电器图形及文字符号

空气阻尼式时间继电器结构简单,价格低廉,延时范围为 0.4 ~ 180 s,但是延时误差较大,难以精确地整定延时时间,常用于延时精度要求不高的交流控制电路中。

任务实战

三相异步电动机顺序控制电路的安装与调试

在多机拖动系统中,各电动机所起的作用是不同的,有时需按一定的顺序启动,才能保证操作过程的合理性和工作的安全可靠。

例如,在图 4.34 中,机床中要求 M1 先启动后 M2 才允许启动。将控制电动机 M1 的接触器 KM1 的常开触点串入控制电动机 M2 的接触器 KM2 的线圈电路中,可实现按顺序工作的联锁要求。

如图 4.35 所示为采用时间继电器,按时间顺序启动控制电路。主电路与图 4.34 主电路相同,电路要求 M1 启动 50 s 后,M2 自动启动。可利用时间继电器的延时闭合常开触点来实现。按启动按钮 SB2,KM1 线圈得电并自锁,电动机 M1 启动,同时 KT 线圈得电。定时 50 s 到,时间继电器延时闭合的常开触点 KT 闭合,接触器 KM2 线圈得电并自锁,电动机 M2 启动,同时 KM2 常闭触点断开,切断 KT 线圈的电源。

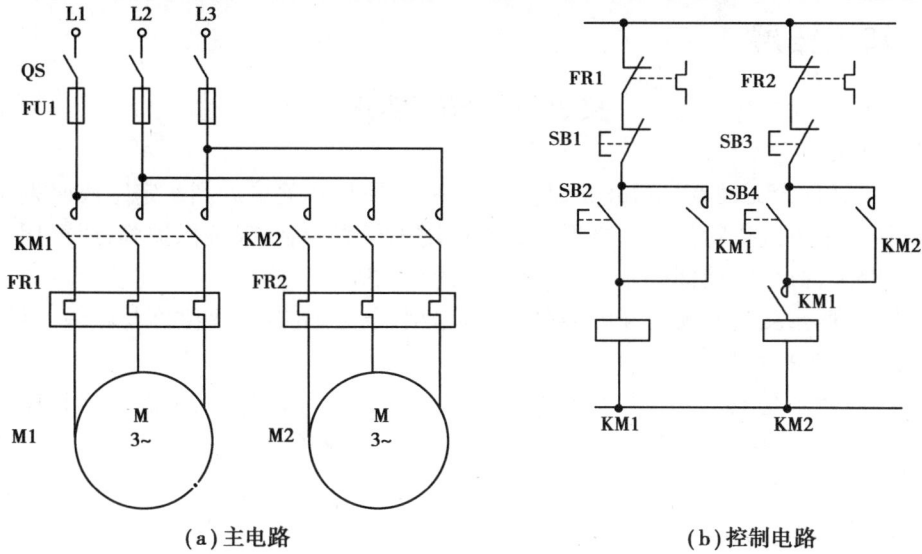

（a）主电路　　　　　　　　　　　　　　　　　（b）控制电路

图4.34　按顺序工作时的控制电路

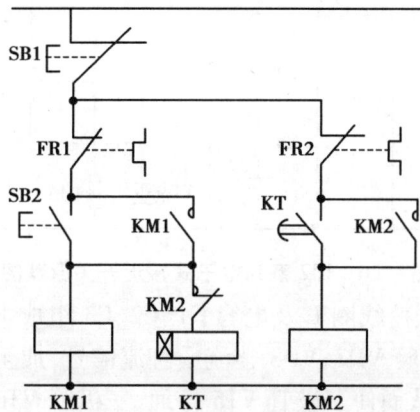

图4.35　采用时间继电器的顺序启动控制电路

1. 元件选择与检查

根据之前的学习情境知识,请参照图4.34选出合适的低压电器元件并检查其功能完好性。

2. 电路的安装与连接

装接电路的原则:应遵循"先主后控,先串后并;从上到下,从左到右;上进下出,左进右出"的原则进行接线。意思是接线时应先接主电路,后接控制电路;先接串联电路,后接并联电路;同时按照从上到下、从左到右的顺序逐根连接;对电气元件的进出线,则必须按照"上面为进线,下面为出线,左边为进线,右边为出线"的原则接线,以免造成元件被短接或接错。

3. 电路的检查

接好电路后,应使用万用表等电气仪表对电路进行检查,确保线路无误后方可通电试车。

4. 通电试车

通电试车时应注意安全,观察按钮的按下情况与电动机的运行状态。

知识拓展

接近开关与转换开关

1. 接近开关

接近开关又称为无触点行程开关,是当运动的金属与开关接近到一定距离时发出接近信号,以不直接接触方式进行控制。接近开关不仅用于行程控制、限位保护等,还可用于高速计数、测速、检测零件尺寸、液面控制、检测金属体的存在等。

按工作原理分,接近开关有高频振荡型、电容型、电磁感应型、永磁型与磁敏元件型等,其中最常用的是高频振荡型。

如图 4.36 所示是 LJ2 系列电子式接近开关原理图,主要由振荡器、放大器和输出 3 个部分组成。其基本工作原理是当有金属物体接近高频振荡器的线圈时,使振荡回路参数变化,振荡减弱直至终止而产生输出信号。

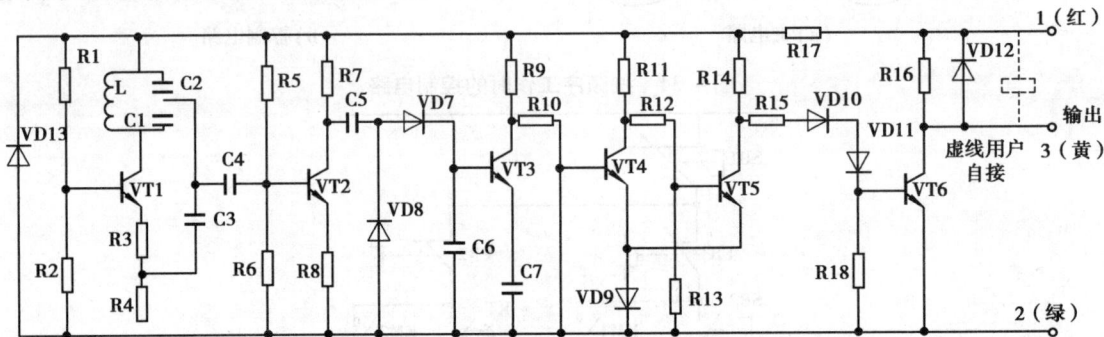

图 4.36　LJ2 系列电子式接近开关原理图

图 4.36 中三极管 VT1,振荡线圈 L 及电容 C1、C2、C3 组成电容三点式高频振荡器,其输出由三极管 VT2 放大,经二极管 VD7、VD8 整流成直流信号,加至三极管 VT3 基极,使三极管 VT3 导通,三极管 VT4 截止,从而使三极管 VT5 导通,三极管 VT6 截止,无输出信号。

当金属物体靠近开关感应头时,振荡器减弱直至终止,此时二极管 VD7、VD8 构成整流电路无输出信号,则三极管 VT3 截止、三极管 VT4 导通、三极管 VT5 截止、三极管 VT6 导通,有信号输出。接近开关的图形符号及文字符号如图 4.37 所示。

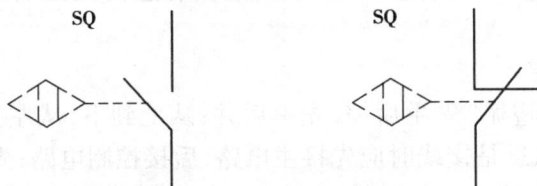

图 4.37　接近开关的图形符号

接近开关的特点是工作稳定可靠,寿命长,重复定位精度高。其主要参数有动作行程、工作电压、动作频率、响应时间、输出形式以及触点电流容量等。常用的国产接近开关的型号有 3SG、LJ、CJ、SJ、AB 和 LXJO 等系列。

2. 转换开关

转换开关是一种多挡位、多触点能够控制多回路的主令器,广泛应用于各种配电装置的电源隔离、电路转换、电动机远距离控制等,也常作为电压表、电流表的换相开关,还可用于控制小容量的电动机。

转换开关目前主要有两大类,即万能转换开关和组合转换开关。它们的结构和工作原理相似,转换开关按结构分为普通型、开启型、防护型和组合型。按用途分主令控制和控制电动机两种。

转换开关一般采用组合式结构设计,由操作机构、定位装置和触点系统组成,并由各自的凸轮控制其通断;定位装置采用棘轮棘爪式结构。不同的棘轮和凸轮可组成不同的定位模式,即手柄在不同的转换角度时,触点的状态是不同的。

转换开关是由多组相同结构的触点组件叠装而成的,图 4.38 为 LW12 系列转换开关某一层的结构示意图。LW12 系列转换开关由操作机构、面板、手柄和数个触点底座等主要部件组成,用螺栓组成为一个整体。每层触点底座中装有最多 4 对触点,并由底座中间的凸轮进行控制。操作时手柄带动转轴和凸轮一起旋转,由于每层凸轮形状不同,当手柄转到不同位置时,通过凸轮的作用,可使触点按所需要的规律接通和分断。

转换开关的触点在电路中的图形符号如图 4.39 所示。图形符号中"每一横线"代表一对触点,而用 3 条竖线分别代表手柄位置。哪一对触点接通就在代表该位置虚线上的触点下面用黑点"·"表示。触点的通断也可用接通表来表示,表中的"×"表示触点闭合,空白表示触点断开。

常用的转换开关有 LW5、LW6、LW8、LW9、LW12、VK、HZ 等系列。有关参数可查看相关手册或说明书。

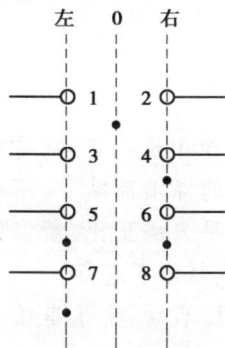

(a) 画"●"标记表示

触电	位置		
一	左	0	右
1–2		×	
3–4			×
5–6	×		×
7–8	×		

(b) 接通表表示

图 4.38　LW12 系列转换开关一层结构示意图

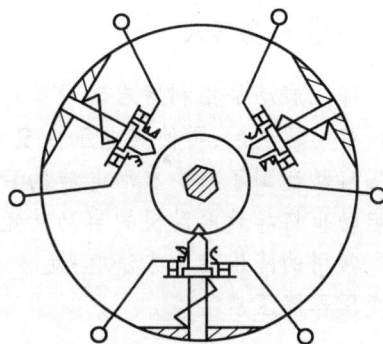

图 4.39　转换开关的图形符号

思考问题.............

1. 设计电动机手动顺序控制电路,要求当电机 M2 启动后电机 M1 才能启动;当电机 M1 停止后电机 M2 才能停止。画出其电路图并简述动作过程。

2. 设计电动机自动顺序控制电路,要求当电机 M1 启动 30 s 后电机 M2 自动启动;当电机 M1 停止 20 s 后电机 M2 自动停止。画出其电路图并简述动作过程。

任务五　三相异步电动机降压启动控制电路的安装与调试

📚 内容提要

本任务主要通过学习三相异步电动机的降压启动控制方式来完成三相异步电动机降压启动控制电路的安装与调试。

📚 任务目标

1. 知识目标

(1)了解三相异步电动机常见启动方法及适用范围。

(2)掌握三相异步电动机不同控制方案的适用范围及优缺点。

2. 能力目标

(1)掌握电动机常见降压启动的基本方法。

(2)掌握三相异步电动机 Y/△降压启动的原理及安装调试方法。

3. 素质目标

(1)激发主动学习的意愿,在任务实施过程中提高发现问题、分析问题、解决问题的能力。

(2)增强团队合作意识,培养严格遵守安全操作规范能力。

🎯 任务导入

降压启动是指利用启动设备将电压适当降低后加到电动机的定子绕组上进行启动,待电动机启动运转后,再使其电压恢复到额定值正常运转。由于电流随电压的降低而减少,所以降压启动达到了减少启动电流的目的,但同时由于电动机转矩与电压的平方成正比,所以降压启动也将导致电动机的启动转矩大为降低,因此降压启动需要在空载或轻载下进行。

常用的降压启动方法有:定子绕组串联电阻(或电抗)启动、Y/△降压启动、定子串接自耦变压器降压启动等。

学习情境 1　认识定子绕组串联电阻启动

较大容量(大于 10 kW)的电动机直接启动时,其启动电流大,一般为 4~7倍的额定电流。过大的启动电流,会对电网产生巨大冲击,影响同一电网中其他设备的正常工作,所以一般采用降压方式来启动,即启动时降低加在电动机定子绕组上的电压,启动后再将电压恢复到额定值使之全压运行。

如图 4.40(a)所示的是一款靠时间继电器自动进行电路切换的串联电阻换降压启动电路。启动时,按下启动按钮 SB2,KM1 和 KT 得电,KM1 的辅助常开触点闭合自锁,主触点闭合,电动机串入电阻启动。经延时规定时间后,KT 的延时闭合常开触点闭合,KM2 得电,其主触点闭合,短接启动电阻,电动机进行全压启动运行。本电路的特点是能自动短接启动电阻,进入全压运行,操作简便。

如图 4.40(b)所示是定子绕组串联电阻降压启动的另一种控制电路。启动时,按下启动按钮 SB2,KM1 和 KT 得电,KM1 的辅助常开触点闭合自锁,主触点闭合,电动机串入电阻启动。经延时规定时间后,KT 的延时闭合常开触点闭合,KM2 得电,其辅助常开触点闭合自锁,辅助常闭触点断开,使 KM1 和 KT 断电,实现了 KM1 和 KM2 之间互锁,KM2 主触点闭合,短接启动电阻,进行全压启动运行。本电路的特点是当启动电阻被短接,电动机全压运行时,只有一个接触器通电,控制电路能耗小。

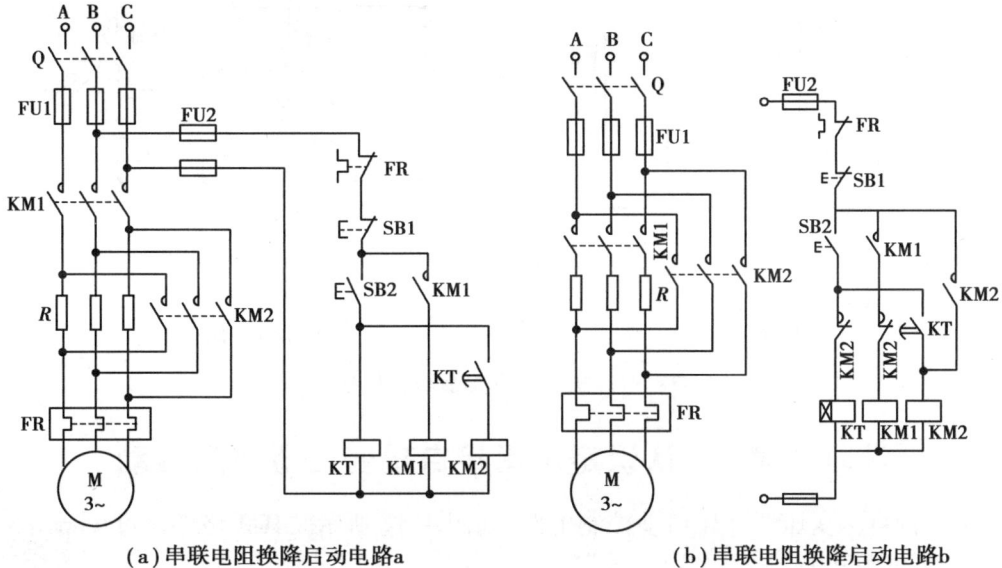

(a)串联电阻换降启动电路a   (b)串联电阻换降启动电路b

图 4.40 定子绕组串联电阻降压启动电路

定子绕组串联电阻启动的优点是:控制线路结构简单,成本低,动作可靠,提高了功率因数,有利于保证电网质量。但是,由于定子串联电阻降压启动,启动电流随定子电压成正比下降,而启动转矩则按电压下降比例的平方倍下降。同时,每次启动都要消耗大量的电能。因此,三相笼型异步电动机采用电阻降压的启动方法,仅适用于要求启动平稳的中小容量电动机以及启动不频繁的场合。大容量电动机多采用串电抗降压启动。

学习情境 2 认识星形-三角形(Y-△)启动控制电路

正常运行时定子绕组接成三角形的笼型异步电动机,可采用星形-三角形降压启动方式来限制启动电流。启动时定子绕组先连成星形(Y),接入三相交流电源,待转速接近额定转速时,将电动机定子绕组接成三角形(△),电动机进入正常运行。功率在 4 kW 以上的三相笼型异步电动机定子绕组在正常工作时都接成三角形。对这种电动机就可采用星形-三角形启动控制,如图 4.41 所示。

Y-△降压启动

当启动电动机时,合上开关 QS,按启动按钮 SB2,接触器 KM、KM$_Y$、KT 线圈同时得电,KM$_Y$ 的主触点闭合,将电动机接成星形并经过 KM 的主触点接至电源,电动机降压启动。当 KT 延时时间到,KM$_Y$ 线圈失电,KM$_△$ 线圈得电,电动机主回路接成三角形,电动机进入正常运行。

(a)主电路　　　　　　　　　　　　　　　　　(b)控制电路

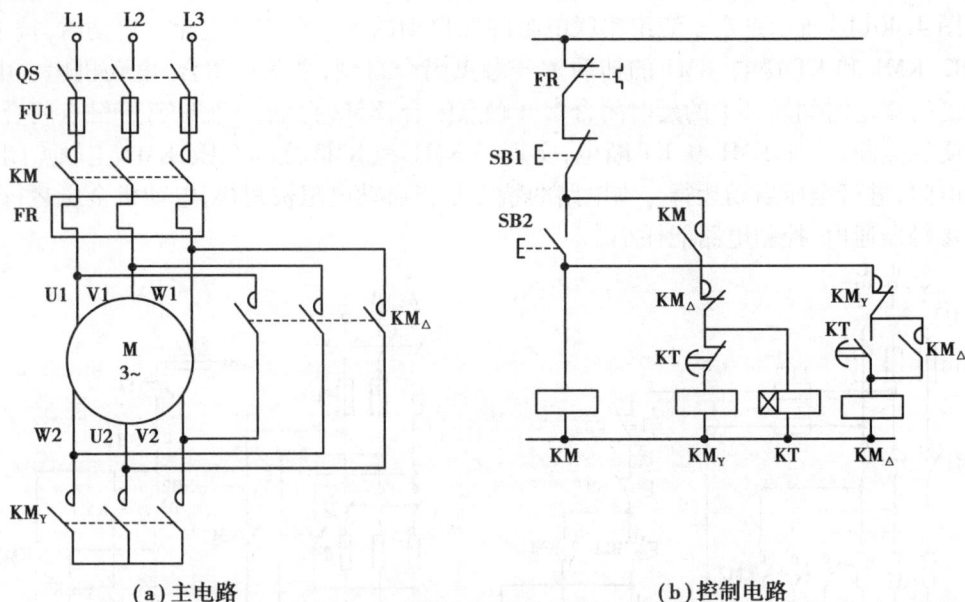

图 4.41　星形-三角形启动控制电路

学习情境 3　认识定子串接自耦变压器降压启动

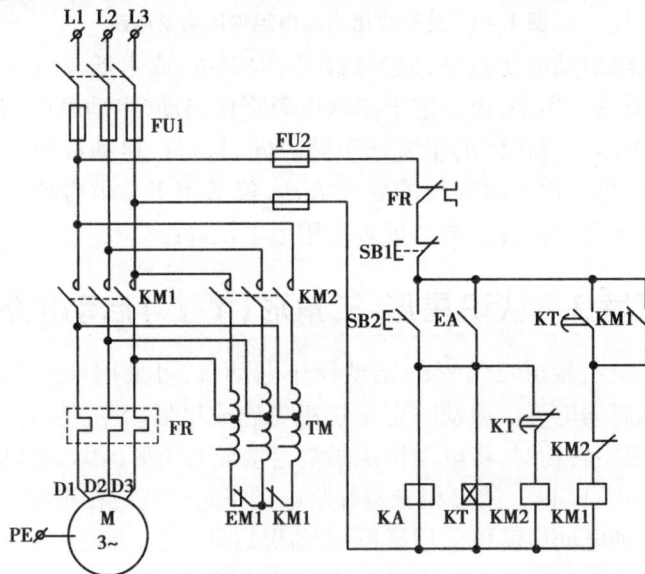

　　定子串接自耦变压器降压启动控制电路,如图 4.42 所示。其线路工作过程如下:合上电源开关。

图 4.42　定子串接自耦变压器降压启动控制电路

　　降压启动:按下 SB2 后,KA 线圈得电,KA 自锁触头闭合自锁,KT 线圈得电,KM2 线圈得电,KM2 主触头闭合,KM2 联锁触头分断对 KM1 联锁。电动机 M 接入 TM 降压启动。

　　全压运转:当电动机转速上升到接近额定转速时,KT 延时结束,KT 常闭触头先分断,KM2 线圈失电,KM2 常闭辅助触头分断对 KM1 联锁,KT 常开触头后闭合,KM1 线圈得电,

KM1 自锁触头闭合自锁,KM1 主触头闭合,电动机 M 接成△全压运行。停止时按下 SB1 即可输出瞬时复原。

任务实战

三相异步电动机星形-三角形(Y-△)启动控制电路的安装与调试

在常用的降压启动方法中,选用最常用、最广泛使用的三相异步电动机星形-三角形(Y-△)启动控制电路来作为实际实施项目。

如图 4.43 所示,启动电动机时,合上开关 QS,按下启动按钮 SB2,接触器 KM、KM_Y、KT 线圈同时得电,KM_Y 的主触点闭合,将电动机接成星形并经过 KM 的主触点接至电源,电动机降压启动。当 KT 延时 30 s 时间到,KM_Y 线圈失电,KM_△ 线圈得电,电动机主回路接成三角形,电动机进入正常运行。

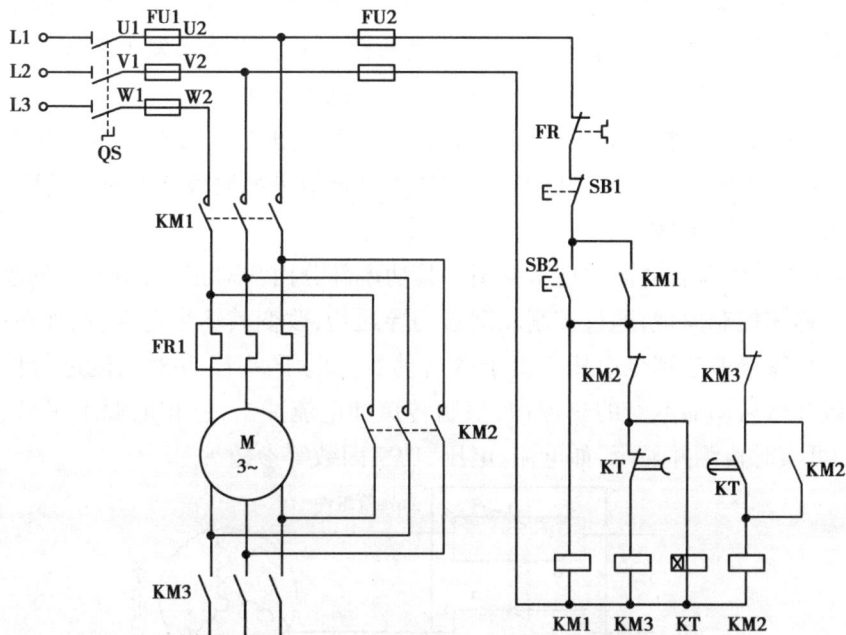

图 4.43　星形-三角形(Y-△)启动控制电路

1. 元件选择与检查

参照图 4.43 选出合适的低压电器元件并检查其功能完好性。

2. 电路的安装与连接

装接电路的原则:应遵循"先主后控,先串后并;从上到下,从左到右;上进下出,左进右出"的原则进行接线。意思是接线时应先接主电路,后接控制电路;先接串联电路,后接并联电路;按照从上到下、从左到右的顺序逐根连接;对电气元件的进出线,则必须按照"上面为进线,下面为出线,左边为进线,右边为出线"的原则接线,以免造成元件被短接或接错。

3. 电路的检查

接好电路后,应使用万用表等电气仪表对电路进行检查,确保线路无误后方可通电试车。

4. 通电试车

通电试车时应注意安全,观察按钮的按下情况与电动机的运行状态。

知识拓展

软启动器及调速控制电路

1. 软启动器的基本概述

传统的降压启动,电动机在切换过程中会产生很高的电流尖峰,产生破坏性的动态转矩,引起的机械振动对电动机转子、联轴器以及负载都是有害的,因此出现了电子启动器,即软启动器。

交流异步电动机软启动技术成功地解决了交流异步电动机启动时电流大,线路电压降大,电力损耗大以及对传动机械带来破坏性冲击力等问题。交流电动机软启动装置对被控电动机既能起到软启动,又能起到软制动的作用。

交流电动机软启动是指电动机在启动过程中,装置输出电压按照一定规律上升,被控电动机电压由起始电压平滑地升到全电压,其转速随控制电压变化而发生相应的软性变化,即由零平滑地加速至额定转速的全过程,称为交流电动机软启动。

交流电动机软制动是指电动机在制动过程中,装置输出电压按照一定规律下降,被控电动机电压由全电压平滑地降到零,其转速相应地由额定值平滑地减至零的全过程。

2. 软启动器的工作原理

如图4.44所示为软启动器原理示意图。其功率部分由3对正、反向并联的晶闸管组成,利用晶闸管的移相控制原理,通过控制晶闸管的导通角,改变其输出电压,使加在电动机上的电压按照某一规律慢慢达到全电压。由于软启动器为电子调压,并对电流进行检测,因此还具有对电动机和软启动器本身的热保护,限制转矩和电流冲击,三相电源不平衡、缺相、断相等保护功能,可实时检测并显示,如电流、电压、功率因数等参数。

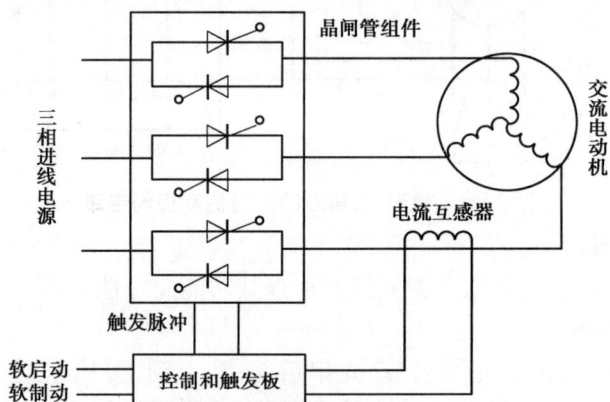

图4.44　软启动器原理示意图

3. 交流电动机软启动装置的功能特点

(1)启动过程和制动过程中,避免了运行电压、电流的急剧变化,有益于被控制电动机和传动机械,更有益于电网的稳定运行。

(2)启动和制动过程中,实施晶闸管无触点控制,装置使用时间长,故障事故率低且免检修。

（3）集相序、缺相、过热、启动过电流、运行过电流和过载的检测及保护于一身，节电、安全、功能强。

（4）实现以最小起始电压(电流)获得最佳转矩的节电效果。

4. 三相异步电动机用软启动器启动控制电路

如图4.45所示为三相异步电动机用软启动器启动控制电路。图中所示为JDRQ系列软启动器，其中L1、L2、L3为软启动器主电源进线端子，U、V、W为连接电动机的出线端子。当相对应端子短接时，将软启动器内部晶闸管短接，但此时软启动器内部的电流检测环节仍起作用，即此时软启动器对电动机保护功能仍起作用。

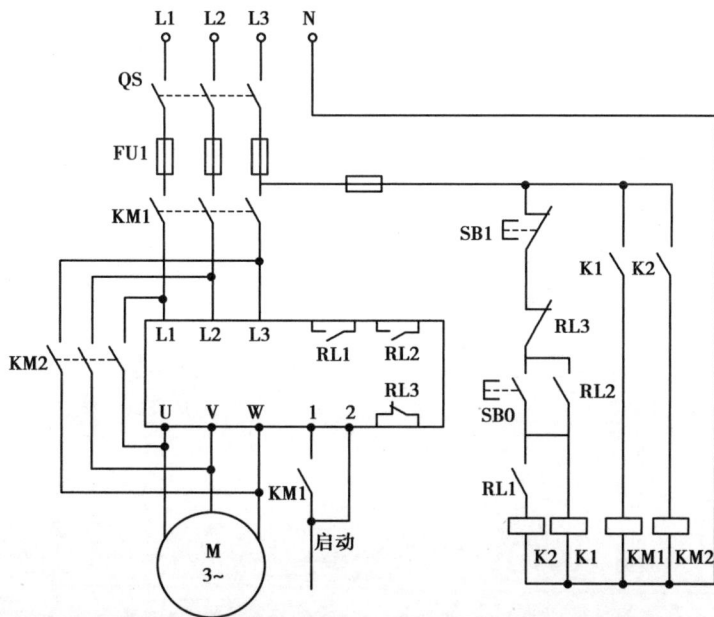

图4.45　三相异步电动机用软启动器启动控制电路

RL1、RL2和RL3为输出继电器接点。RL1为软启动器上升到顶部输出继电器接点，当软启动器完成启动过程后，RL1闭合，输出信号控制旁路接触器KM2，正常启动后直接给电动机供电；RL2为运行继电器接点，软启动器正常运行时闭合，当启动结束后，由KM1的辅助接点闭合提供信号；RL3设置为过热动作继电器接点，当软启动器因过载发热时断开，停止软启动器工作。软启动器还有故障继电器接点、斜坡下降按钮、故障复位按钮等没在图中表示出来。

图4.45中，当开关QS合上时，按下启动按钮SB0，则K1触点闭合，KM1线圈得电，使其主触点闭合，主电源加入软启动器。电动机按设定的启动方式启动，当启动完成后，内部继电器RL2常开触点闭合，KM2接触器线圈得电，主触点闭合，电动机转由旁路接触器KM2触点供电，同时将软启动器内部的功率晶闸管短接，电动机通过接触器由电网直接供电。但此时过载、过流等保护仍起作用，RL3相当于保护继电器的触点。若发生过载、过流，则切断接触器KM电源，切除软启动器进线电源。因此，电动机不需要额外增加过载保护电路。正常停车时，按停车按钮SB1，停止指令使RL2触点断开，旁路接触器KM2跳闸，使电动机软停车，软停车结束后，RL1触点断开。

由于带有旁路接触器,该电路有如下优点:在电动机运行时可以避免软启动器产生谐波;软启动器仅在启动和停车时工作,可以避免长期运行使晶闸管发热,延长使用寿命。

思考问题 . . . .

1. 分析说明几种不同的电动机降压启动方式的优缺点及适用情形。
2. 完成三相异步电动机自耦变压器降压启动控制电路的安装与调试。

参考文献

[1] 汤蕴璆，罗应立，梁艳萍. 电机学[M]. 3 版. 北京：机械工业出版社，2008.

[2] 戈宝军，梁艳萍，温嘉斌. 电机学[M]. 3 版. 北京：中国电力出版社，2016.

[3] 辜承林，陈乔夫，熊永前. 电机学[M]. 3 版. 武汉：华中科技大学出版社，2010.

[4] 李发海，王岩. 电机与拖动基础[M]. 4 版. 北京：清华大学出版社，2012.

[5] 潘再平，章玮，陈敏祥. 电机学[M]. 杭州：浙江大学出版社，2008.

[6] 赵承荻，王玺珍，宋涛. 电机与电气控制技术[M]. 4 版. 北京：高等教育出版社，2014.

[7] 胡虔生，胡敏强. 电机学[M]. 北京：中国电力出版社，2005.

[8] 徐德淦. 电机学[M]. 北京：机械工业出版社，2004.

[9] 胡幸鸣. 电机及拖动基础[M]. 3 版. 北京：机械工业出版社，2014.

[10] 李益民，刘小春. 电机与电气控制技术[M]. 2 版. 北京：高等教育出版社，2012.

[11] 乌兰，水琳，乌格德勒. 电机与拖动[M]. 成都：电子科技大学出版社，2021.

[12] 刘锦波，张承慧，等. 电机与拖动[M]. 北京：清华大学出版社，2006.

[13] 马宏忠. 电机学[M]. 北京：高等教育出版社，2009.

[14] 刘丽红. 电机原理与拖动技术[M]. 北京：电子工业出版社，2012.

[15] 王秀和，等. 永磁电机[M]. 北京：中国电力出版社，2007.

[16] 刘光源. 简明电工手册[M]. 4 版. 上海：上海科学技术出版社，2013.

[17] 曾令琴，贾磊. 电机与电气控制技术：附微课视频[M]. 2 版. 北京：人民邮电出版社，2021.

[18] 刘小春，张蕾. 电机与拖动：附微课视频[M]. 4 版. 北京：人民邮电出版社，2022.

[19] 李本红，王夕英. 电机技术及应用[M]. 北京：人民邮电出版社，2009.

[20] 张明金. 电工技能训练[M]. 北京：电子工业出版社，2015.

[21] 李滨波，李元庆. 电机运行技术[M]. 2 版. 北京：中国电力出版社，2013.

[22] 王浩，付德光，谢洪建. 电机与电气控制技术[M]. 成都：电子科技大学出版社，2019.

[23] 杨睿. 电机学实验实训及实习综合技术指导书[M]. 北京：中国水利水电出版社，2020.

[24] 陈晓芸，任秀敏. 电机技能训练[M]. 北京：中国电力出版社，2021.

[25] 阎治安，孙萍. 电机学习题解析及实验指导[M]. 3 版. 西安：西安交通大学出版社，2016.

[26] 葛芸萍. 电机拖动与电气控制[M]. 北京：机械工业出版社，2018.

[27] 才家刚. 三相异步电动机维修[M]. 北京：化学工业出版社，2010.